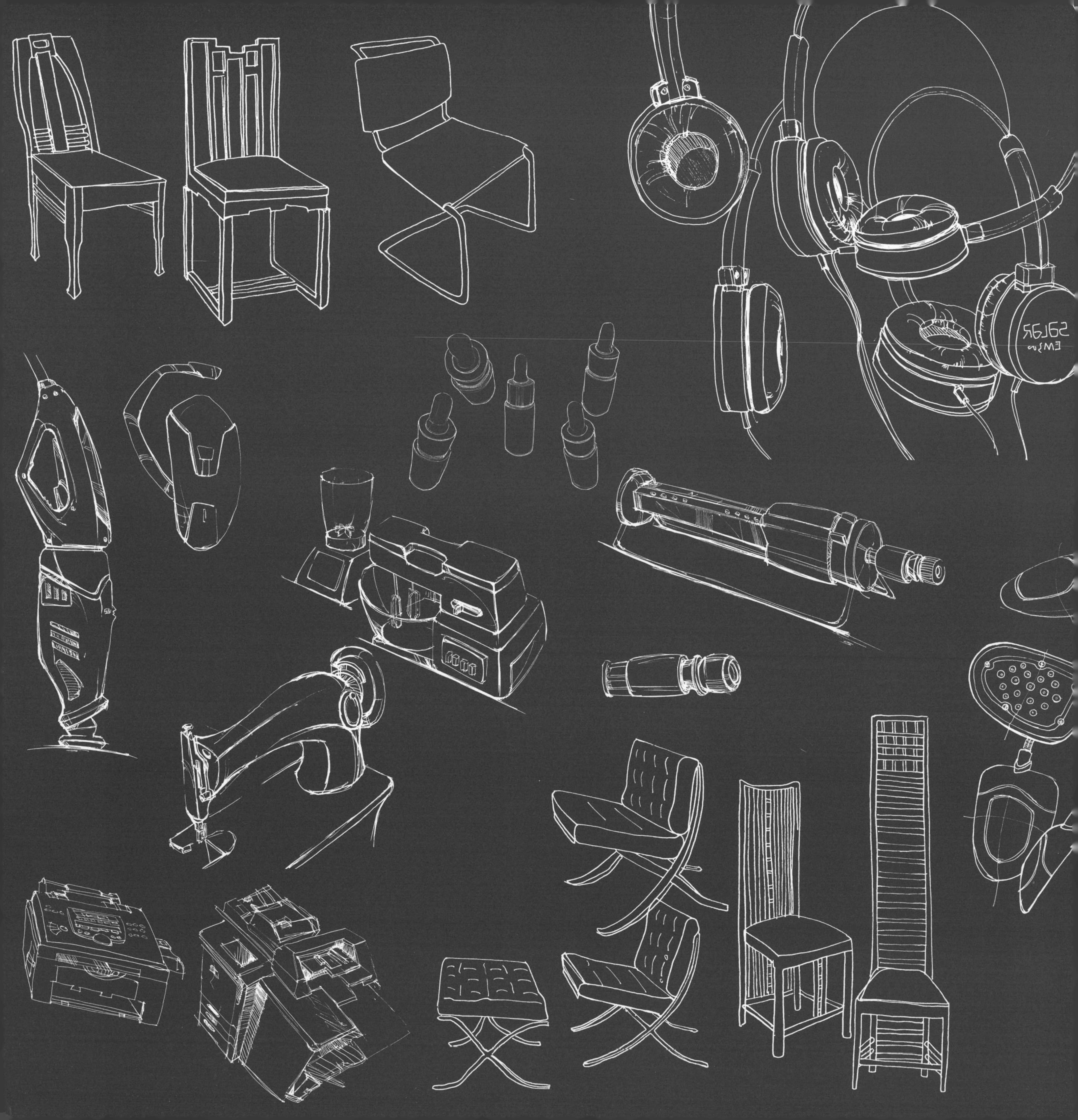

产品快速表现

INDUSTRIAL DESIGN SKETCH

江南 著

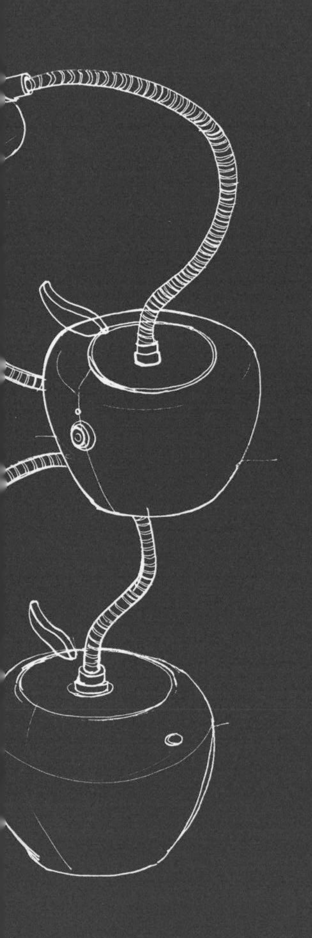

目　录

第一章　绪论 / 5
第一节　产品快速表现的概念与意义 / 5
第二节　产品快速表现的特征与特点 / 6
第三节　产品快速表现的功能与价值 / 8
第四节　产品快速表现的分类与阶段 / 8

第二章　产品快速表现与产品设计开发 / 11
第一节　产品设计的概念 / 11
第二节　产品设计的设计要素 / 13
第三节　产品设计的流程以及产品快速表现在其流程中的位置 / 14

第三章　材料与工具 / 16
第一节　笔类 / 16
第二节　纸类 / 24
第三节　辅助类 / 26

第四章　产品快速表现基础能力 / 27
第一节　透视 / 27
第二节　结构 / 31
第三节　光影 / 34

第五章　产品快速表现技法 / 35
第一节　基本训练方法 / 35
第二节　勾线线描技法 / 42
第三节　身体控制技巧 / 43

第六章　错误与经验 / 48
第一节　常见错误 / 48
第二节　纸张使用经验 / 49

第七章　流程与案例 / 50
第一节　产品快速表现绘图流程 / 50
第二节　产品快速表现设计案例 / 54

第八章　产品快速表现作品图例 / 76

后　记　/ 245

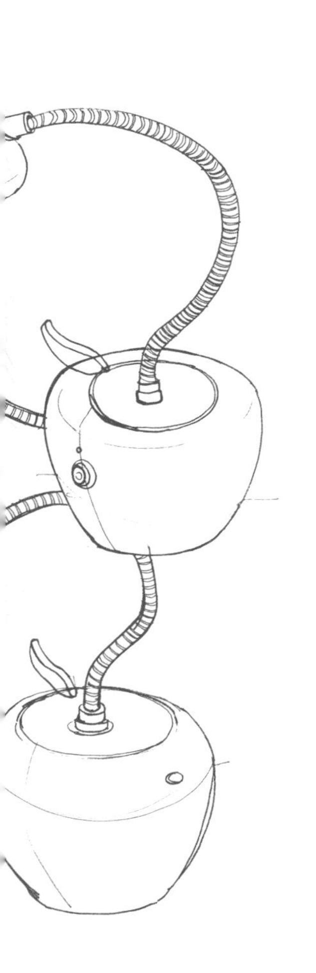

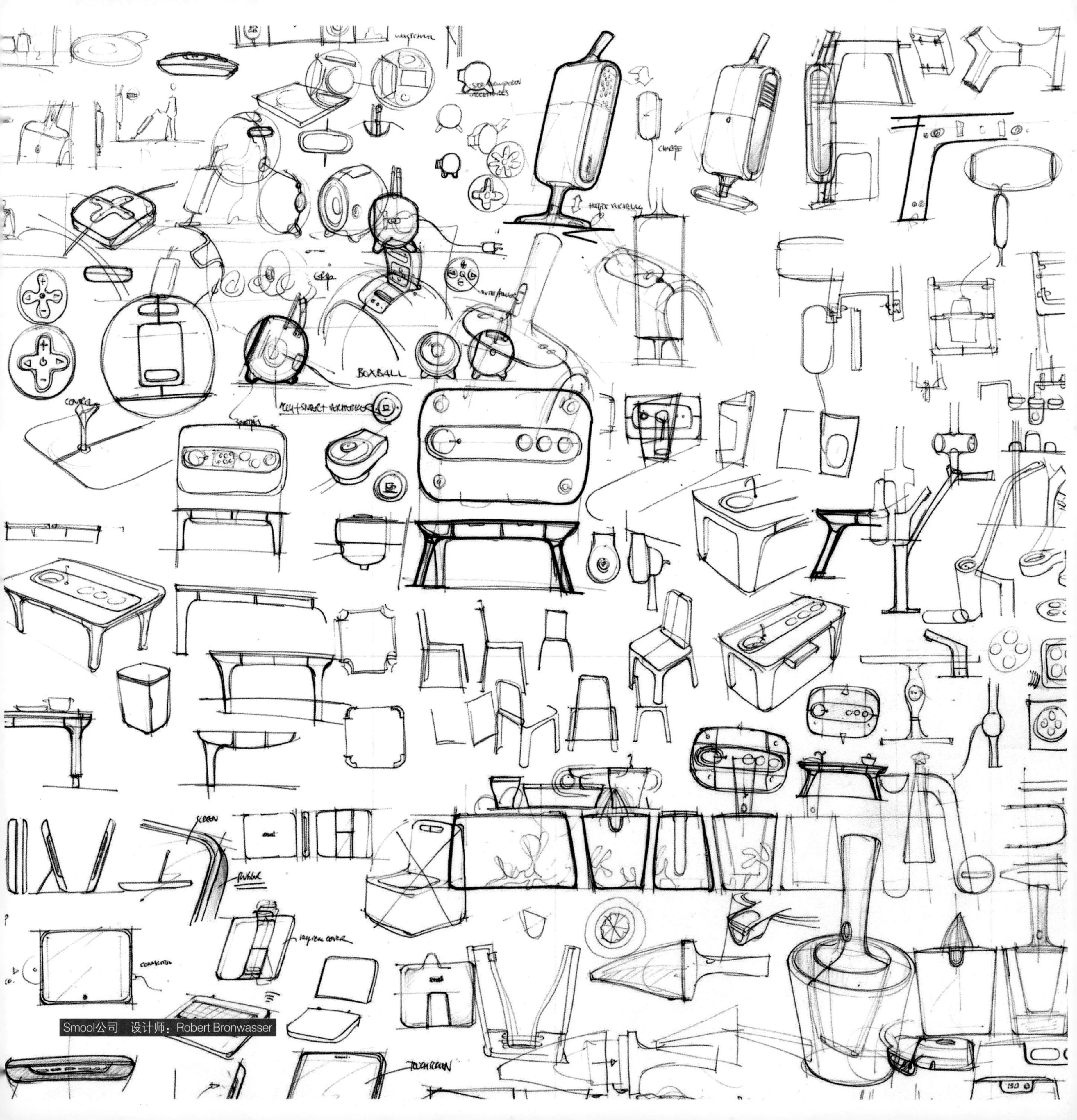

Smool公司　设计师：Robert Bronwasser

第一章 绪论

第一节 产品快速表现的概念与意义

产品快速表现是产品设计师在产品开发设计过程中，利用产品外形、功能、结构、尺寸、材质、色彩等设计元素，通过手绘的形式快速表现产品设计意图的一种表达方法；也是产品设计师在产品开发设计过程中对产品设计各个设计阶段进行记录与审视的一种表现手段；更是产品设计师在产品开发设计过程中与设计团队以及项目客户对于设计理念进行对话沟通的一种交流方式。

产品快速表现是产品设计表现众多形式中的一种。产品设计表现包含了手绘产品表现（产品快速表现、产品效果表现）、计算机辅助产品表现（二维产品效果表现、三维产品效果表现）；实体模型表现（油模、手板等）等多种表现形式。计算机辅助产品表现是设计师通过计算机工具在显示屏中对产品进行虚拟三维化的设计表现；实体模型表现是设计师利用模型材料，通过机器与工具的加工，在现实中对产品设计进行真实性还原的设计表现。两者都是把纸面上二维的理念想法及设计思路进行三维立体层面的呈现，且都是一个需要长时间工作以及多人劳动付出的过程。相对于计算机辅助产品表现与实体模型表现，手绘产品表现中的产品快速表现则要显得更为省时、有效、经济。在产品开发设计过程中的创意发想阶段，产品快速表现作为产品设计师传达自身设计理念的一种手段及方式，起着承上启下的的作用。

Simon Levelt 公司的咖啡套装与茶具组合
2010年
设计师：Robert Bronwasser

第二节　产品快速表现的特征与特点

一、快速性

快速是产品快速表现中最为重要的特征。产品快速表现的由来基于两个方面：

第一，从产品设计表现的角度讲，以各种形式来完成产品效果图的前提就是被表现对象的成立，也就是说，设计师在做相对长时间的较为细致的产品效果表现前，必须具备一个大致明确的产品设计方案，而产品设计方案即是通过产品快速表现的方式来逐步确立的。虽然在当下，传统的手绘产品效果图因其用时较长、效率偏低的原因正逐渐被新兴的计算机辅助产品表现所取代。但在创意发想阶段，设计师要把特定设计定位下的设计思路做平面呈现是不可能慢条斯理的，创意讲究灵动的闪现，转瞬即逝的优秀理念需要快速地转移与还原。这种依靠产品快速表现才能完成的工作是目前计算机技术所替代不了的。

第二，从产品开发的大环境角度来讲，当下产品更新换代的节奏越来越快，消费市场的细分越来越明显，为满足市场的需求，产品开发周期的时长也在不断缩短。这就对设计师团队提出了更高的要求，设计师在与客户讨论制定方案并明确产品市场定位后，需要借助产品快速表现的手段相对迅速地提出产品的设计方案，把创意通过手绘的快速表达呈现于纸面，以方便设计师团队内部进行讨论改进以及客户快速同步参与设计的审核与定案，并以此最终缩短产品开发周期。

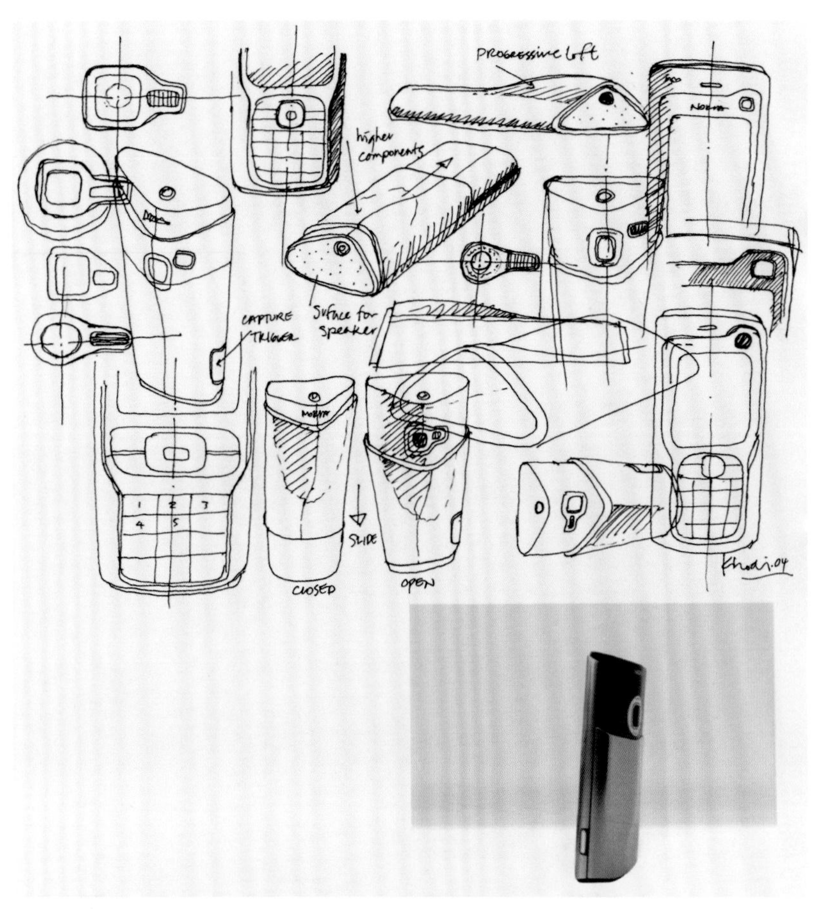

Nokia N70 智能手机　2005年　设计师：Feiz设计工作室

在产品快速表现基础上的三维电脑效果表现（计算机辅助产品表现）

二、说明性

文字能够承载很多信息，但在产品开发的设计过程中，文字的信息量对于产品设计方案的阐述还是远远不够的。每个人因为其自身的教育背景以及工作环境的不同，会导致其在与他人沟通时产生文字信息交流的偏差。而图形作为另一种信息承载体可以更好地为双方交流服务。特别是提供设计服务的设计师们，在向并不完全是专业领域的客户说明设计方案时，除却文字外，具备符号、标识、色彩等元素的产品快速表现是更为直观的沟通方式。

三、表现性

我们常常会把创意阶段的方案图称之为草图，虽称之为草图，但并不应该简单理解为潦草、草率之意。在产品快速表现中，我们虽然并不是在做艺术表现，但也要讲究画面的美感与表现性。例如产品的空间效果、细节的层次感觉、笔触的变化、线条的流畅、构图的完整、视觉重心的强调、材质肌理的还原，这些都是产品快速表现下画面表现性的体现。每个设计师手绘时的表现性也各有不同，因此也会出现各种各样的表现风格。一系列具有表现性的产品设计方案图能够给客户以及设计团队自身带来视觉美感，提高理解度，加强沟通便利。

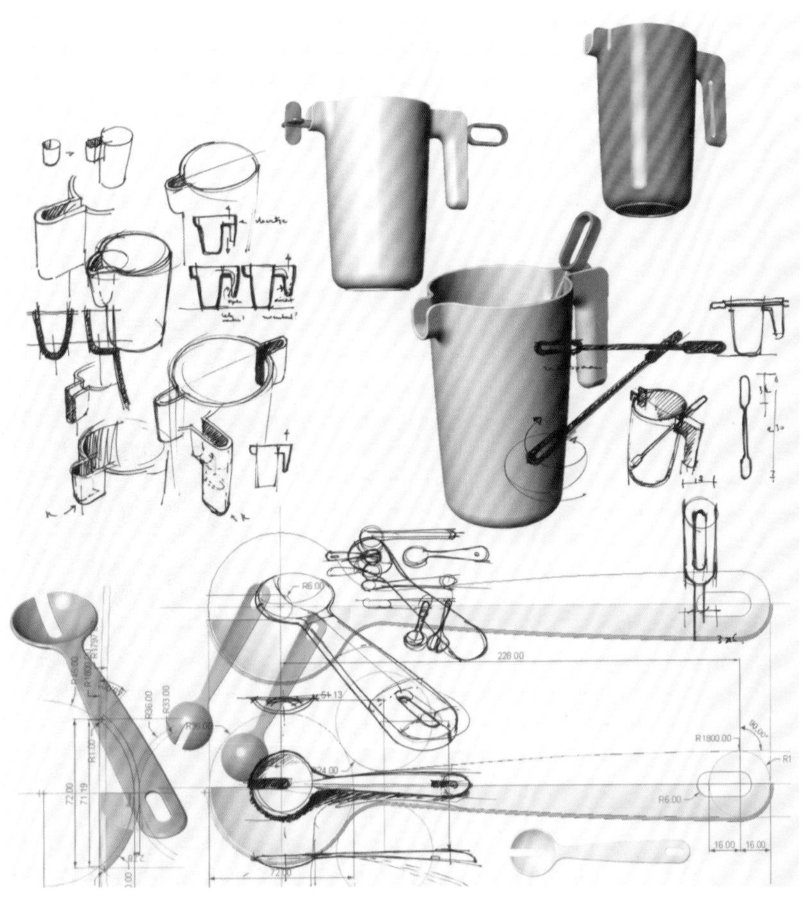

MOM工作室为Widget公司设计的餐具　2006年　设计师：Alfred van Elk, Mars Holwerda

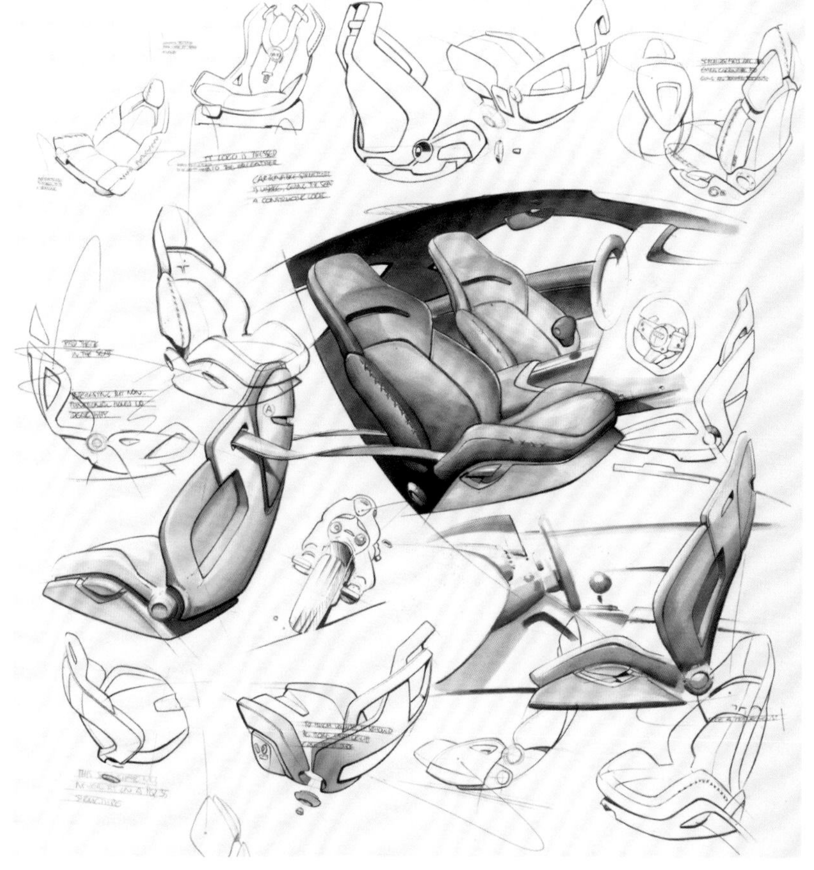

Audi Le Mans 概念跑车座椅设计　设计师：Walter de' Silva

第三节　产品快速表现的功能与价值

一、功能

1. 记录与还原

产品设计师对于在日常生活与工作中观察到的具有设计参考价值的产品通过产品快速表现进行有选择的速写记录，以此作为设计资料，然后在特定的产品设计开发项目过程中进行部分有选择的还原，以起到展开思路、开拓方向，帮助设计创意发想的作用。

2. 转移与搬运

产品设计师在生活与工作的任何时刻与任何场所都可能突然迸发出设计的灵感。这种转瞬即逝的思路与想法需要通过产品快速表现的手段从头脑中转移搬运至纸面，使之具象化。

3. 推敲与探索

对于产品开发设计过程中创意发想阶段的产品设计方案进行循序渐进的设计推敲，包括造型尺寸与结构细节的考虑、比例尺度参照物的描述以及表面肌理选定、材质选择、色彩方案的决定等等，一系列产品开发的设计探索过程都需要通过产品快速表现的方法加以实现。

4. 表达与沟通

用图像进行具体明确的直观沟通，远胜于口语、手势的抽象表达。面对设计团队的讨论与总结或者项目客户的评估与提问，在需要设计师短时间内给出结果的工作场合，均可以利用产品快速表现的形式进行现场的表达与解释，这样既省时又有效。

二、价值

1. 从产品设计课程学习角度讲，产品快速表现在产品设计学科系统流程中占有重要位置，其直接影响到后期设计实践类课程的顺利展开。如果没有产品快速表现的基本能力，光有设计理念却不会手绘表达，是很难呈现并完善设计实践过程以及完成后期诸多设计课程的。

2. 从产品设计师自身工作角度讲，产品快速表现是其产品设计开发过程中一切工作的基础。是其表现设计理念以及与设计开发相关人群交流沟通的工具。可以说，没有产品快速表现的能力配合就无法展开产品设计开发。

3. 从就业应聘角度讲，产品快速表现是个人能力最快速直接表现的手段。招聘单位也希望更为直观迅速地了解到设计师的能力，所以往往会以快速命题与快速表现的形式来考验设计师，优秀的产品设计师往往具备良好的产品快速表现能力，这是其应聘工作时的有力筹码。

第四节　产品快速表现的分类与阶段

一、概念表现图

第一阶段，在与目标客户讨论研究得出产品设计的目标定位结论后，产品设计师展开设计方案的思考，经过头脑风暴，利用产品快速表现，把初步的设计概念从脑中搬运转移至纸面呈现，以供后续设计阶段的讨论与推敲。

二、功能表现图

第二阶段，针对产品的功能使用形式、造型尺度考虑及材质表现方式等方面，利用产品快速表现，更为具体地描绘设计假想中的产品使用状态及产品与人的互动关系。

概念表现图示例

功能表现图示例

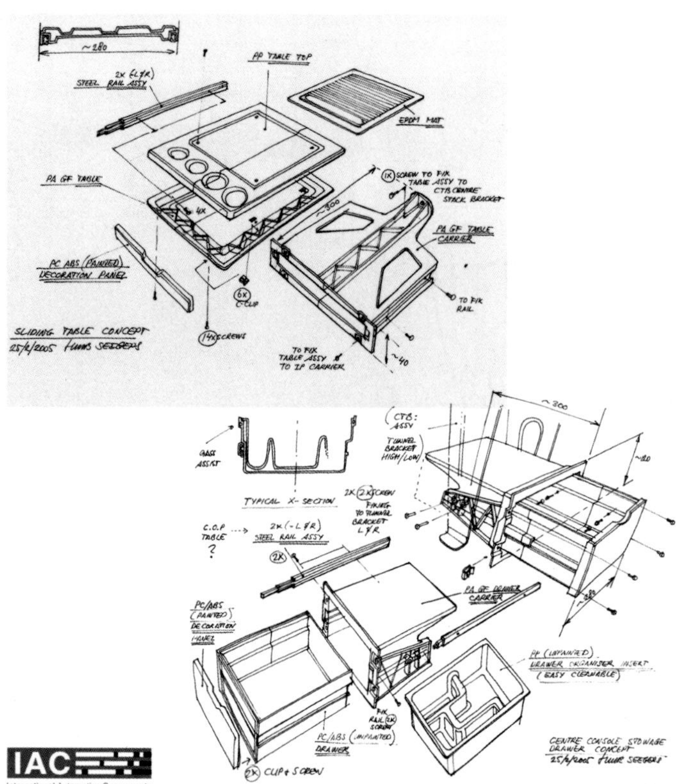

三、结构表现图

第三阶段，在造型与功能确立的设计基础上，对产品的结构、形体、组合、拼装、模具、开合方式进行手绘表现。主要应用于产品设计师与结构工程师沟通、合作、配合的环节，有助于产品设计开发的后期可行性发展以及模具开发。

四、效果表现图

第四阶段，产品设计表现中手绘效果图与电脑效果图承上启下的中枢环节。既用于电脑效果图制作前的图形考量标准；又作为设计师与项目客户洽谈沟通时所使用的设计方案平面效果定稿，方便客户在短时间之内得到产品设计开发的阶段印象与信息，使客户以此进行该阶段设计评估，并提出后期产品设计的目标意见。

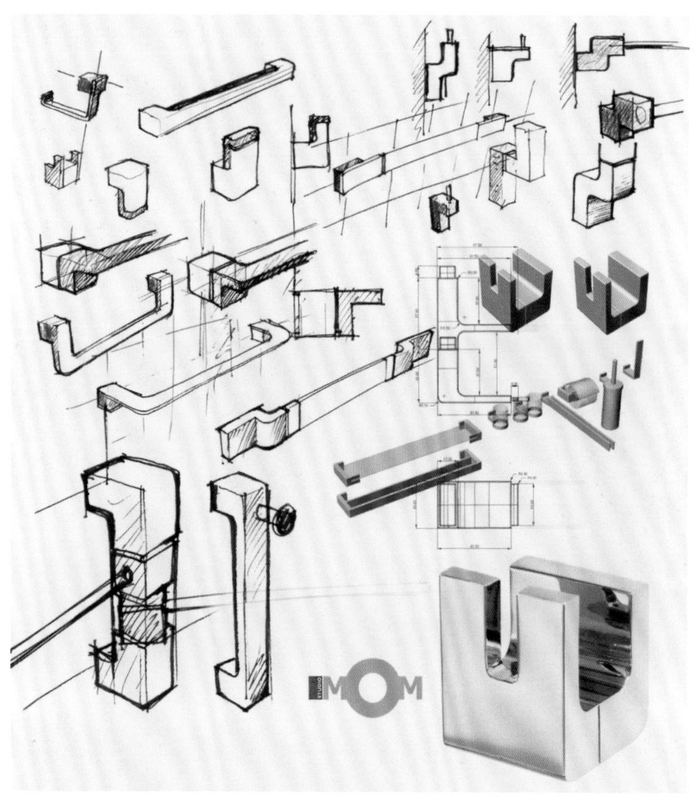

结构表现图示例

效果表现图示例

第二章 产品快速表现与产品设计开发

第一节 产品设计的概念

谈到产品设计必然要联系到工业设计的概念。1970年，国际工业设计协会（International Council of Societies of Industrial Design，简称ICSID。）为工业设计下了一个完整的定义："工业设计，是一种根据产业状况以决定制作物品之适应特质的创造活动。适应物品特质，不单指物品的结构，而是兼顾使用者和生产者双方的观点，使抽象的概念系统化，完成统一而具体化的物品形象，意即着眼于根本的结构与机能间的相互关系，其根据工业生产的条件扩大了人类环境的局面。"1980年，国际工业设计协会理事会给工业设计更新的定义："就批量生产的工业产品而言，凭借训练、技术知识、经验及视觉感受，而赋予材料、结构、构造、形态、色彩、表面加工、装饰以新的品质和规格，叫做工业设计。而且，当需要工业设计师对包装、宣传、展示、市场开发等问题的解决付出自己的技术知识和经验以及视觉评价能力时，这也属于工业设计的范畴。"2006年国际工业设计协会理事会给工业设计又作了如下的定义："设计是一种创造活动，其目的是确立产品多向度的品质、过程、服务及其整个生命周期系统，因此，设计是科技人性化创新的核心因素，也是文化与经济交流至关重要的因素。"

站在不同的角度来理解，产品设计与工业设计既属于从属性关系又保持平级关系。从广义上来讲，产品设计与视觉传达、环境设计以及服装设计同隶属于工业设计的大框架范畴，它们的共同点就是能够大批量工业化生产，而产品设计是工业设计最主要的内容。工业设计既包括有形的产品设计，也包括无形的服务设计。以美国苹果（Apple）公司的产品为例，iPhone手机本体为产品设计，而它的软件平台App store的盈利模式，以及体验式专卖的创立则为服务设计，包括手机的加工、生产、包装、运输、销售，整个系统称为工业设计。以此来看，产品设计隶属于工业设

经典设计产品图例

经典设计产品图例

计。而以时间轴来讲，上世纪的大部分时候，我们现在的这个行业被称作“industrial design”，直译成“工业设计”。在最近的几十年中，由于这个行业的一些性质的变化，更多的交叉学科加入到这个行业的必备知识中，而这个行业的设计师在新产品开发中的作用和职责范围正在逐步扩大，并且“industrial design”（工业设计）这个词在英文和中文中并非具备很清晰的定义（很多人误认为其是机械工程和结构工程的设计），在西方逐渐开始用“Product Design”（直译成‘产品设计’）取代“Industrial Design”，“产品设计”这个中文翻译也就是在这时出现了。所以，以时间轴的角度来看，产品设计与工业设计从一个时代背景的线索上来理解，它们也可以称之为一个平级关系。

产品设计的概念因人而异，但核心理念离不开“人——物——环境（空间）”。这里涉及到的是一个设计定位的问题，说得通俗点即“什么样的人在怎么样的空间环境中去如何使用一件产品”。总体来说，我们可以把产品设计理解为是一个将人的某种目的或需要转换为一个具体的物理形式或工具的过程，是把一种计划、规划设想、问题解决的方法，通过具体的载体，以美好的形式表达出来的一种创造性活动过程。产品设计反映着一个时代的经济、技术和文化。

经典设计产品图例

经典设计产品图例

第二节 产品设计的设计要素（产品快速表现所要表现的要素）

1. 外形

产品外观形态，消费者（使用者）第一时间的视觉印象。

2. 功能

产品用来干什么，为消费者（使用者）提供何种服务，提供何种便利。

3. 结构

内结构，模具开发，分模拼装架构；外结构，局部细节可活动结构。

4. 尺寸

与使用者直接接触并进行操作的身体部位相匹配，不同年龄层人群对于产品尺寸的要求不同。

5. 材料

产品价值定位的表现，以及在特定环境中特定人群对于产品肤觉体验的特定需求。

6. 色彩

视觉元素之一，与外形要素相辅相成，受不同年龄层次人群、不同性别人群和不同职业性质人群的要求影响。

一、接单

1. 了解客户，评估客户
2. 产品描述（由客户提供）
3. 市场信息（由客户提供）
4. 安排人力配置；日程；预算
5. 起草设计合同
6. 检查设计合同，与客户协商设计合同
7. 签署设计合同

二、研究

1. 市场调研，了解产品现有市场状况、使用状况、未来可能性前景
2. 品牌分析；竞争分析
3. 科技和社会发展趋势分析
4. 人与物与环境重点研究（使用环境，使用人群意向定位）
5. 制作调研报告
（现有产品六视角度图片、尺寸数据、材料等设计元素，包括使用环境以及使用人群状况图；完成分析文字稿）
6. 与客户商讨分析结果

第三节　产品设计的流程以及产品快速表现在流程中的位置

（接单——研究——构思 (产品快速表现介入阶段) ——定案——评估）

五. 评估

1. 客户反馈
2. 市场反馈
3. 使用者反馈
4. 追踪和评估
5. 后续合作，方案改进

四、定案

1. 3D模型数据转换
2. 继续讨论并研究产品内部结构设计
3. 工程样品模型
4. 模具检查
5. 包装设计
6. 视觉设计，产品说明书及宣传彩页等资料设计

三、构思（产品快速表现介入阶段）

1. 结合市场调研报告，进行目标定位（定位产品使用环境及使用人群）
2. 根据目标定位，综合设计方法，以产品的外形、功能、材料、色彩、尺寸、主体可变形结构等设计元素为主要设计对象，展开设计构思
3. 产品快速表现手绘纸质稿

   a）概念表现草图。经由头脑风暴开始，制定两至三个设计方向，从大方向中展开创意讨论与设计论证。

   b）功能表现草图。描绘产品功能体现，表现其具体实用方式。

   c）结构表现草图。对于产品的内外结构进行构思分析，配合结构工程师进行完善可行的产品设计开发。

   d）效果表现草图。方案呈现给客户的第一阶段。由客户介入设计评估，评价总结产品设计开发过程的前期阶段目标是否明确统一，任务是否合理有效，并决定是否进入下一阶段的任务开展。设计师参照理解客户的意见与建议进行设计调整。
4. 计算机二维软件模拟三维效果图。以产品快速表现的图形图纸为前提基础，在计算机上利用ILLUSTRATOR、PHOTOSHOP等软件进行二维模拟三维效果图制作，以此作为设计评估对象，进行评价考虑并决定产品设计开发后续阶段的任务
5. 计算机三维模型数据稿（深入推敲产品设计方案，开展结构设计并制作模型数据）
6. 计算机三维效果图（渲染为主，多表现材质、色彩、空间、光影与人群使用示意图）
7. 与客户接触
8. CAD/CAM制图（工程制图）
9. 模型手板（按客户实际要求操作）

第三章　材料与工具

第一节　笔类

笔类工具

一、线稿

线稿是产品快速表现中比较常见的表现方式，多以各种直线与曲线线条的组合，以勾线的形式完成。基本的线稿绘图工具包括素描铅笔、彩色铅笔、针管笔、签字笔、圆珠笔等。

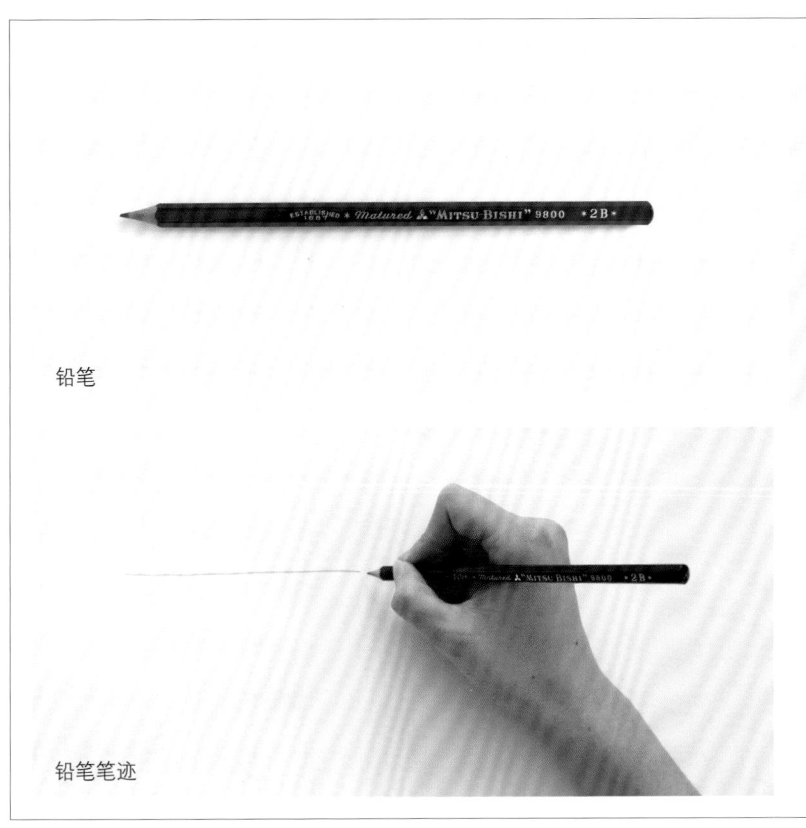

铅笔

铅笔笔迹

铅笔笔头

1. 其中铅笔的笔尖相对较软，容易通过手部的力度把握线条微妙的笔触变化，但在刻画局部细节的时候要注意笔尖的粗细情况对于细微处刻画的影响，应该在合适的时候削尖笔尖，或是利用手腕角度的变化来控制笔尖的粗细。

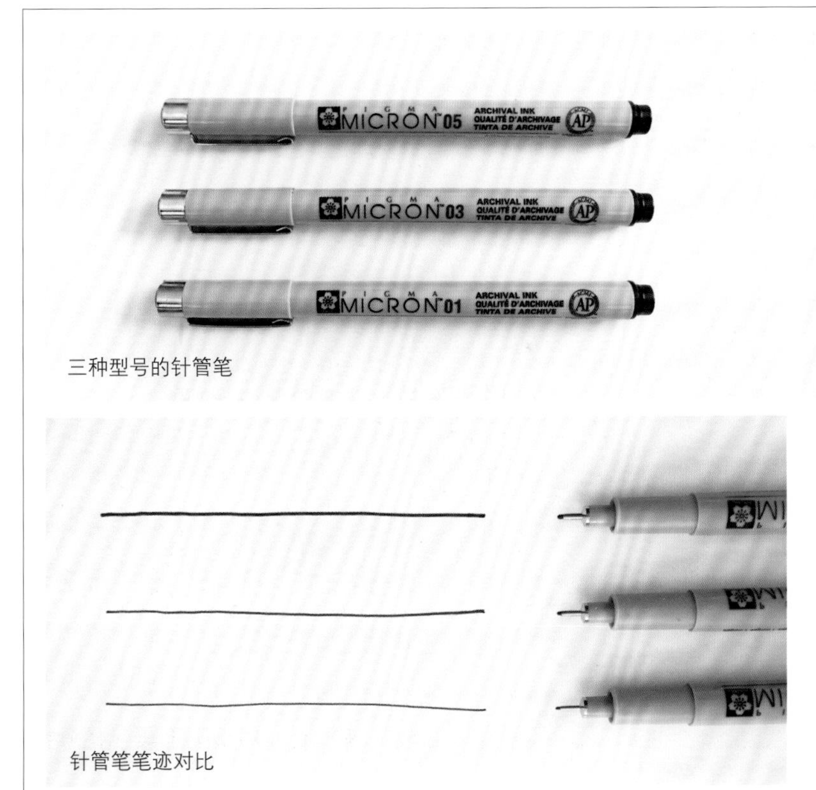

三种型号的针管笔

针管笔笔迹对比

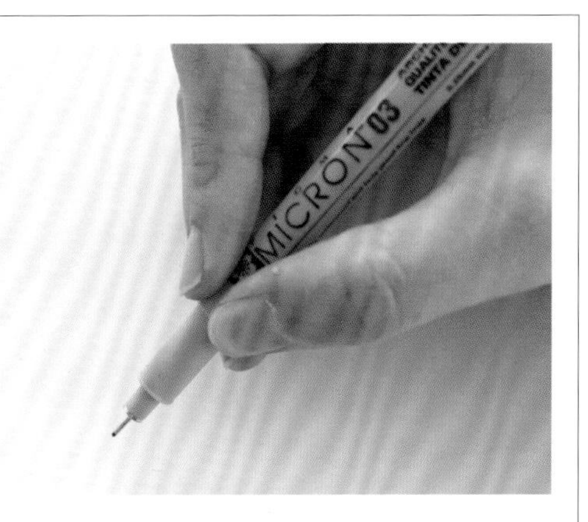

针管笔头

2. 针管笔以笔尖直径尺度规格区分，常用0.1、0.3、0.5三种笔尖规格。通常情况下0.5规格可用于外形轮廓线也即主体造型的刻画，0.3用于外形轮廓线内的结构细节与局部细节的刻画，0.1多用于辅助线的表现以及尺度数据的描述。不同规格针管笔的组合运用相比其他线稿绘图工具来说具有更细致、更规整的表现特点，当然也会比其他线稿绘图工具更耗时、更拘谨，所以其更多被用于产品快速表现的后期阶段，适用于产品设计开发过程中的手绘方案结案性表现。

3. 签字笔即为平日工作生活中常见的书写类水笔工具，也是最为常用的产品快速表现线稿绘图工具。通过对手腕转动的控制产生签字笔笔尖角度的变化，可以使签字笔模仿针管笔不同笔尖规格的绘图效果。签字笔的优势在于其随处可见，拿来即可用，在任何场合，只要在需要做设计记录与概念表现的时候都是设计师方便得力的线稿手绘工具。市场价格由低到高跨度很大，作为绘图耗材，各人可以根据个人的能力与习惯做出选择。而价格低廉的普通签字笔与价格高昂的品牌签字笔在产品快速表现的手绘过程中其实并没有太大的区别。

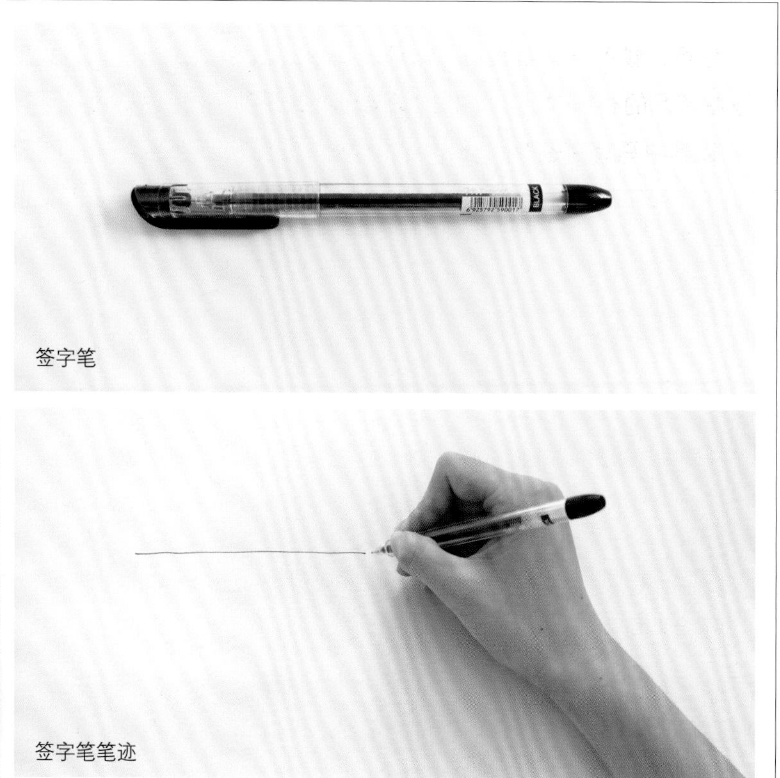

签字笔

签字笔笔迹

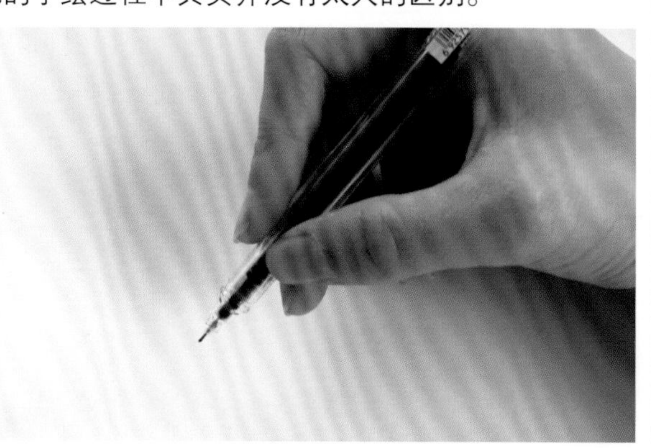

签字笔笔头

4. 圆珠笔是另一种线稿手绘工具，与签字笔的优势相通，即拿即用，方便快捷。但因其笔头呈滚珠状，故在用其手绘线稿时，线条笔触的变化相对较难控制，使用几率比起上述几种线稿手绘工具来说相对较低。

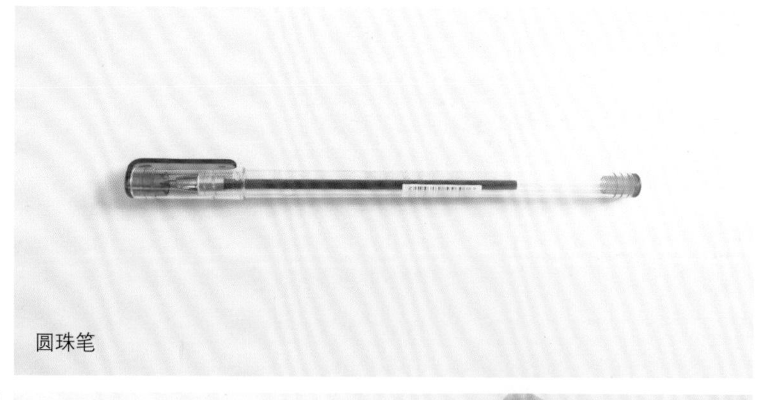

圆珠笔

圆珠笔头

圆珠笔笔迹

二、色稿

色稿，顾名思义就是产品快速表现中的上色手稿，也即在线稿的基础上利用色稿绘图工具进行一定程度的上色，用以大致表现设计方案中产品的材质效果、色彩方案与环境光源的手稿。基本的色稿手绘工具包括马克笔、色粉、彩色铅笔、高光笔等。

1. 其中马克笔是产品设计表现上色中最为常用的手绘工具。按其墨水成分可分为水性马克笔、酒精马克笔与油性马克笔三种。

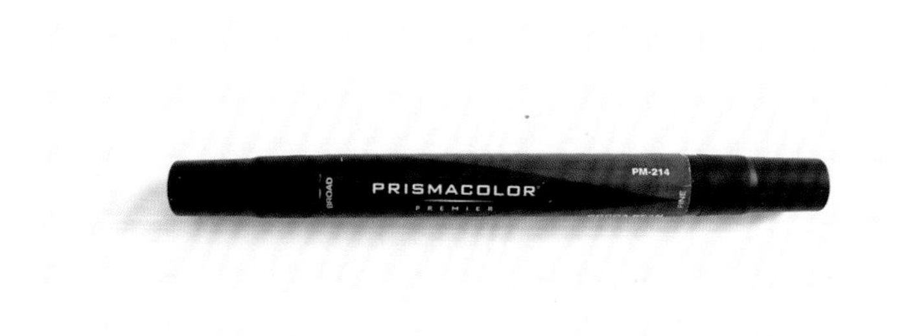

水性马克笔

1. 水性马克笔含水量较高，上色在纸面上显得较为透明，但重复叠加笔触时颜色不易覆盖，而且可能会造成纸面吸水过多，局部位置被损坏的情况发生，所以一般不建议使用。但其价格相对低廉，初学者与在校学生可以在学习的初级阶段尝试使用练习。

水性马克笔细头

水性马克笔粗头

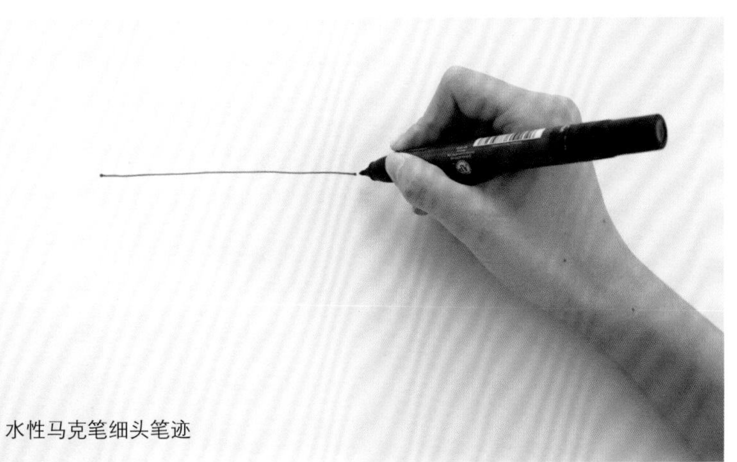

水性马克笔细头笔迹

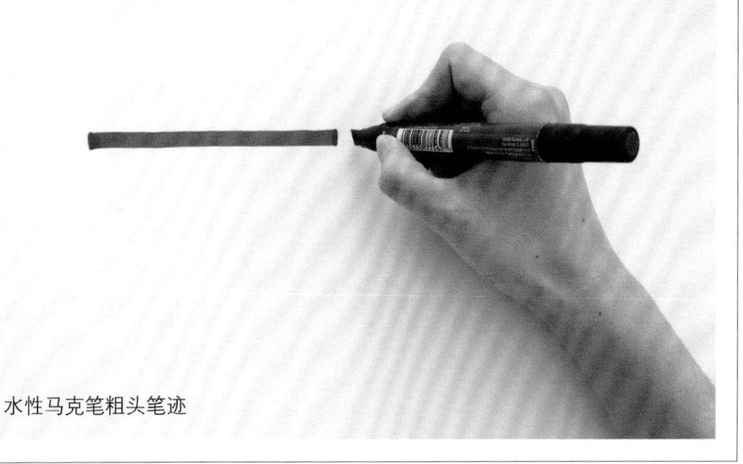

水性马克笔粗头笔迹

2. 油性马克笔相较于水性马克笔，墨水干得较快，笔触明显，颜色覆盖性很强，一般情况下使用可以反复覆盖不伤纸面。通过颜色叠加产生的覆盖效果是产品设计表现中非常重要的一个技法，也是在产品快速表现中必不可少的一个环节。在用马克笔描绘产品暗部面积与暗部投影时甚至还可以用来担当修形去废线的作用。所以作为覆盖性很强的油性马克笔，值得使用。但是油性马克笔价格普遍较高，作为绘图耗材来讲，使用成本略高，建议黑色购买一支，其他颜色看个人能力而定。

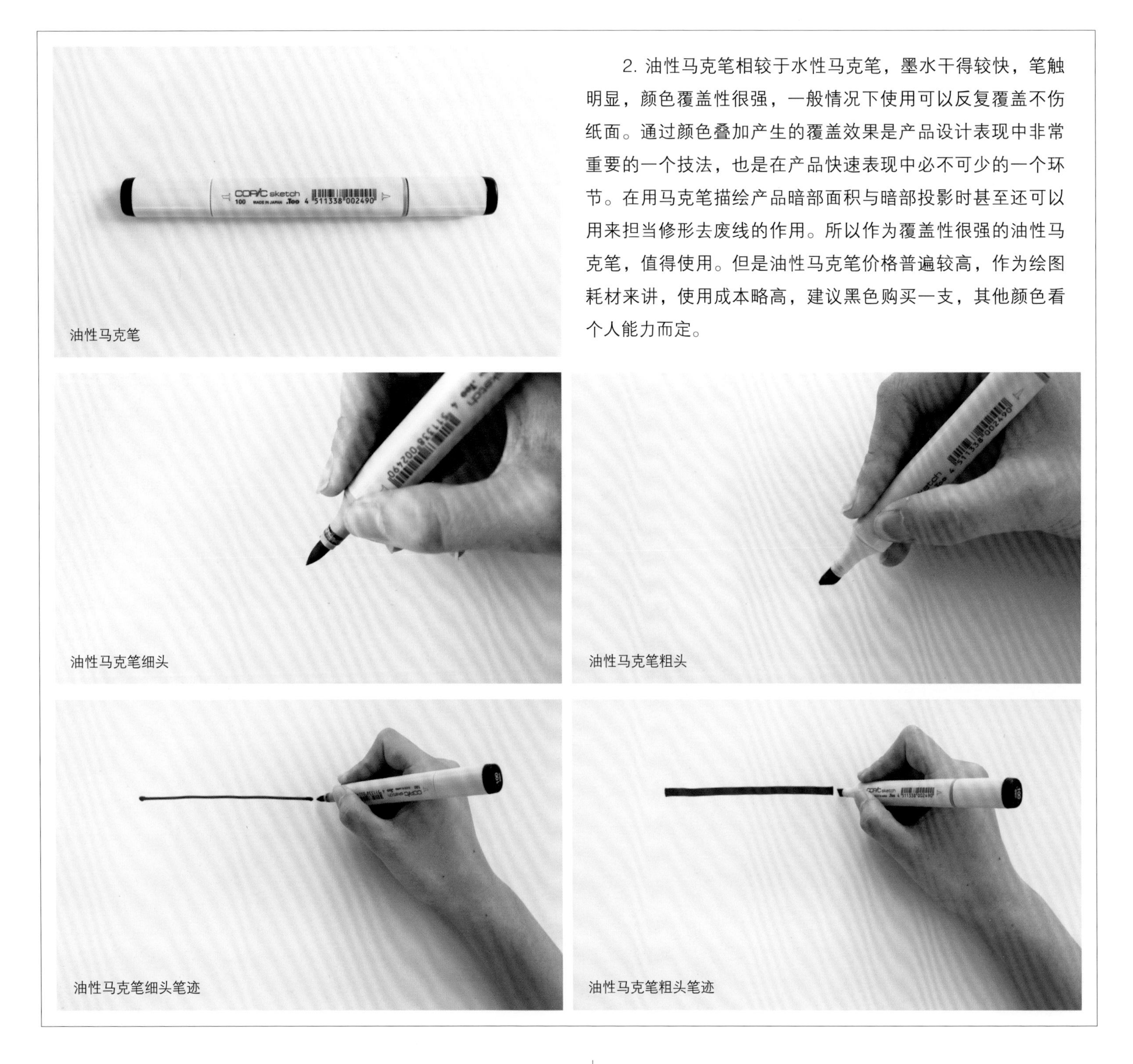

油性马克笔

油性马克笔细头

油性马克笔粗头

油性马克笔细头笔迹

油性马克笔粗头笔迹

3. 酒精马克笔是手感介于水性马克笔与油性马克笔之间的一种马克笔。笔触柔和，有一定的覆盖能力，墨水相对水性马克笔较容易干，但要避免多次笔触叠加，因为同样会造成纸面渗水渲染情况。其墨水成分中含有酒精，具有气体挥发性，所以在使用时要记住开窗通风。酒精马克笔是一直以来使用较多的产品设计表现手绘工具，价格相对适中，作为绘图耗材，性价比相对较高。

酒精马克笔

酒精马克笔细头

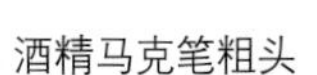

酒精马克笔粗头

酒精马克笔细头笔迹

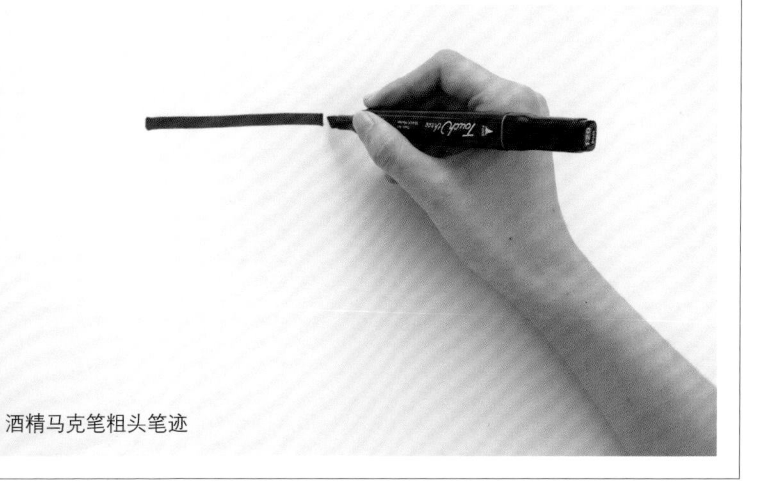

酒精马克笔粗头笔迹

暖灰马克笔

三种马克笔各有自己一个套系的色彩选择，从灰色到彩色，色彩数量庞大。其中灰色还分为暖灰和冷灰同一色系两种色相，以WG（暖灰）、CG（冷灰）来区分。在购买时不需要全部色彩都准备，一来成本颇高，二来确实用不着这么多。建议灰色系隔号购买，例如购买1、3、5、7、9或0.5、2、4、6、8。而彩色则以红、橙、黄、绿、蓝、紫六色色相为主色基调延伸开去，按个人意愿自行选购。黑色因为使用几率较高可以购买一支到两支。

另，马克笔还有两种笔头规格，一类是单笔头，一类是双笔头。其中双笔头马克笔中一般情况下一端是小而尖细，以帮助画者刻画细微处细节为目的的小尺寸笔头；另一端则是体积稍大，头部多以切面造型示人的大尺寸笔头，用以帮助画者进行大面积色彩涂抹以及色彩笔触叠加覆盖。两种笔头规格的马克笔在使用时其实没有太大区别，因为大尺寸笔头的造型往往是切面造型，利用手腕掌握好笔头的角度，找到贴合纸面时合适的切面接触角度能画出各种粗细效果的笔触。当然这需要画者具备一定的手绘基础和技巧，所以初学者与在校学生也不妨从双笔头马克笔开始练习找手感。

2. 彩色铅笔一般以水溶性彩色铅笔为主，既可以在线稿中进行勾线造型表现，又可以在色稿中配合其他手绘工具进行材质效果、色彩方案与环境光源的表现。因为笔头较软的特性，所以可以使之在纸面上非常流畅地运行笔触，对于立体空间远近虚实的表现也有着容易处理的优势，遇水晕染后能产生类似水彩的效果，而削尖笔尖后又比较容易刻画产品中材质肌理的效果，是产品设计表现的常用工具。一般建议购买FABER－CASTELL的24色或36色款即可。

彩色铅笔全身

彩色铅笔笔头

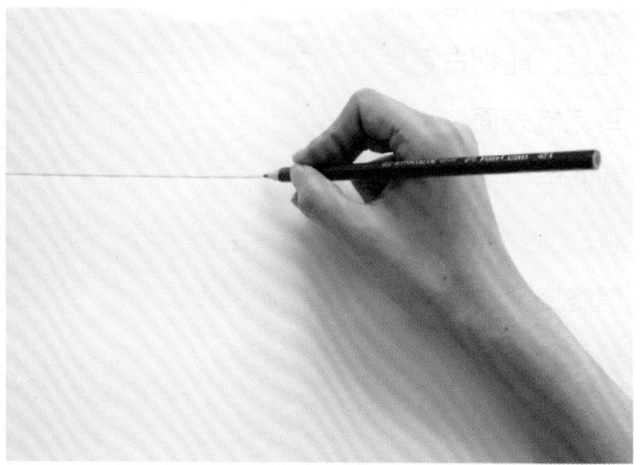

彩色铅笔笔迹

色粉全身　　色粉笔头　　色粉笔触

3. 色粉是产品设计表现中比较常见的手绘工具，有别于黑板用彩色粉笔，它是一种专门用于纸面绘画的固状长方体形粉棒。使用时需要用美工刀刀刃以垂直于色粉棒棒身的角度，上下匀速，适度用力把色粉从棒身表面轻轻刮取下来。绘图时以涂、抹、擦、拭为主要手段，需要配合婴儿爽身粉的适当掺和，并借助手指或餐巾纸或脱脂棉花来完成。其优点是细腻、柔和，善于表现大面积色彩晕染与光影过渡。缺点在于光靠色粉表现很难完成细节处的细微处理，后期还需要彩色铅笔和马克笔以及高光笔的加工才能完整出图，最后还需要在色粉画面中喷上定画液用以固定色粉。虽然其效果较好但用时略长，并不能体现快速表现的特点，所以色粉更多是使用在产品设计精细效果图的表现上。

4. 高光笔是产品设计表现后期阶段用来画龙点睛的工具。它其实是一种统称，对于能够覆盖在纸面色彩上，表现产品机体表面高光效果的工具，我们可以统称为“高光笔工具”。例如：白色水溶性铅笔、毛笔加白色颜料、樱花牌的高光颜料笔等。平时口头称呼“高光笔”的，比较多的泛指例如樱花牌的白色高光颜料笔。高光笔最重要的要求就是覆盖性好，能把白色颜料叠加，覆盖住已有色粉或马克笔表面，而且出水要流畅，不能因出水问题断笔，高光笔笔触痕迹断笔是表现高光的大忌，虽然还能借助叠加或续接进行调整弥补，但终究会导致画面效果表现的整体下降。与色粉一样，高光笔的使用更多的也是在产品精细效果图表现中。

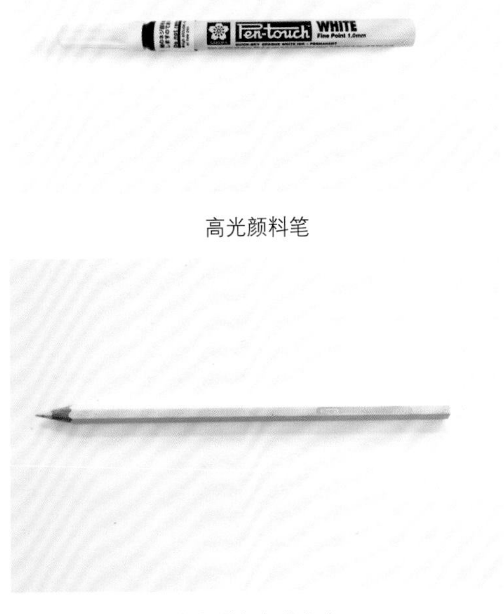

高光颜料笔

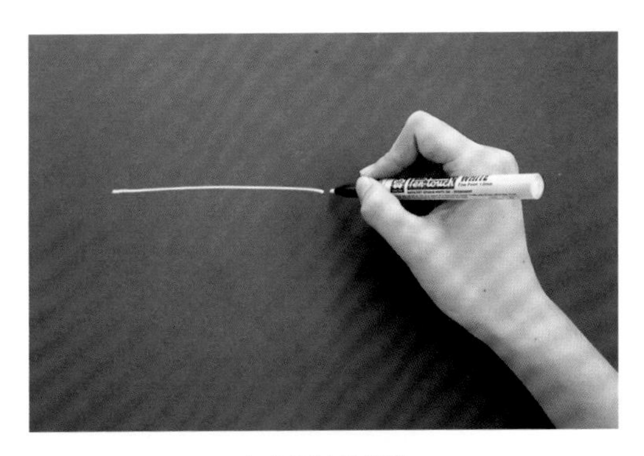

高光颜料笔笔迹

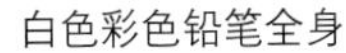

白色彩色铅笔全身　　白色彩色铅笔笔迹

第二节　纸类

纸类一览

一、打印复印用纸

这种纸张是平时工作学习中最为常见的用纸，相对较为光滑平整，比较适合用针管笔、签字笔以及圆珠笔工具进行线稿练习和创作。但其缺点在于纸张较薄，具备一定的墨水渗透性，不适用于马克笔工具的叠加覆盖表现。如决定在此纸面上使用马克笔，必须注意纸张厚度并且需要在纸下垫上废纸，以防马克笔笔触墨水渗透，弄脏纸下其他纸张画面。另，因其表面相对光滑，对于色粉的附着力也不够强，在此纸面上运用色粉时也要注意其影响。

打印复印用纸

打印复印用纸局部特写

二、硫酸纸

硫酸纸具有一定透明度，更薄，但韧性较好，针管笔、签字笔、圆珠笔乃至马克笔都适合在其纸面上进行线稿和色稿的表现。但要注意，这里所指的马克笔仅为油性马克笔，因为油性马克笔的油墨不会在硫酸纸上往下渗透，而其他墨水性质的马克笔则不能保证。在产品精细效果图表现中它还可被用来作为线稿草图背板使用，因此书只介绍产品快速表现相关内容，所以同样在此不再赘述。

硫酸纸

硫酸纸局部特写

三、素描速写用铅画纸

这类纸张的特点就是相对较厚，表面肌理相对较粗，吸水性较好，对色粉的附着力也足够强。正反两面肌理有所区别，一面相对光滑平整，另一面就要显得略为粗糙。不同纸面的质感会影响笔类工具的表现效果，这类纸张较为适合铅笔等笔类工具的使用表现。但要注意，素描速写用铅画纸在色粉涂抹擦拭时比较容易起毛，从而导致画面色彩肌理的变化，破坏画面完整效果。

素描纸

素描纸局部特写

四、色卡纸

色卡纸厚度适中，表面肌理的粗糙度也比素描速写用铅画纸较好，比较适用于作为底色高光画法的绘画载体。其深色色卡纸也适用于画者使用针管笔、彩色铅笔、马克笔、白色色粉以及高光笔等工具表现透明材质物体的形体与质感。

深色卡纸

第三节 辅助类

从产品快速表现的角度来讲，其实并不需要过多依赖辅助工具的帮助。快速性、说明性、表现性才是设计师在产品设计开发过程中通过产品快速表现来传达的对于设计前期阶段的要求与目标。产品快速表现更多的是靠设计师本人把主观的设计意图利用简单的工具与纸张快速客观地表现出来。所以以下各类辅助工具只做简单介绍。

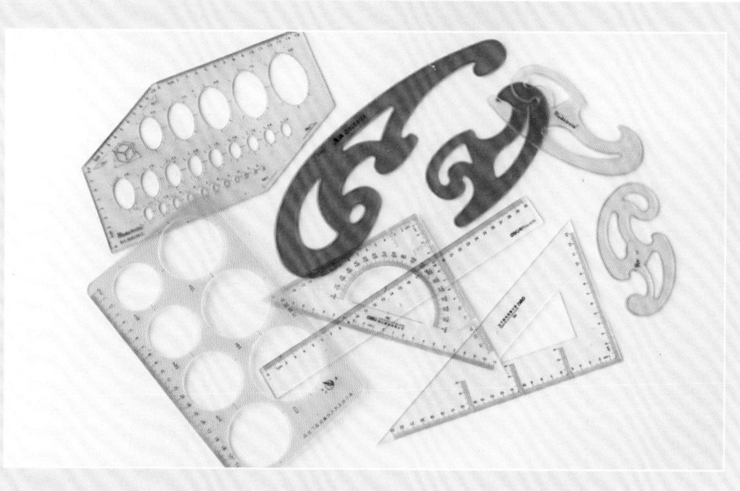

尺类、模板工具

一、尺类工具

1. 三角尺 2. 曲线板

二、模板工具

1. 圆形模板 2. 椭圆模板

三、其他工具

1. 纸胶带

纸胶带与硫酸纸配合使用可以用来遮挡、覆盖特定画面区域，保持整体画面的整洁，不可作为固定纸张工具使用。

2. 橡皮

橡皮一般分为白硬橡皮与可塑橡皮两种。其中可塑橡皮偏软，可用来修改擦除错误处而不伤纸张；而白硬橡皮在用美工刀加工处理后可用以擦涂色粉与彩铅色稿上高光部位，以此作为表现产品表面高光效果的工具。

纸胶固定

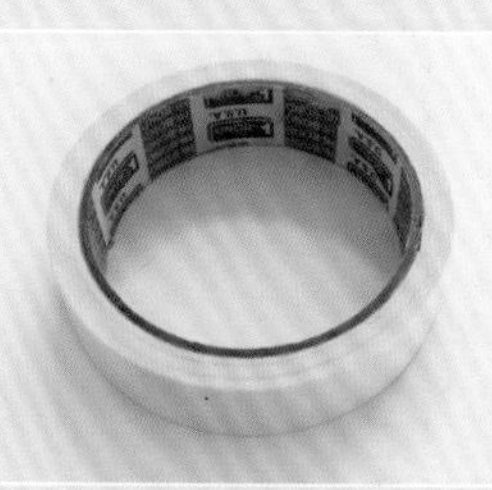

纸胶

纸胶遮挡

可塑橡皮

第四章　产品快速表现基础能力

第一节　透视

透视是一切造型的基础，是所有专业设计师都应具备的基本表现能力。简单说来，我们把真实空间中的三维物体通过绘图纸这样的绘画载体，在二维平面中进行描绘，从而产生纸面上的虚拟空间，以及其空间中近大远小，具有立体感图形的物体的现象称之为"透视"。

首先，正确的透视能提高产品形态特征与尺寸比例以及空间关系的说明性；其次，富有表现性的透视能增加设计手稿的美感与观赏性，使产品设计表现的效果更为饱满。产品设计师在进行产品造型的手绘创作时大致会用到三种透视方法，分别是"平行透视"、"余角透视"以及"俯、仰透视"。理解并掌握透视类型前需要先认识透视的基本术语。

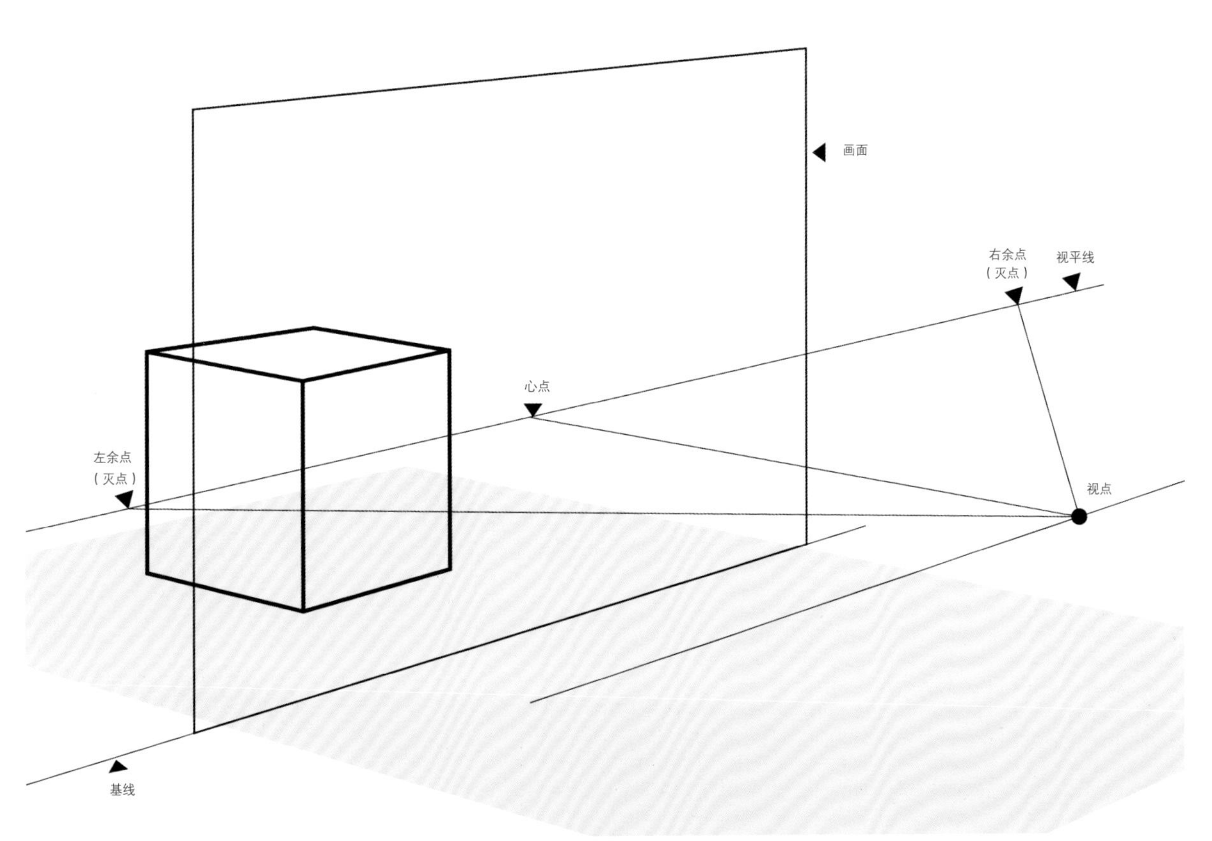

透视图解

一、基本术语

1. 画面

画面是作画者与物体间的透明界面，也可以将其理解为画图的纸面。

2. 视点

视点即作画者眼睛所处的固定位置。

3. 心点

心点即从视点起垂直于画面的视线交点。

4. 视平线

视平线即视平面与画面的交界线，是视点高度所在的画面上的水平线。

5. 灭点

灭点即不平行于画面的平行线延伸聚集然后消失的交点。

6. 基线

基线即画面与地面的交界线。

二、透视类型

1. 平行透视

平行透视其“平行”的概念在于观察物体（以六面体为例），无论物体处在什么位置，只要其中有一个面与画面平行，该物体与画面所构成的透视关系就称为“平行透视”。具体来说，从正面观察一个正六面体的构造线可以发现它包含两组竖立面，其中一组平行于画面，而另一组则是与画面构成垂直角度，并相交于画面的心点（灭点），这种透视现象就是平行透视。因为画面中只有一个灭点，我们也可以称之为“一点透视”。

平行透视的特点在于其画面平稳、纵深感强、空间表现较为宽广，适合于描绘环境、建筑、景观等对象。

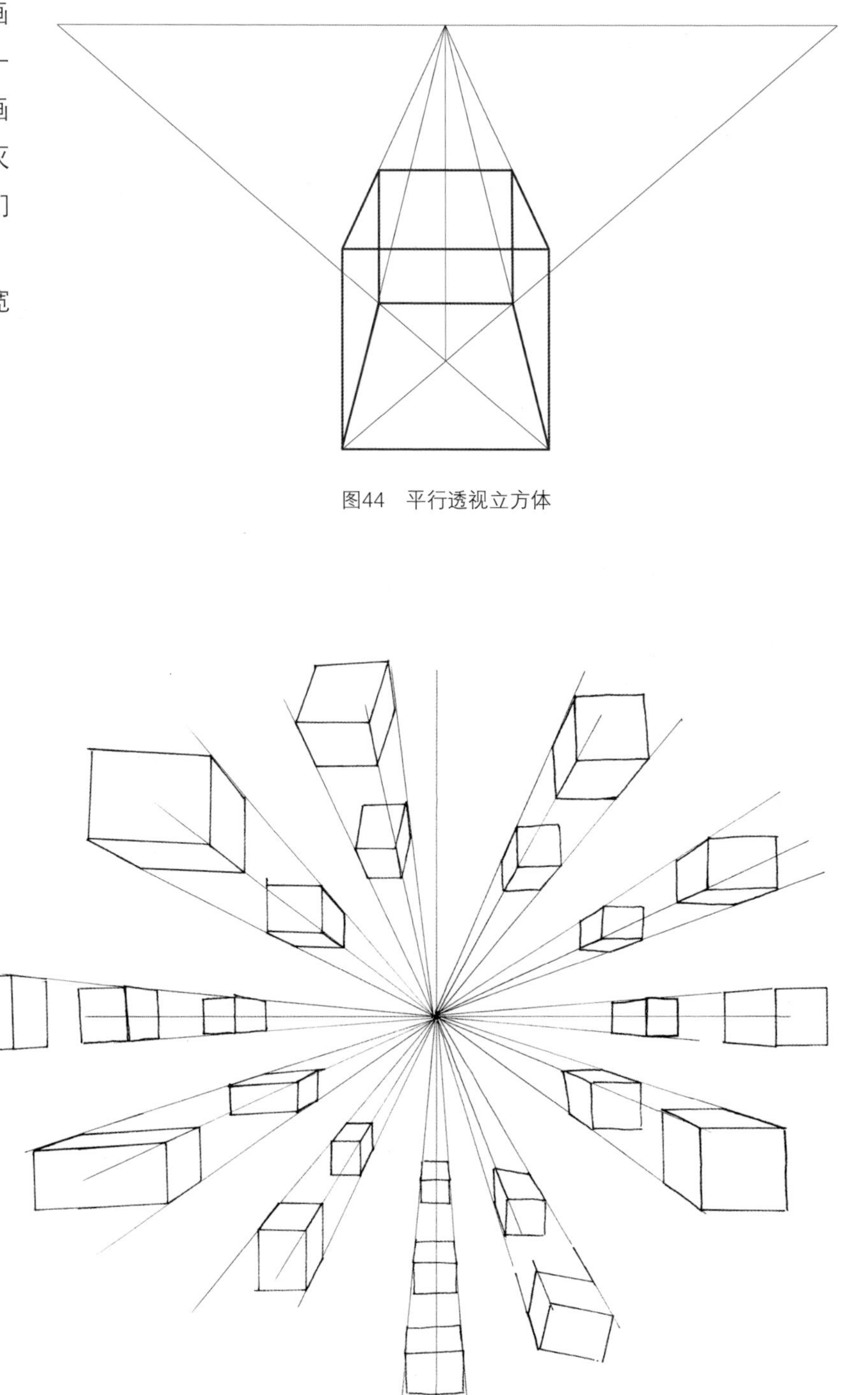

图44 平行透视立方体

平行透视练习

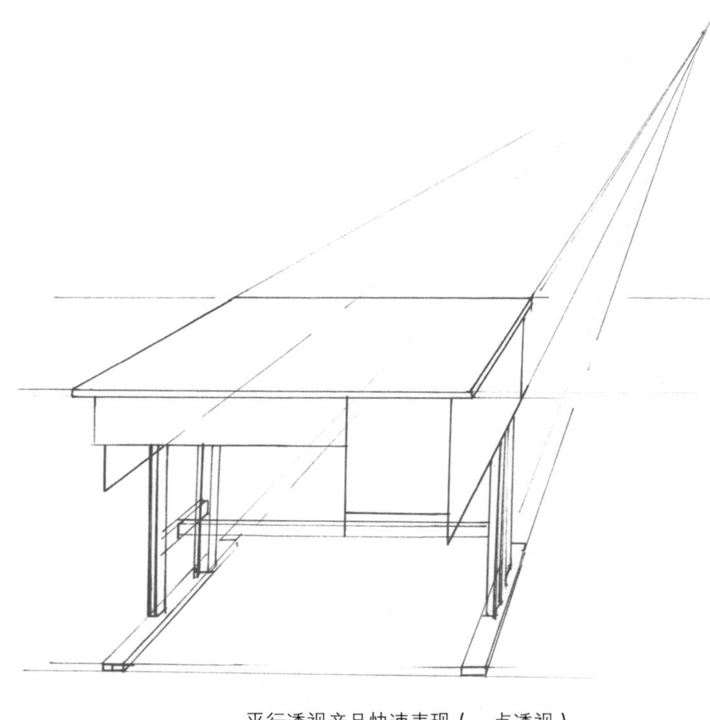

平行透视产品快速表现（一点透视）

2. 余角透视

余角透视是指被观察物体（以六面体为例）的两组竖立面皆不平行于画面，并且与画面形成夹角状态，透视方向分别往同一条视平线的左右两端余点消失，物体与画面所构成的这种透视关系就称为“余角透视”。因为画面中存在两个灭点，我们也可以称之为“两点透视”。

两点透视的特点在于其容易上手、画面生动、立体形态更为直观，在产品设计开发过程中的手稿创作阶段最为常见。在产品快速表现中普遍会出现45度角与30度角两种倾角状态的画法。

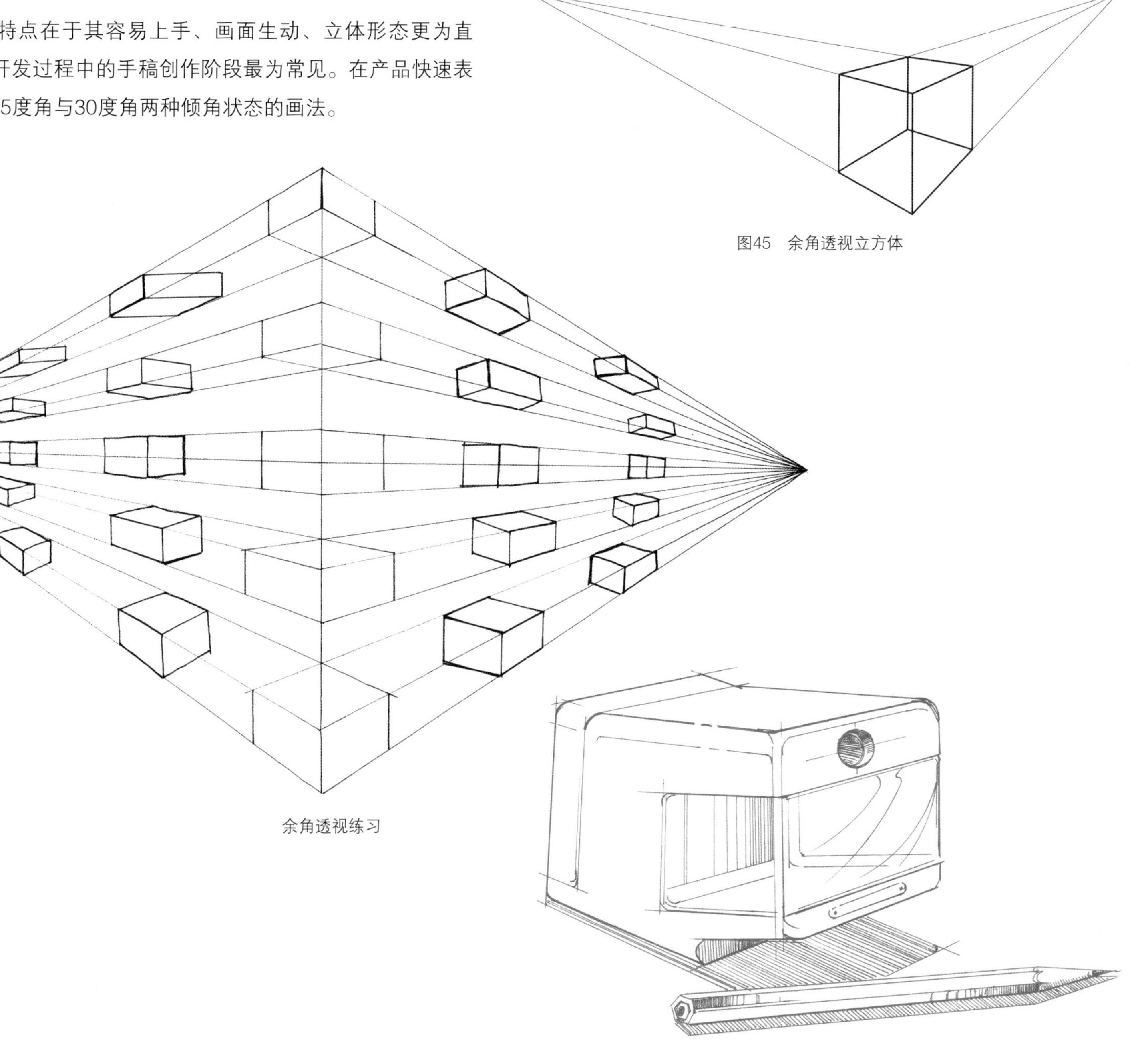

图45 余角透视立方体

余角透视练习

余角透视产品快速表现（两点透视）

3. 俯、仰透视

俯、仰透视从字面理解即可以得知，观察物体是以俯视或仰视两种角度进行，分为平行俯、仰透视和余角俯、仰透视两种类型。

这里着重讲解常见于产品快速表现中的余角俯仰透视：当被观察物体（以六面体为例）的构造线中三组平行线皆与画面倾斜呈夹角形态，且这三组平行线各有一个灭点，这种透视关系被称之为“余角俯、仰透视”。因为画面中出现三个灭点，我们也可以称之为“三点透视”。

俯、仰透视的特点在于其俯视时物体强烈的动感以及仰视时物体的高大稳定感。俯、仰透视的观察角度越大，其透视的效果就会越强烈，有时候为了突出产品的某些局部特写或是整个画面的效果需要，我们也可以用这种透视类型来进行产品快速表现的描绘。

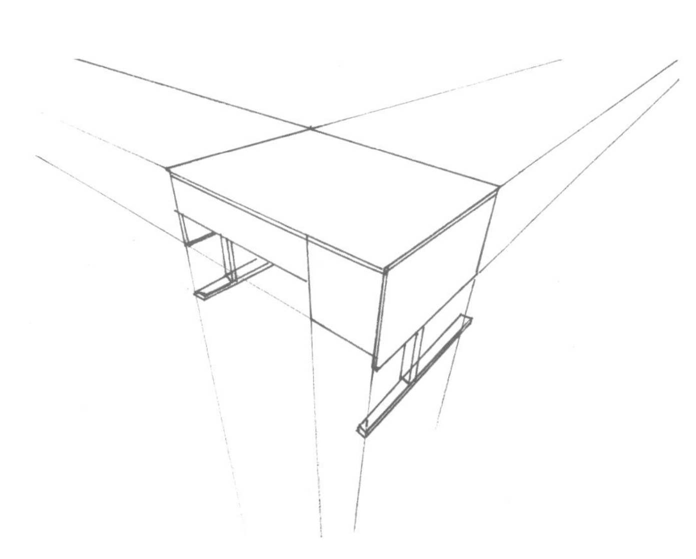

图46　余角俯透视产品快速表现（三点透视）

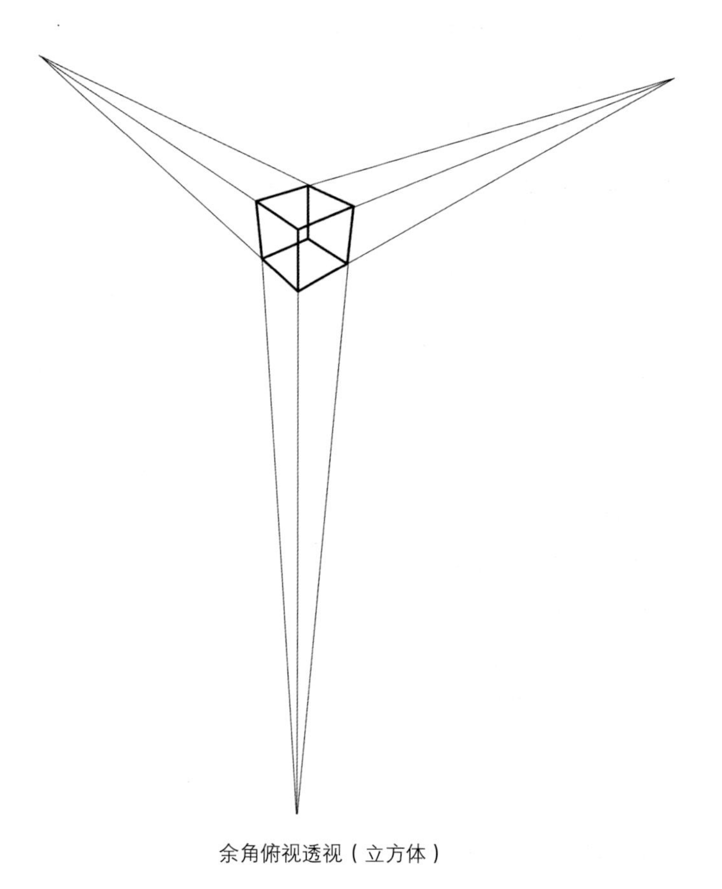

余角俯视透视（立方体）

三、产品快速表现中的透视要求

透视理论庞大且细致，单凭对其在产品快速表现中的介绍和讲解是远远不够的，在艺术设计类大专院校的专业课程建设中，透视一般单独作为一门课程且大多设定安排在前期讲解。

工业设计专业学生及初级产品设计师对于透视的繁复理论皆具有“畏惧”心理，在以产品快速表现的方法进行手绘产品透视效果图时总是“犹豫不决、默念口诀”，先从理论知识开始想起，再利用尺度工具斟酌各线条角度，然后画线找灭点，最后检查画面等等。其实类似这样的程序大可省略，产品快速表现的特点就是“快速性”，若按照那样小心翼翼的方法来表现透视，固然透视效果会相对比较正确与严谨，但绘图时长会无限增加，产品快速表现的意义就反而减弱了。

所以，建议学生朋友与设计师朋友在进行产品快速表现的过程中，放弃文字理论的堆积，放弃尺度工具的辅助，依靠平时手绘透视的练习，找出透视表现的“手感”。在大量的练习后做到“眼到即感到、感到即画到”，这里所指的“画到”当然不是要求画者做到计算机般的严谨，只是要求大致透视关系准确即可。产品快速表现毕竟是手绘的表现方式，不可能要求画者做到百分百的准确，画者大可以放松心情，轻松绘画，以此表现出产品快速表现独有的手绘的轻快美感。

第二节　结构

结构在产品设计中也是一个重要的环节。没有结构概念的产品设计不能称之为产品设计，只能是以一个外形设计的初级状态存在于产品设计开发的前期阶段。产品设计师应该相应具备观察、理解、分析、还原、创造产品结构的能力，以此能力在产品开发阶段中与产品结构工程师进行沟通和讨论。锻炼产品设计师的结构能力，我们往往通过结构素描这一素描形式来达成。

结构素描同透视一样也是所有产品设计师都应接触、理解并且掌握的一个专业设计基础。有别于我们常规认知的素描形式，结构素描是以理解和剖析产品结构为目标的一种特有的素描方法。常规素描中，我们往往着重描绘对象物体的外轮廓造型、光影明暗、质感肌理，基本是以二维平面的角度来进行的。而结构素描则上升至对三维空间的理解，把重心放在对象本体的结构上，要求画者忽视外界环境自然光线对对象的直接影响，排除物体表面细节的表现，透过物体外轮廓进入物体内部进行结构的推理与分析，并将其通过手绘予以表现。

结构素描所要表现的是对象物体的结构关系、比例尺度、空间信息。通过结构素描的练习可以帮助设计师理解产品架构、零部件构造，掌握结构素描的能力后才可以更为合理地设计出真实可行的工业产品，完成产品设计开发。在产品快速表现的线稿创作

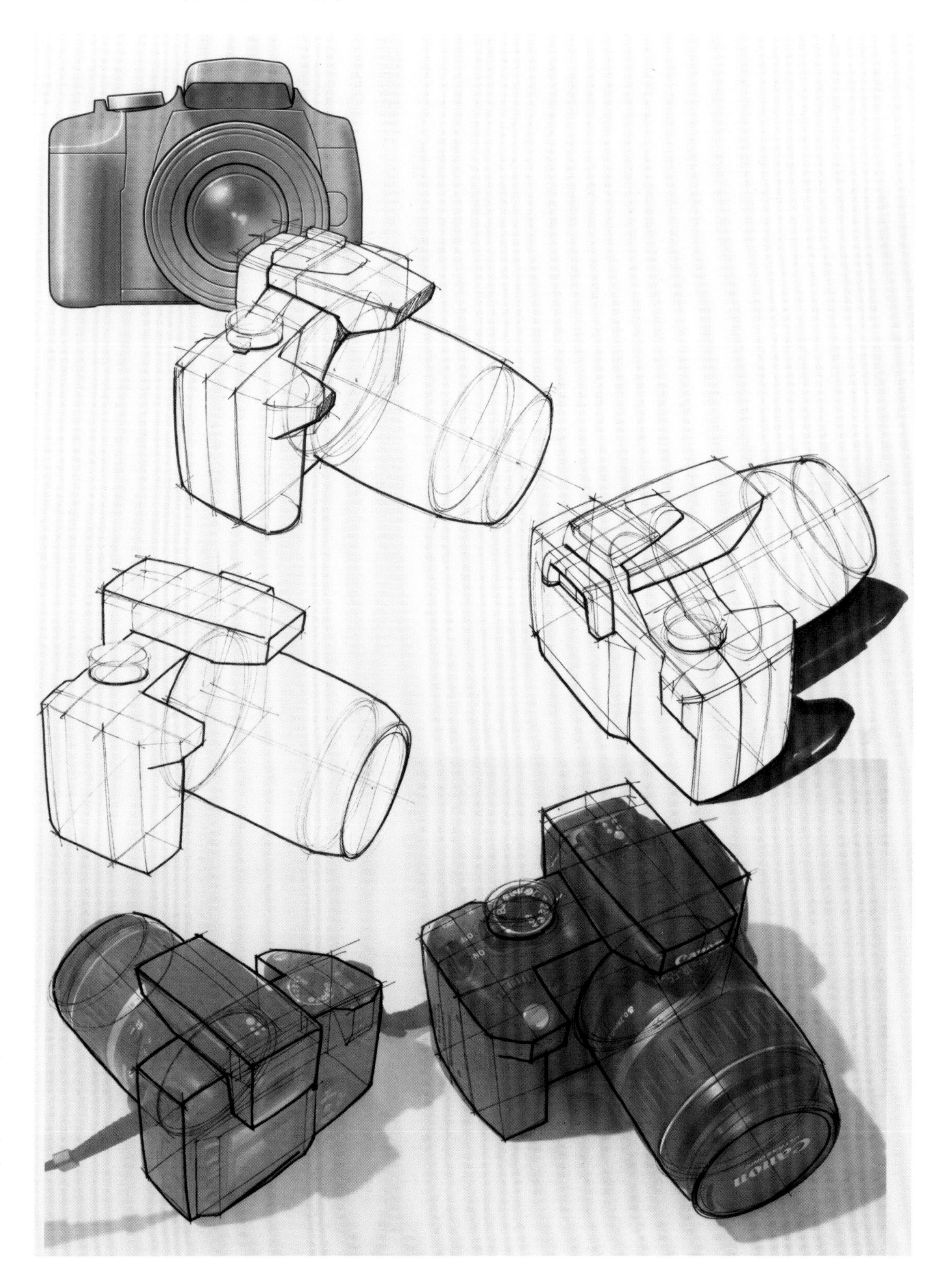

结构剖析示例一

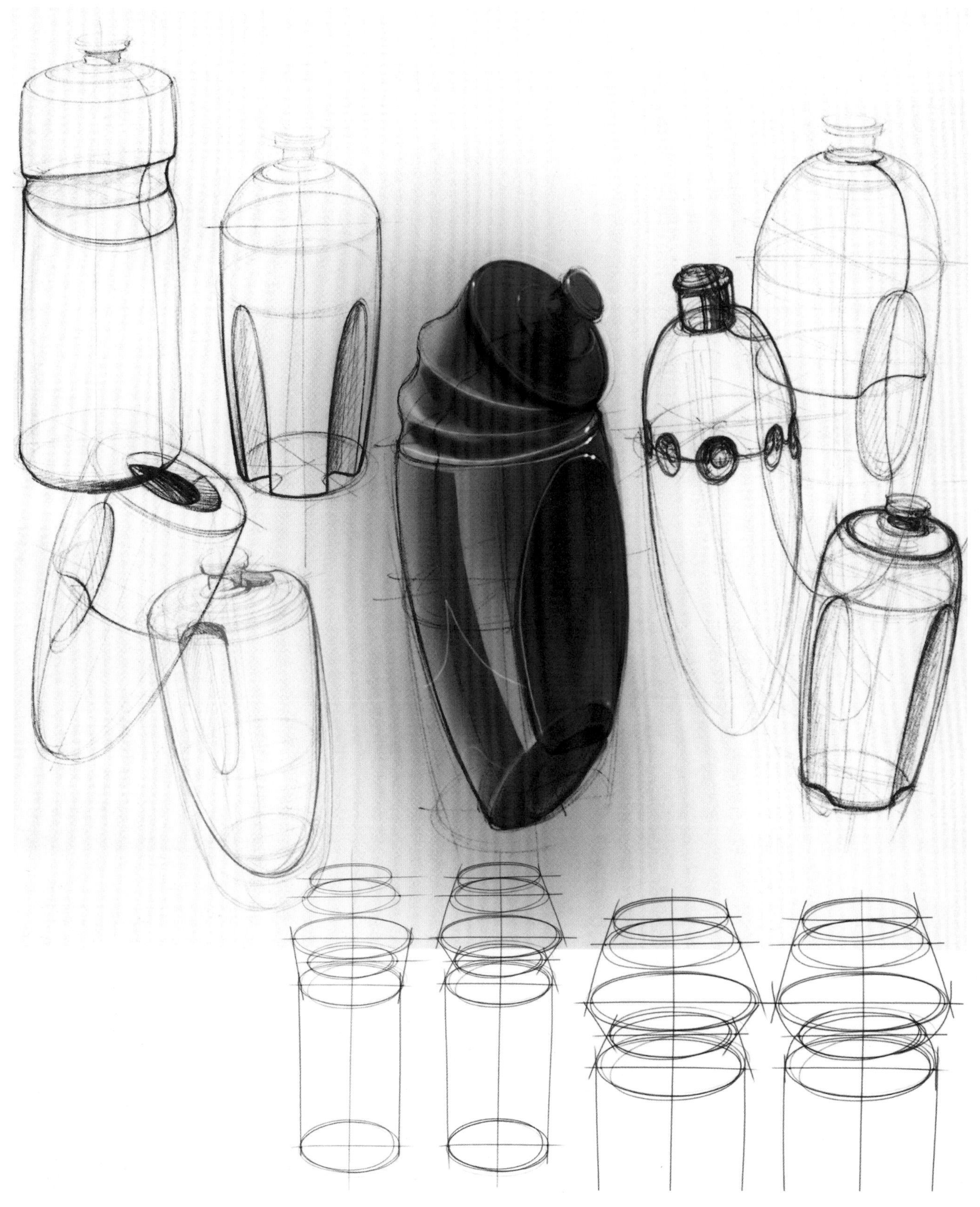

结构剖析示例二

过程中，设计师只有单纯通过点、线、面来描绘产品，这点跟结构素描的表现形式相像。对各个透视角度下的产品形态与空间状态，需要设计师熟悉并且理解目标对象的结构规律才能准确把握。所以结构素描和透视是相辅相成的，既通过结构素描的基本功来增加表现透视角度下产品形象的准确性，又通过透视的基本能力来提高描绘产品结构形态的合理性。

结构素描的目标

1. 透过产品造型外轮廓，完成深入产品内部透视结构的理解与还原。

2. 完成各结构部件穿插整合的细节观察与理解以及空间想象。

3. 完成结构框架的明确，加强产品造型的合理性与可行性。

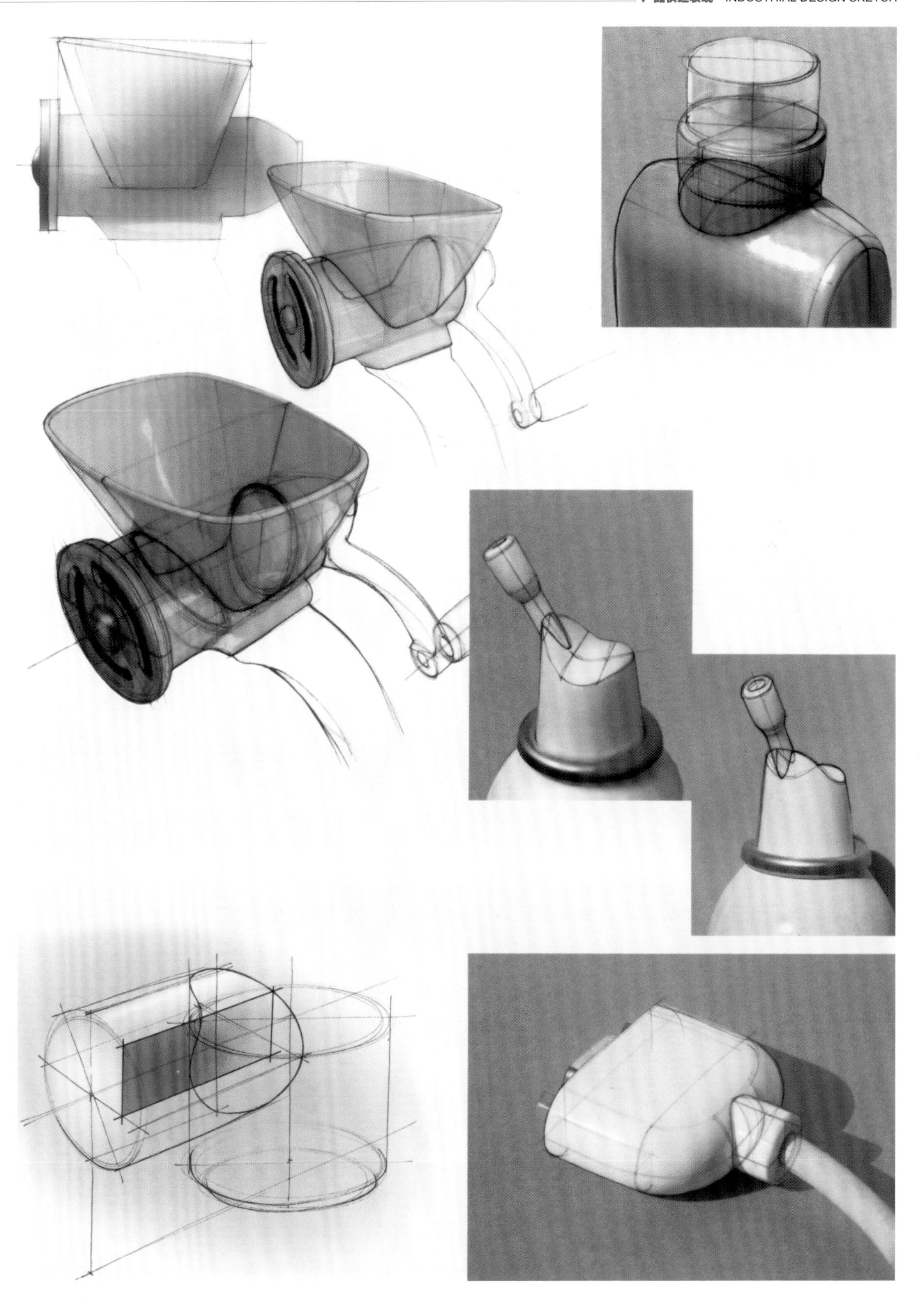

结构剖析示例三

第三节　光影

光影是物体在环境中受到光线照射所产生的物理现象。在光线的作用下，物体表面会出现不同深浅的明暗与投影，物体的立体感由此体现。在产品快速表现中，我们在线稿里用笔的平行排线来模拟光影的明暗变化；在单色色稿中用灰色马克笔与黑色马克笔来表现；在彩色色稿中用深色彩色马克笔或不同色粉的调和取色来表现。不同手法的表现都是为了一个目的：在纸面上还原真实环境光源下物体表面的特征以及物体主体的空间感。

一、明暗关系

明暗关系是光影中最直观的表现，是指物体受光线影响而产生的五个不同层次的光影变化。其分别是：亮面、中间色、明暗交界线、暗面、反光。明暗关系根据物体的形态特征、结构的透视变化、各个面的朝向角度，光源的强度、角度与距离以及物体固有色对于光线效果的影响而变化。

当然，在产品快速表现的过程中，我们不需要把这些明暗关系都表现得淋漓尽致，没有时间也没有必要。同透视表现一样，我们只需要表现大体的明暗关系用以说明产品的空间关系和形体特征即可。这些都是为产品快速表现服务的。

二、反射反光

反射在光影中是时时存在的，物体间相互都会产生反射光源，因为物体的暗部受到了环境及周围受光物体的影响产生了反光。反射的效果表现对物体的空间、环境、质感都能产生很大的作用。为了材质区分的需要，我们会在产品快速表现中适当增加反射效果的描绘。在产品快速表现中出现的反射更多的是漫反射表面物体与高反射表面部件，例如：玻璃、屏幕、金属等。反射的表现手法在线稿中可以以自然流畅的弧型线条表现，在单色色稿中多用黑色马克笔的黑白强烈反差来表现，在色稿中可用彩铅与灰色马克笔表现。

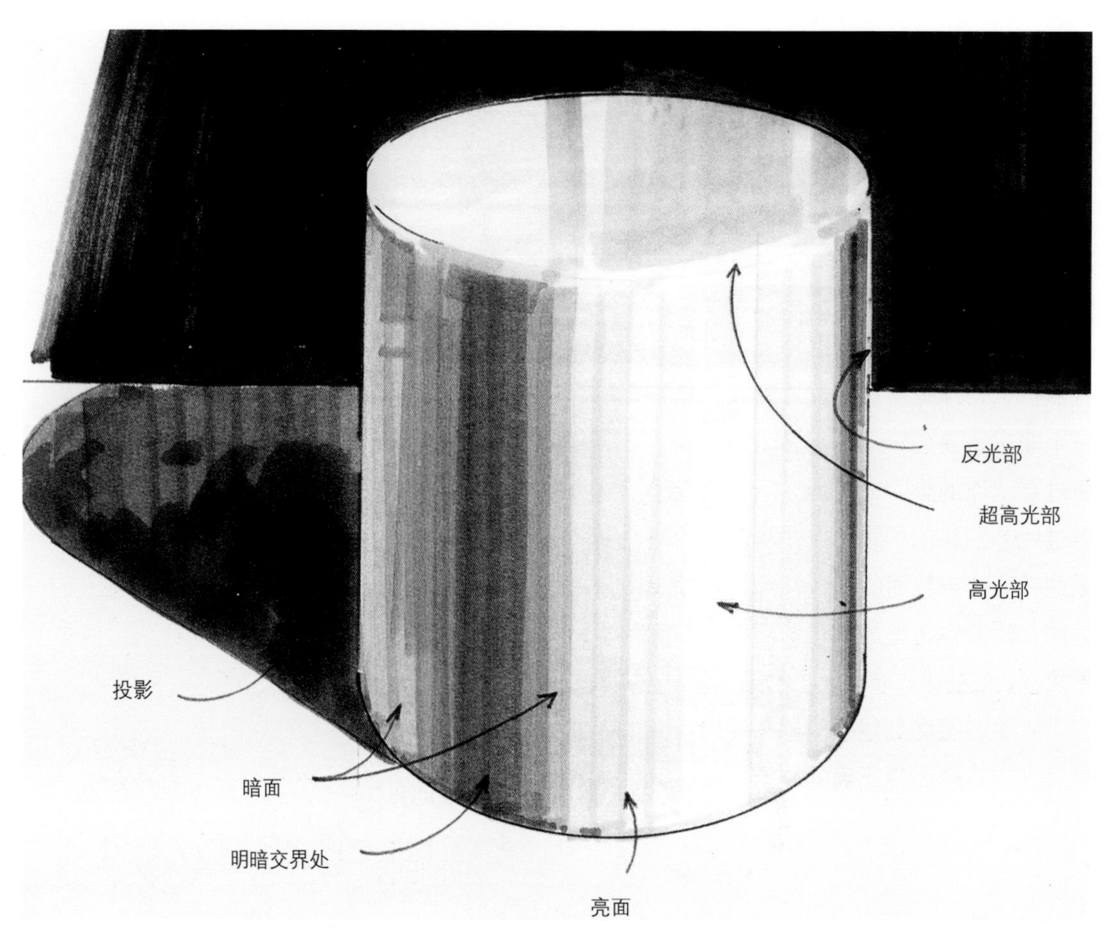

光影分析

第五章　产品快速表现技法

第一节　基本训练方法

对于产品设计师与在校专业学生来说，要在产品设计的专业领域展开正常工作并有所发展，产品快速表现这一基本专业能力是必须具备的。而要想具备产品快速表现的能力就必须要在做到掌握透视、结构与光影的表现基础前提下进行长期大量的表现技法的练习，通过对产品快速表现技法知识的认知与理解以及同时期进行的练习与实践，在实践中找到手绘时的手感，在将头脑中的设计思路在纸面上进行快速、准确地还原的同时，还能做到方案的说明性与画面的表现性。

一、线条练习

线条练习是每个初学者在初级阶段都要经历的过程。重复单一的线条练习看似简单甚至有点枯燥，却是产品快速表现技法学习前期的一个非常重要的阶段。因为产品的立体形象是通过点线面的组合完成的，所有视角的面都是通过线条的组织构建得以表现的，可以说，线条的错误会导致面的错误，而面的错误最终会导致物体整体造型的错误。所以线条练习是产品快速表现的第一步。

首先，要做到线条能够按照设计师的想法准确出现在画面中正确的地方；其次，线条本

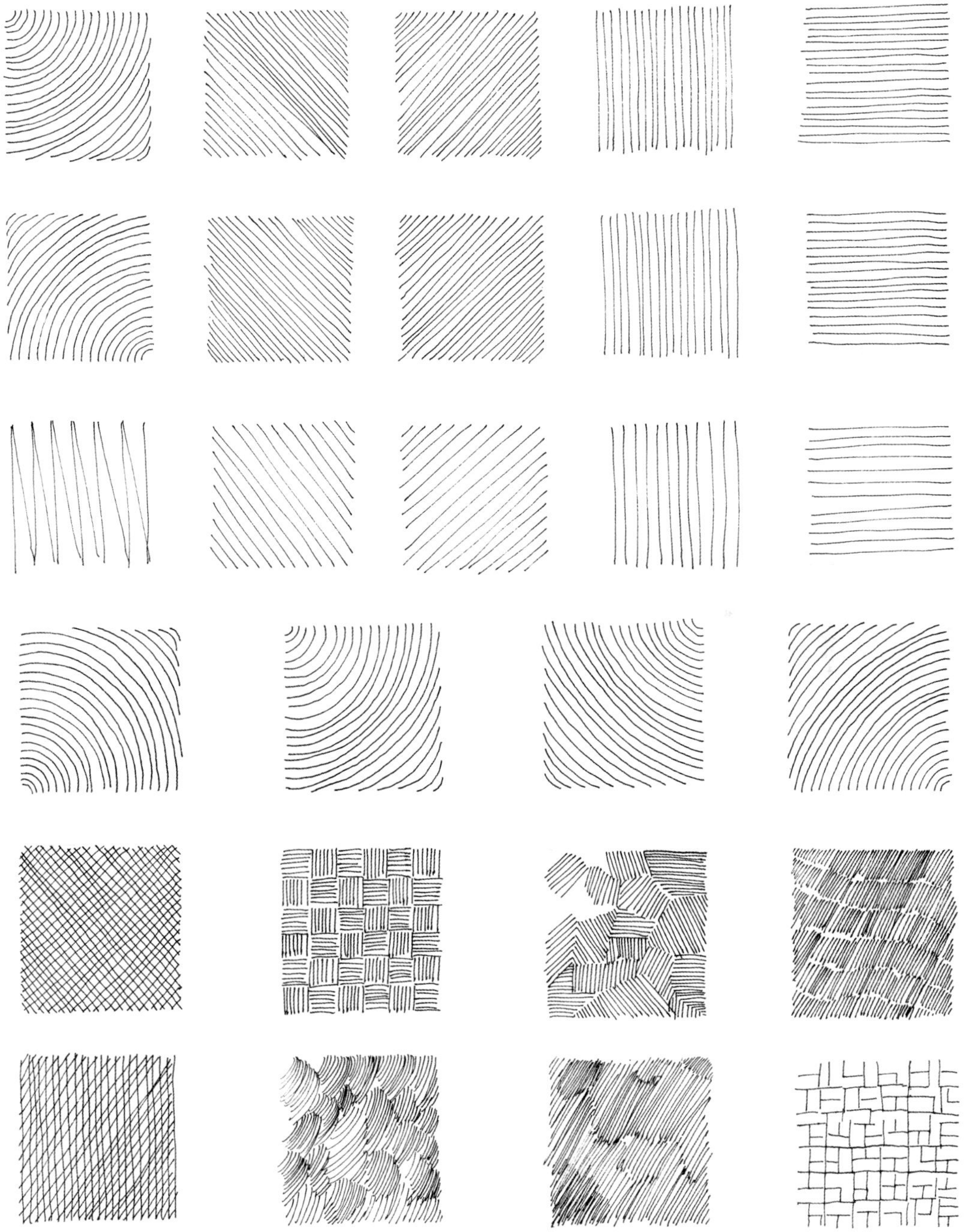

线条练习

身并不像它的名字听起来那么单调死板，在一条线段中的起点、中段、终点都会根据设计师的用意产生颜色深浅与笔触轻重的变化，而就是这些细腻多样的变化，将会使画面出现空间距离的层次感、光影角度的虚实感以及其他富有表现力的效果；然后，要与产品效果表现中利用尺度工具“拉”出线条的手法有所区别，产品快速表现中的线条必须要流畅、自然，要看不出机械式的绘画痕迹。产品快速表现首先是一幅能说明设计理念的图纸，但同时它更是设计师手中的一幅作品。

我们通常把线条练习分为直线练习（包含水平横线练习、垂直竖线练习、对角斜线练习）、弧线练习、圆练习，它们还各自细分为长线段练习与短线段练习两种。

1. 直线练习

① 以A4幅面打印复印用纸为练习平面。

② 定点画直线，自己随意设定直线起点端与终点端，在两个端点之间画出直线进行练习。

③ 在纸面上部边缘起始处画出水平横线，以此线为基准，作重复的水平平行线，一直画至纸面下部边缘。

④ 在同一张纸面上，垂直竖线从纸面左部边缘起始，以此线为基准，作重复的垂直平行线，一直画至纸面右部边缘。

⑤ 在同一张纸面上，以纸面左端下方角落定点为起始点，对角找到纸面右端上方角落定点，以此为终止点，沿对角画出对角斜线，并以此线为基准，左右各画水平斜线至纸面左右两端边缘。

⑥ 以此类推，在同一张纸面上，找反向对角线画对角斜线，并练习平行对角斜线。

⑦ 不同长度、不同角度直线的自由练习。

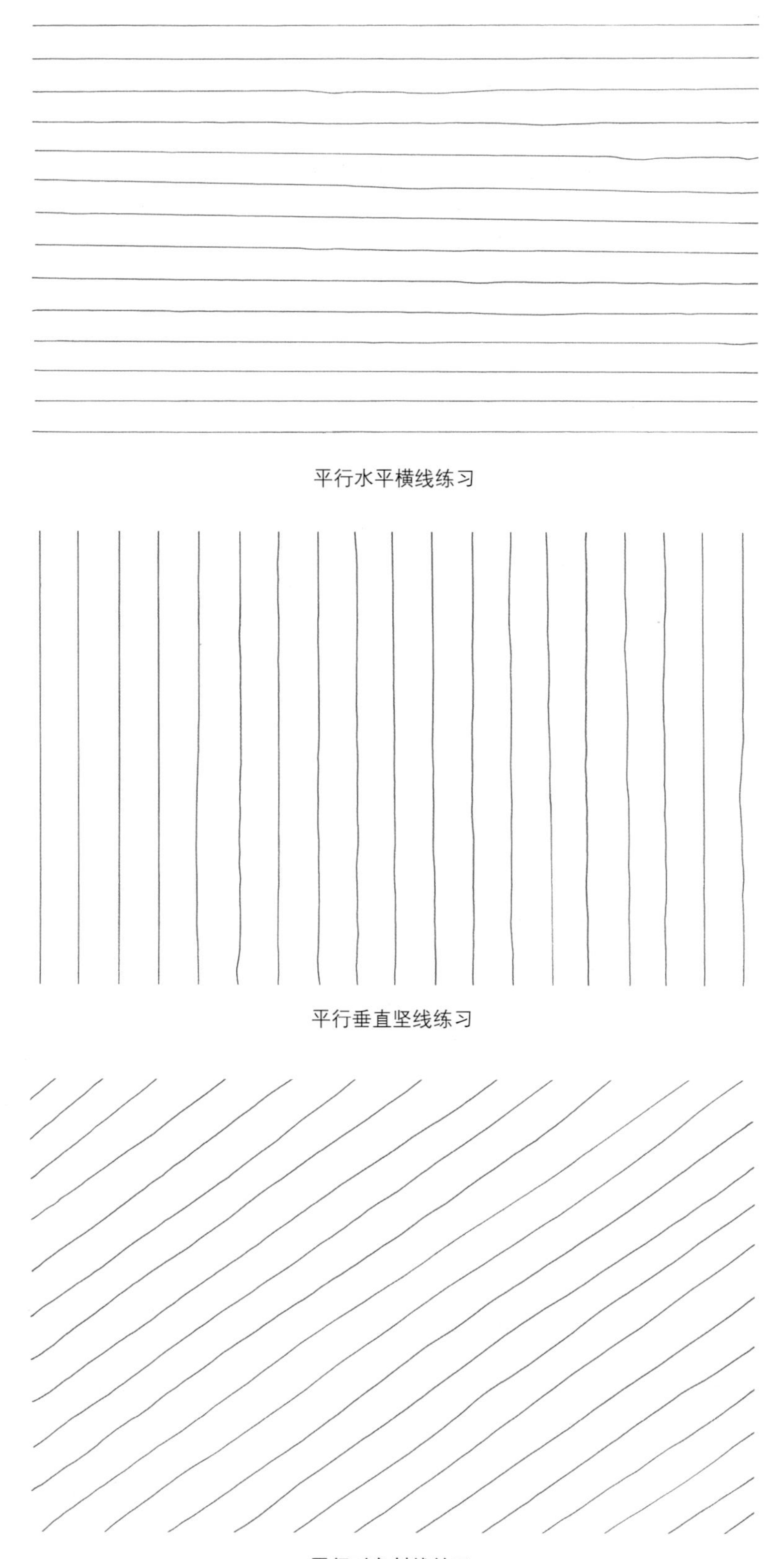

平行水平横线练习

平行垂直竖线练习

平行对角斜线练习

2. 弧线练习

① 以A4幅面打印复印用纸为练习平面。

② 自己随意设定两点作为弧线起点端与终点端，以此两点为跨度画弧线。

③ 在设定起始与结尾两点的基础上，在两点跨度距离的中间位置再设定一个中点，画弧线经过三个点。

④ 先画出一条弧线，以此弧线作为基准，画出它的等高弧线。

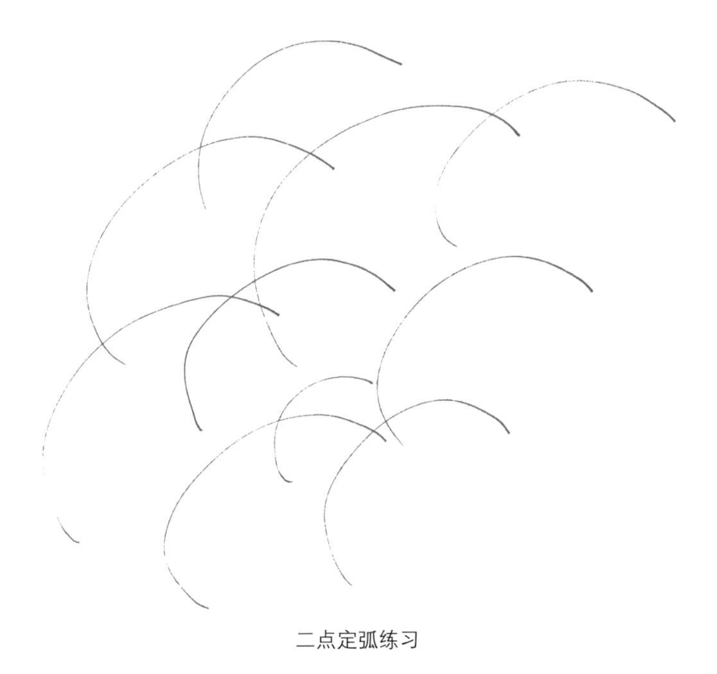

二点定弧练习

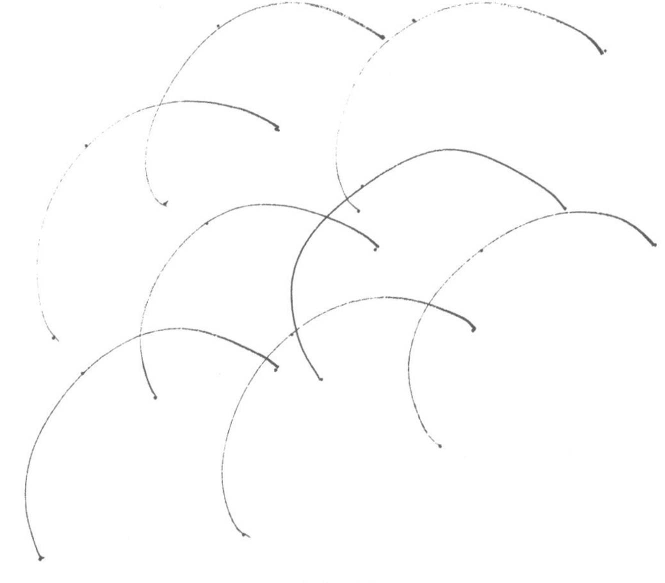

三点定弧练习

3. 圆练习

① 以A4幅面打印复印用纸为练习平面。

② 控制手腕、肘部及肩膀的角度和力度，一笔画出圆形，不是整圆没有关系，尽量接近圆形即可。

③ 在纸面中随意定一点作为圆心，以此圆心为基准，画出同心圆。

圆形练习

二、体块练习

体块练习是紧接线条练习的产品快速表现技法的下一个阶段。在掌握了线条表现的技巧后，可以开始有目标地组合线条，使之形成面的概念。从最简单的四根相同尺度直线组成单一正面开始到不同角度不同长度的线条相交组成透视面，这中间有着非常多的面的形态可能，而物体就是通过不同面的组合衔接而形成的。

对于面的生成与组合练习，我们通常在体块练习中体现，常见的为立方体与圆柱体以及更为复杂的体块组合体练习。其中，体块组合体可以理解为在标准六面立方体块的基础上进行多个立方体快的组合衔接。对于体块的练习其实就是对于透视形体的练习，在产品快速表现的过程中我们不需要对体块透视做到完全正确的程度，但一定要控制在一个相对准确的范围内，使体块透视的画面在第一眼感知中不出现明显的透视视觉违和感是最基本的要求。

1. 立方体练习

① 以A4幅面打印复印用纸为练习平面。

② 在同一张纸面中，以一个透视空间作为基准，在此空间中画出符合同一透视空间状态的多个立方体，可以以余角透视作为练习的目标。

③ 在同一张纸面中，画多角度透视的立方体，平行透视、余角透视、俯仰式透视皆可。

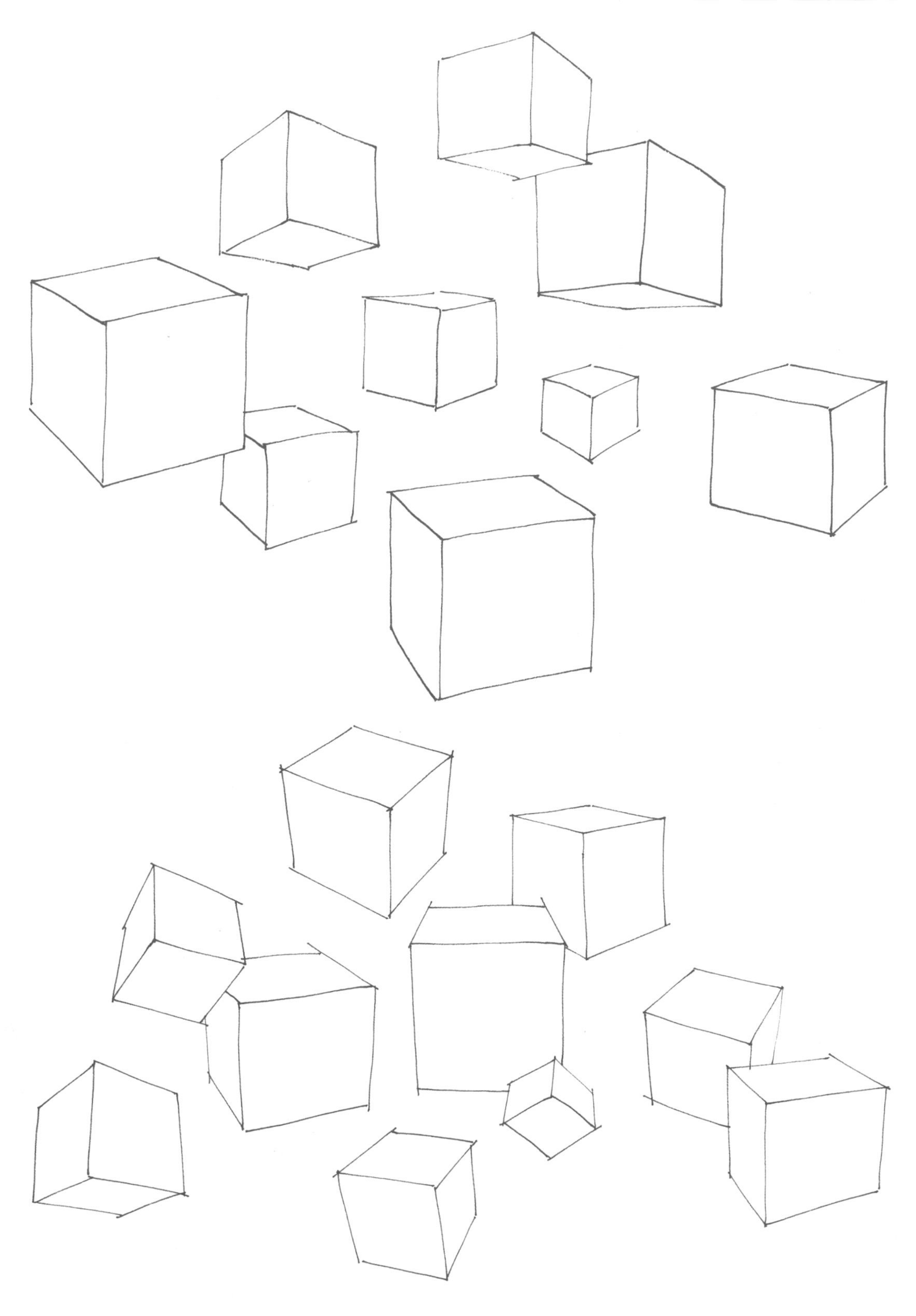

立方体练习

2. 圆柱体练习

① 以A4幅面打印复印用纸为练习平面。

② 圆柱体只有三个面，有别于立方体的六个面，透视难度相对大于立方体块。可以分别从仰视角度、俯视角度与其他透视角度来练习。

③ 在同一纸面中，画竖立状态的多角度透视圆柱体。

④ 在同一纸面中，画平放状态的多角度透视圆柱体。

竖立状态圆柱体

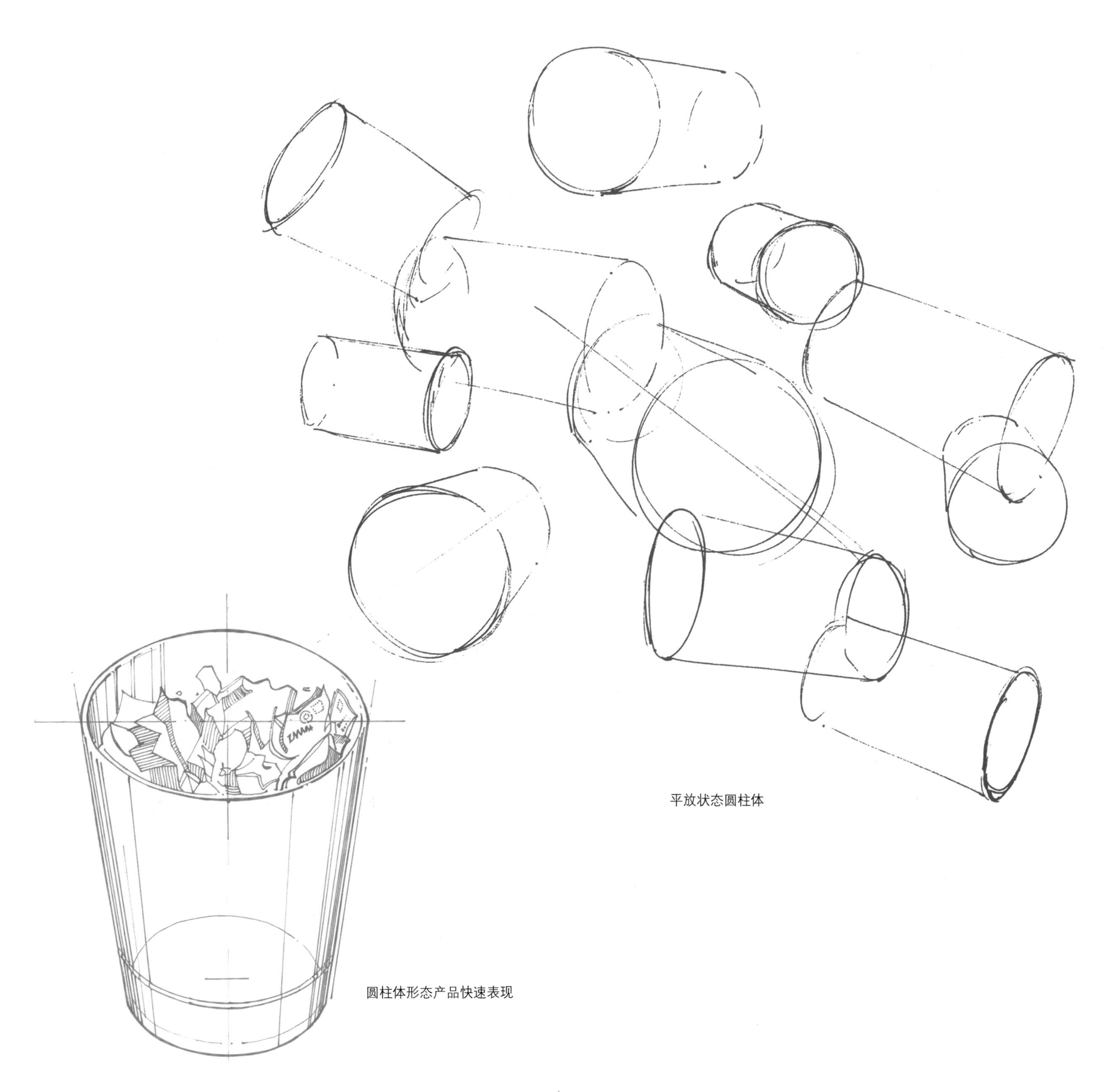

平放状态圆柱体

圆柱体形态产品快速表现

3. 组合体练习

① 以A4幅面打印复印用纸为练习平面。

② 在标准六面立方体的主体基础上做“加法”，叠加多个立方体，但要做到面与面的连续性，使之形成多面一体的组合立方体块，并进行练习。

③ 在标准六面立方体的主体基础上做“减法”，在主体上进行局部“挖掘镂空”，同样要做到面与面的连续性，使之形成多面一体的组合立方体块，并进行练习。

组合体练习

第二节　勾线线描技法

进行产品快速表现时使用到的工具有很多，表现手法也不少，可分为线稿与色稿两种，但基础往往都是从针管笔的勾线线稿开始的。这里着重讲解产品快速表现中线稿的具体画法与技巧。

1. 签字笔勾线技巧

我们已经知道线稿是产品快速表现中常见表现方式的一种，多以各种直线与曲线线条组合，以勾线的形式完成。线稿手绘工具常见的有素描铅笔、彩色铅笔、针管笔、签字笔、圆珠笔等，这里以针管笔与签字笔为例。

根据针管笔的笔尖直径尺度大小，常用0.1、0.3、0.5三种笔尖规格。通常情况下0.5规格可用于外形轮廓线，也即主体造型的刻画，0.3用于外形轮廓线内的结构细节与局部细节的刻画；0.1多用于辅助线的表现以及尺度数据的描述。在进行产品快速表现时，我们可以以这样的使用规律来运作手绘的过程。这是一种比较理想的手绘工作情景，但如果碰到以下几种情况时我们应该如何应对呢?

① 在工作室以外的没有特定手绘工具存在的环境空间中。

② 瞬间的设计灵感爆发，需要迅速地将思路想法做纸面记录。

③ 在与客户沟通、评估设计时需要通过一个快速表现来补充产品设计说明。

以上三种情况下，我们都不可能做到还能慢条斯理地切换三支不同笔尖规格的针管笔工具进行产品的快速表现。现实情景中，我们往往不具备比较充分的工具配备，大部分时间我们在身边只能找到一支签字笔，而一支签字笔是否能达到三支针管笔的画面呈现效果呢? 答案是：可以。

无论写字还是画画，手指握笔时指关节微妙的调整与手腕角度的控制都可以使笔尖落地（纸面）时的角度产生变化。而笔尖与纸面接触角度变化的同时也就使笔尖与纸面的接触面积产生了变化。如果把笔尖垂直状态理解为笔尖接触纸面面积最大，以此假设笔尖垂直角度时签字笔墨水出水量大约为100%，同理，笔尖呈45度角状态时出水量大约为50%上下，再使笔尖角度放至更低时，那么墨水出水量将会降至大约20%上下。而因为签字笔笔尖角度的变化所影响的墨水出水量的变化其实就是一种模仿针管笔笔尖直径尺度规格的方法。签字笔笔尖接近垂直时，模仿的大约是0.5规格的针管笔；使签字笔笔尖呈斜角度时，模仿的大约是0.3规格针管笔；更进一步减小笔尖角度时，模仿的大约是0.1规格的针管笔。当然，这种利用签字笔通过笔尖角度变化模仿不同规格针管笔的方法并不是完全准确的，这是一种在特定情况与空间情景下做出的解决方法。经过长时间的练习，能熟练掌握技巧后，设计师将会习惯于在任何条件下都能通过一支笔来完成产品快速表现中对于设计的记录与还原、转移与搬运、推敲与探索、表达与沟通等功能的实现。

签字笔模仿0.5针管笔笔迹

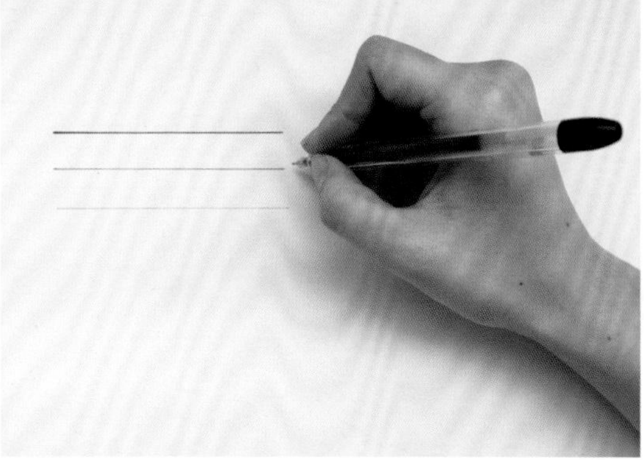

签字笔模仿0.3针管笔笔迹

签字笔模仿0.1针管笔笔迹

第三节　身体控制技巧

设计师在进行一场完整的产品快速表现时需要用到一系列的笔类工具、纸类工具与相应的辅助工具。完备的工具可以帮助设计师在设计或演示中完成相对较好的产品快速表现效果。但光有工具还是不够的，工具作用的发挥是建立在设计师良好的手绘能力这一基础上的。要使设计师自身具备专业的手绘表现能力，除了对产品快速表现中基础能力与基础技法等理论知识要有理解外，还需要设计师了解自己身体的结构与特点，并加以协调利用，以此完善并提高自身产品快速表现的手绘能力。这其中身体的结构部分涉及到手指、手腕、手肘与肩膀的控制等。

1. 手指的控制

有别于常规素描时，笔杆底部抵住手掌掌心，中指托住笔杆杆身的同时大拇指与食指也一起捏住笔杆杆身这一手指组合动作，产品快速表现时的拿笔方式与写字时的动作姿态几乎是一样的，区别在于，写字时食指是持续用力的，而产品快速表现时食指是相对放松的，用力源在于手腕与手臂乃至肩膀的动作幅度。在手绘的过程中，手指指关节的细微运动是非常微妙的，常见的有以下几种：

① 三指（大拇指、食指、中指）握笔向前推送以及向后收拢的动作。常用于画出短竖线或短横线等尺度较短的直线。

三指缩（大拇指、食指、中指）

三指伸（大拇指、食指、中指）

② 三指（同上）握笔做从左下往右上或从右上往左下的斜排线动作。常用于画出细小结构中的投影排线。

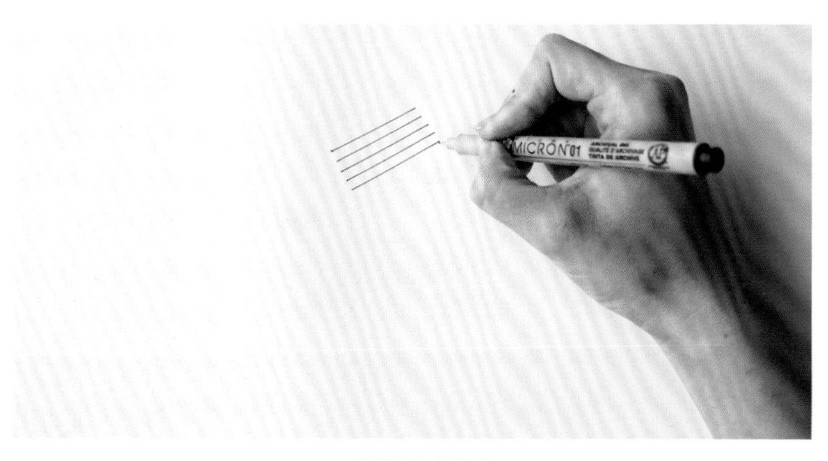

三指缩画细短排线

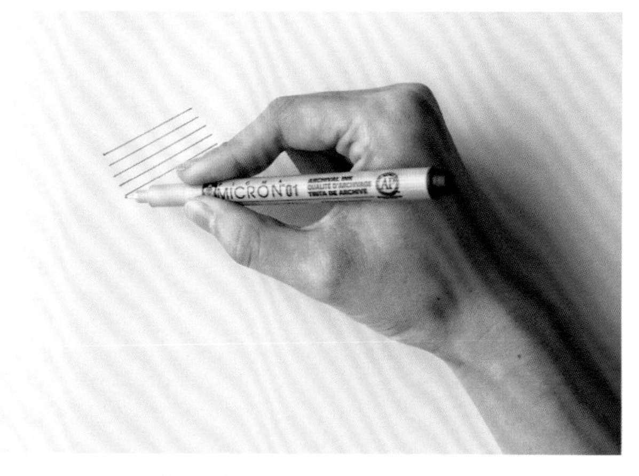

三指伸画细短排线

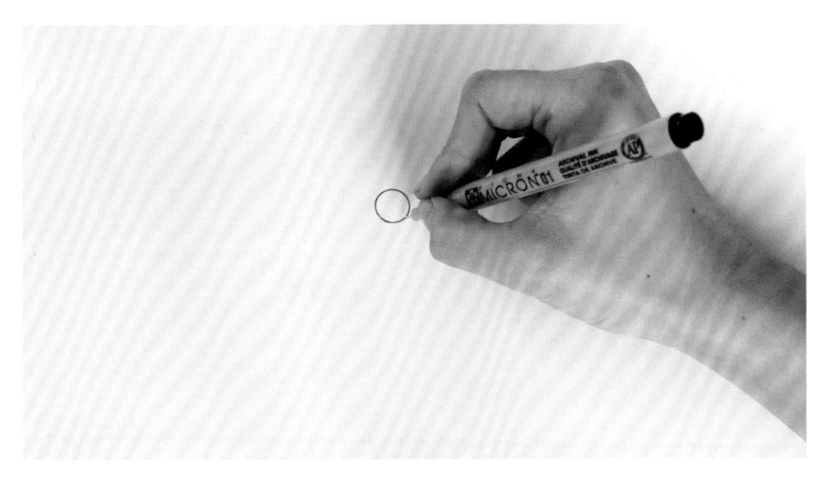

三指画小孔一

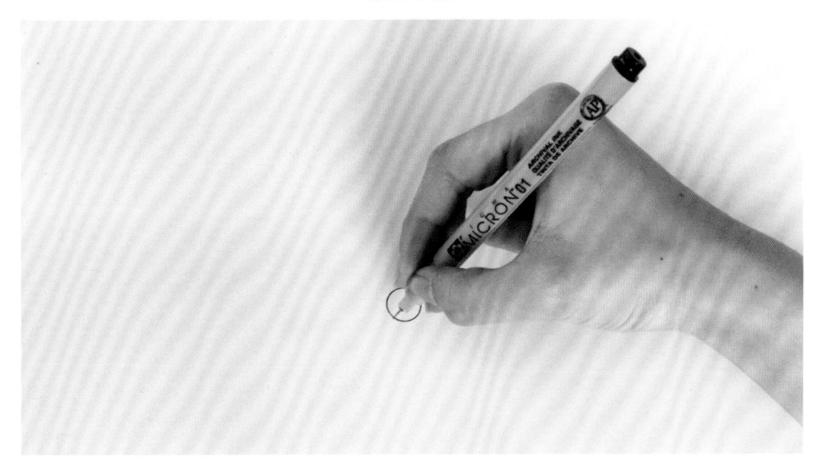

三指画小孔二

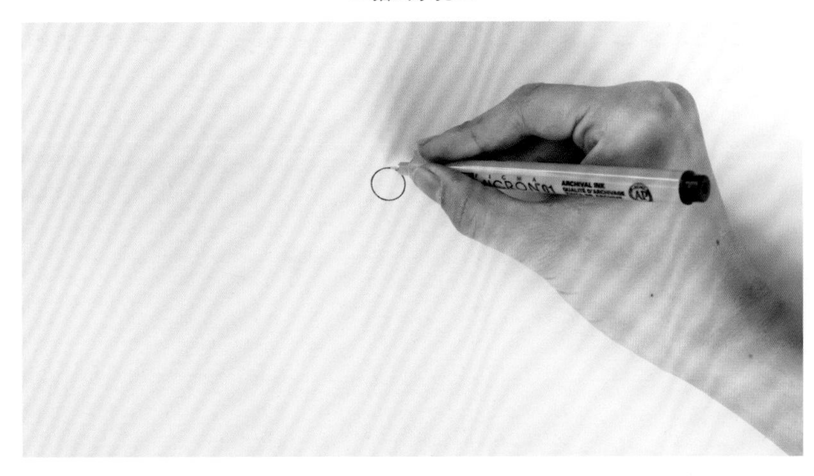

三指画小孔三

③ 三指（大拇指、食指、中指）握笔做顺时针或逆时针小幅度转圈的动作。常用于画出结构小孔等圆形造型。

④ 三指（大拇指、食指、中指）握笔做收缩动作，把握笔身垂直以及倾斜等角度，以此控制笔尖与纸面的接触角度，模拟0.1、0.3、0.5三种针管笔笔头直径尺度规格的效果。（参见P 44图）

2. 手腕的控制

手腕是手部中除手指以外第二灵活的结构，它与手指的配合是自然而又紧密的。我们可以把手腕的腕心理解为一个运动结构的轴心，以此轴心所做的运动非常丰富，可以帮助手指做手绘动作的延伸。利用手腕与手指的配合，我们可以在画面中画出短距离的直线或弧线以及直径较短的圆形（包含椭圆）。这在局部细节刻画时尤为重要。

手腕运动画椭圆一

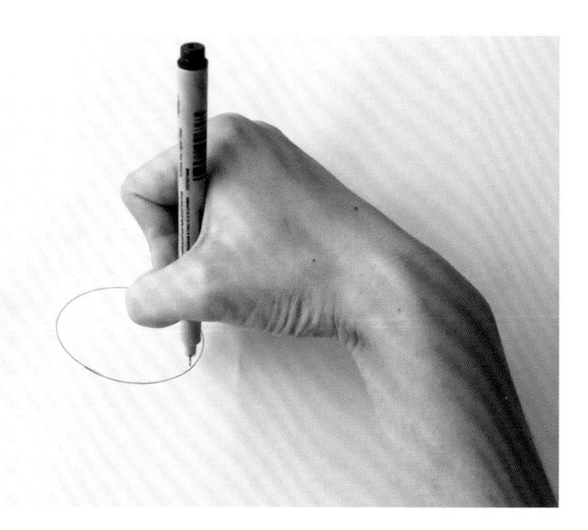

手腕运动画椭圆二

3. 手肘的控制

手肘的控制技巧是手指与手腕控制的延伸，在绘画中长距离线条时对于手肘的控制就甚为关键了。手肘的利用也需要做到与手腕等的配合，例如：

① 当需要在纸面上绘画中长距离直线线条时，可以把手肘肘点作为一个固定点，手腕相对使力进行细微动作控制，使手腕保持一个小范围的转动幅度，手指放松握住笔身，保持指关节角度不变，然后前臂以肘点为基点开始做匀速的平移，这样的系列动作就会完成中长距离直线线条的刻画。

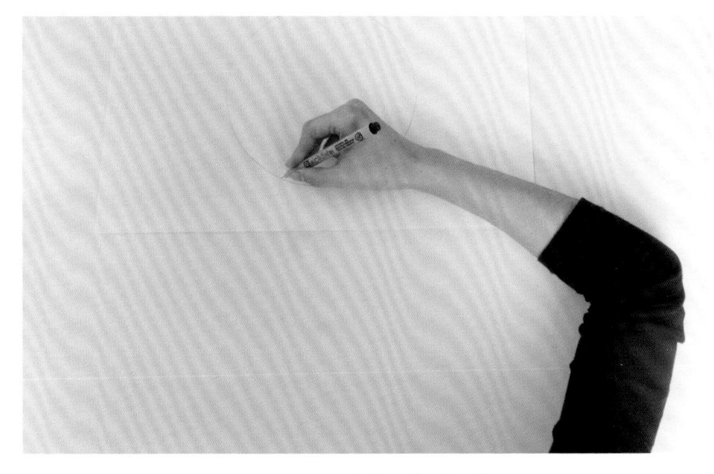

手肘运动画圆形一

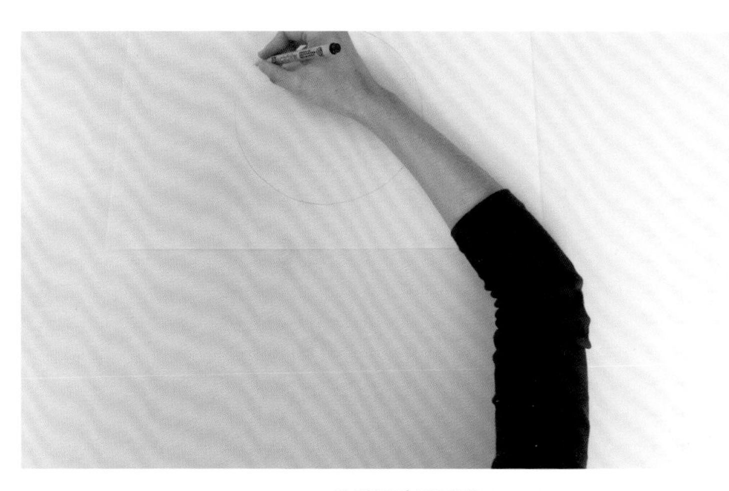

手肘运动画圆形二

② 画中长直径圆形与画椭圆基本同理，要注意不是把手肘肘点当做圆心，肘点是在移动的，但这时的手腕需要保持不动。手腕与前臂呈一条水平直线状态，尽量放轻松，手指轻握住笔身，把使力的点放在手肘肘点，然后通过肩膀与上臂的连贯动作画出合适的圆形与椭圆形。

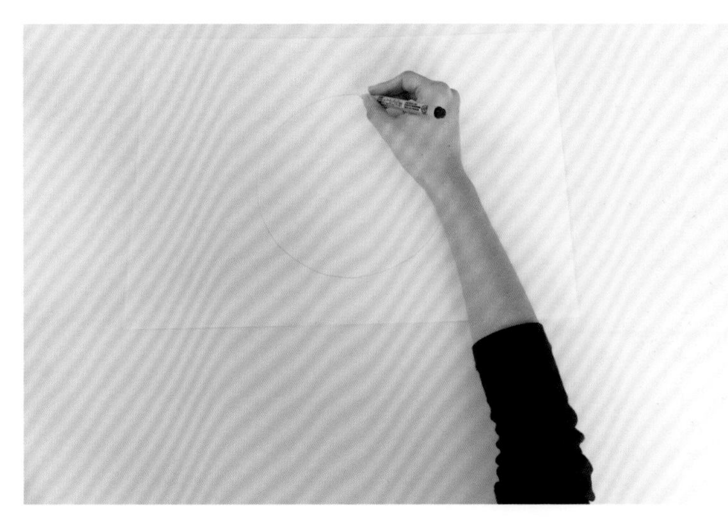

手肘运动画圆形三

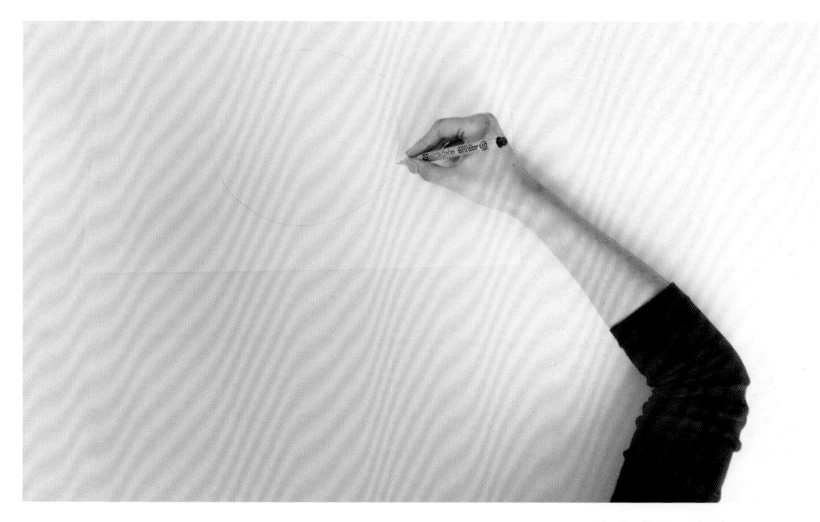

手肘运动画圆形四

4. 肩膀的控制

在手肘控制技巧中已经间接应用到了手臂与肩膀。这里要把肩峰理解为一个新的基点，通过这个点可以画出更长距离的线条，包括长距离直线、弧线与圆。

① 画长距离线条时，手腕、前臂、手肘、上臂与肩峰基本保持联动，手腕相对使力进行细微动作控制，使手腕保持一个小范围的转动幅度，手指放松握住笔身，保持指关节角度不变，手肘放松，然后整条手臂以肩峰为基点开始做匀速的平移，这样的系列动作就会完成长距离线条的刻画。

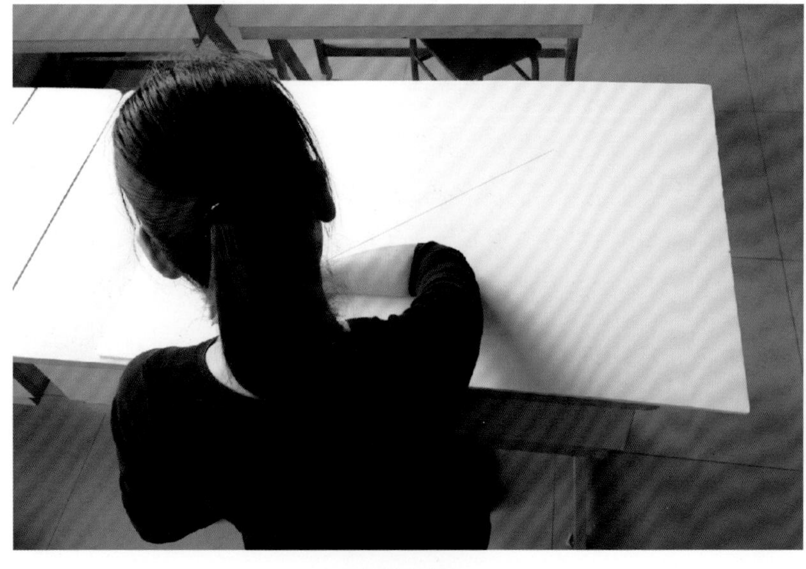

肩部直线步骤一

肩部直线步骤二

② 画长距离弧线时基本同理，要注意手腕依旧可以保持不动。手腕与前臂呈一条水平直线状态，尽量放轻松，手指轻握住笔身，把使力的点放在肩峰，然后通过肩膀的动作配合手肘（手肘肘点可以在画弧线轨迹的过程中做适时的角度调整）画出合适的长距离弧线，圆与椭圆等

肩部椭圆步骤一

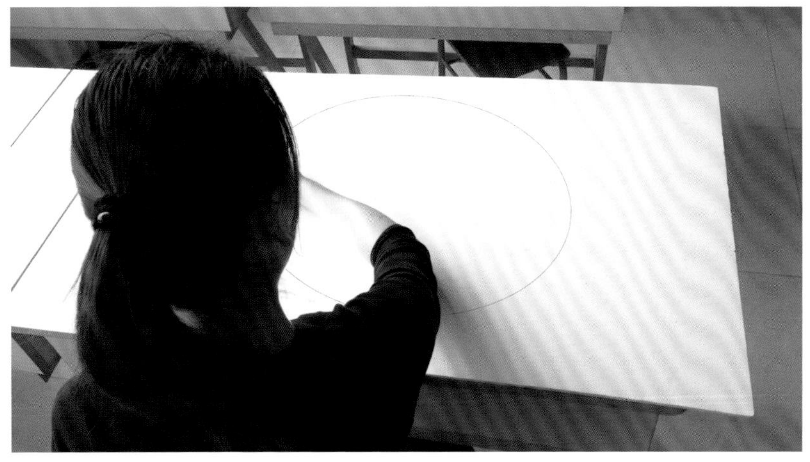

肩部椭圆步骤二

肩部椭圆步骤三

肩部椭圆步骤四

肩部椭圆步骤五

5. 指、腕、肘、臂、肩的协调关系

产品快速表现中所有的手绘动作都可以在手指、手腕、手肘、手臂与肩膀的协调运作中完成。人的身体就是一部可以作画的手绘机器，关键是要在产品快速表现的过程中，在适合的地方找到适合的身体结构点加以利用，排除多余的辅助工具，高效、快速、准确地完成手绘的工作。但初学者也不需要一味研究身体结构的理论知识，通过长时间大量的手绘练习，自然而然就会在产品快速表现中充分合理地掌握身体控制的技巧，掌握技巧后将不再会过多依赖辅助工具，以达到产品快速表现真正核心的目标：快速。

第六章　错误与经验

第一节　常见错误

1. 来回涂抹

很多初学者会把素描练习时养成的习惯带到产品快速表现中去，例如一根直线明明已经相对准确地一笔画到位了，但是到直线收尾时又习惯性从终点再次画回起点，反复几次造成一种来回涂抹的笔触痕迹。这其实是很可惜的，后期的笔触有时是为了纠正前期笔触的错误，这是目的性很明确的修正动作，但如果变成习惯性的涂抹，画面就会显得不干净，线条也会显得无力，不够干脆，更会造成对于所描绘对象图形理解的不确定性。

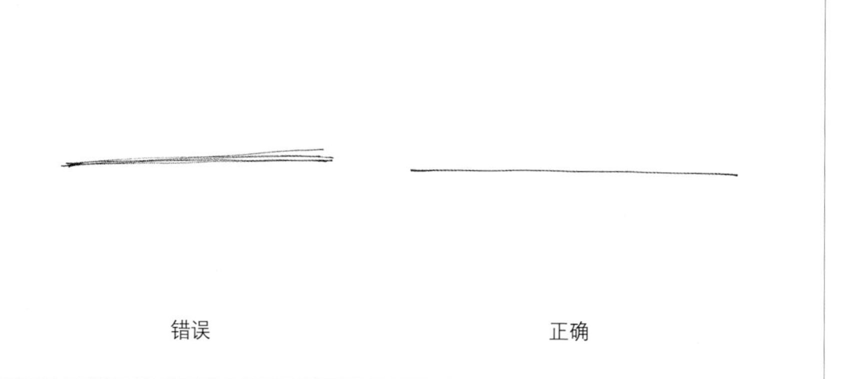

错误　　正确

2. 多余顿点

顿点指的是笔尖在线条的起点与终点一瞬间停顿时的墨点痕迹，这在产品快速表现的画面中是允许存在的，但要注意不要让笔尖在纸张上顿点时停留过长时间，这会造成墨水渗点，使顿点痕迹扩大，更要注意的是在画长距离线条时要尽量一气呵成，不要把长线条分成一段段短线条来接，每根短线条产生的顿点会累加，最终在画面中变成多余顿点，造成画面的不干净与破碎感。

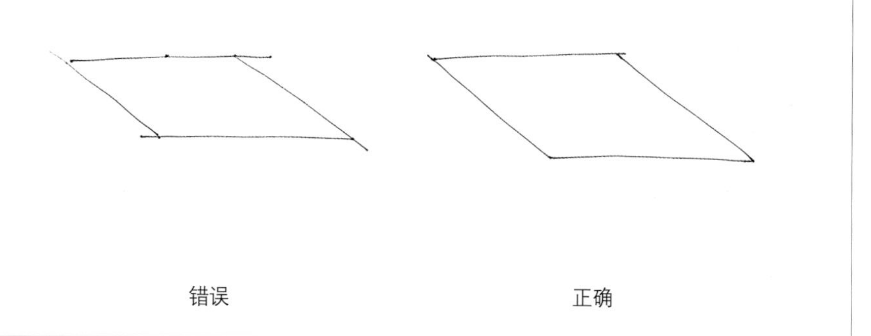

错误　　正确

3. 线条尾部画勾

很多人在画线条画到收尾时往往会有个手腕回收的不经意动作，造成线条的尾部出现一个勾形。这个勾形会导致线条终点的位置模糊，直接影响造型框架的不确定性。要注意收尾时手腕力量的控制，把握好收尾的动作，明确线条的来龙去脉。

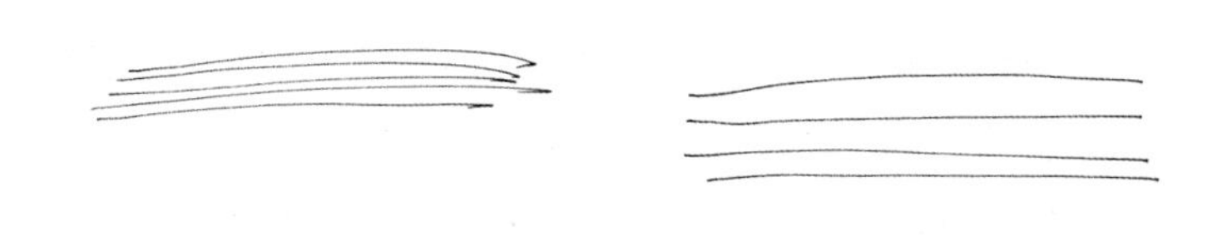

错误　　正确

4. 线条与线条之间没有闭合

体块是靠面与面的衔接来表现的，同理，面也是靠线条与线条之间的衔接来完成的，当一个面的四个角因为四根线条之间的首尾端点没有闭合，面的描绘以及其联系着的体块的关系就会大打折扣。所以尽量要使线条之间的端点互相闭合住。

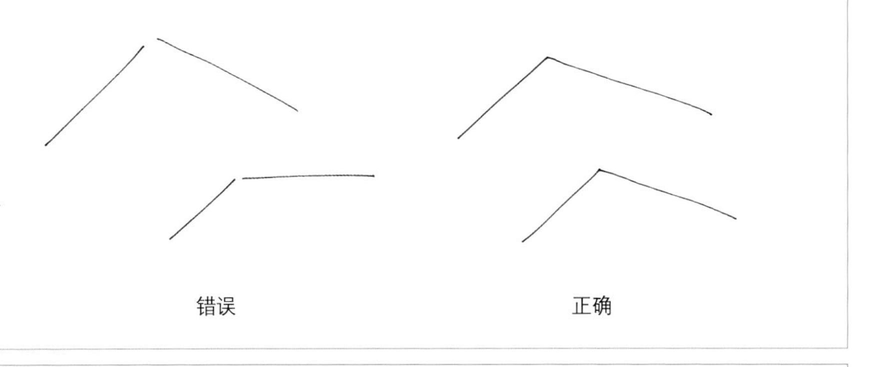

5. 签字笔（针管笔）涂黑

当我们需要对产品的投影进行画面处理时，切记，不要直接拿水笔去涂抹黑色色块，一来费时，二来画面不美观。我们可以换马克笔进行涂黑处理，或者使用签字笔（针管笔）作间隔平均的斜排线来表现投影效果。

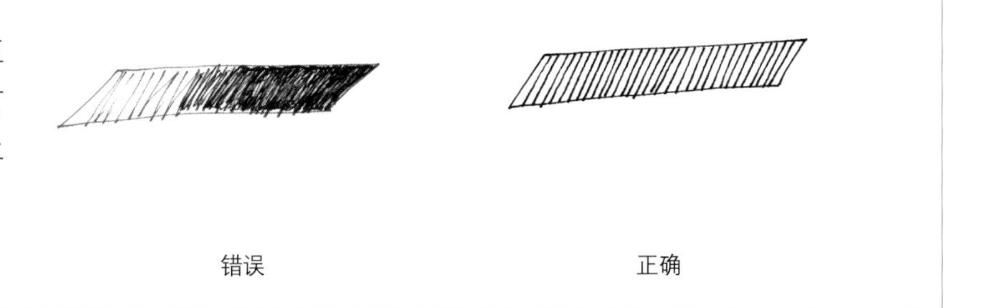

6. 划掉废线

产品快速表现时不可避免会出现一定量的废线（即错误的线条），出现废线时，我们可以在废线的基础原地再画一根修正的线条，并且相对加重颜色，使修正后的线比原始废线更为明显即可，这样，既能解决线条画错的视觉问题又会使画面具有产品快速表现的特征感，切记不要划掉废线，因此产生重复废线会导致画面最终作废。

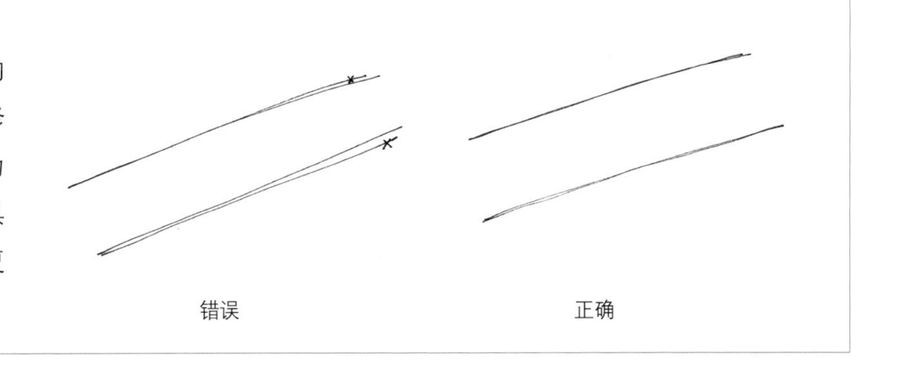

第二节　纸张使用经验

这里所讲的纸张使用经验并不是指各种纸质材料特性对于产品快速表现的帮助，而是要说明，所有材料的绘图纸并不是固定在桌上的，它是可移动的。所以我们在进行产品快速表现，遇到一些不太顺手的手势时，除了平时勤加练习找到适应不顺手手势的手感外，我们也可以直接调整纸张的角度，例如：如果画者对于水平横线的表现有较高的把握度，而对垂直竖线却表现得比较不顺手，那就可以在需要绘画垂直竖线的时候，直接把纸张角度顺势调整至90度，以水平横线的手势去表现垂直竖线的造型状态，不要勉强训练自己不顺手的手绘姿势。如果能利用纸张快速找到最为合手的角度，从而使产品快速表现获得更好的表现效果与表现效率，那又为何不可尝试呢?

第七章　流程与案例

第一节　产品快速表现绘图流程

线稿图例一

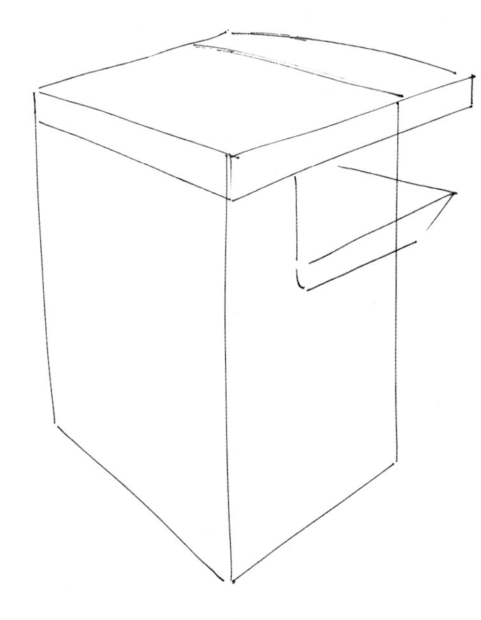

线稿步骤一

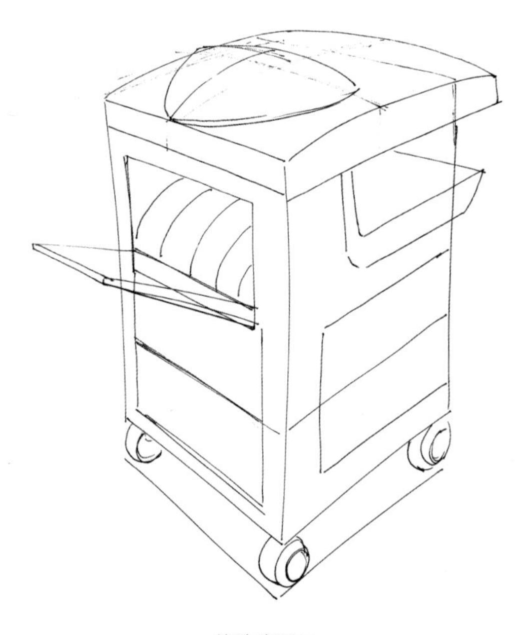

线稿步骤二

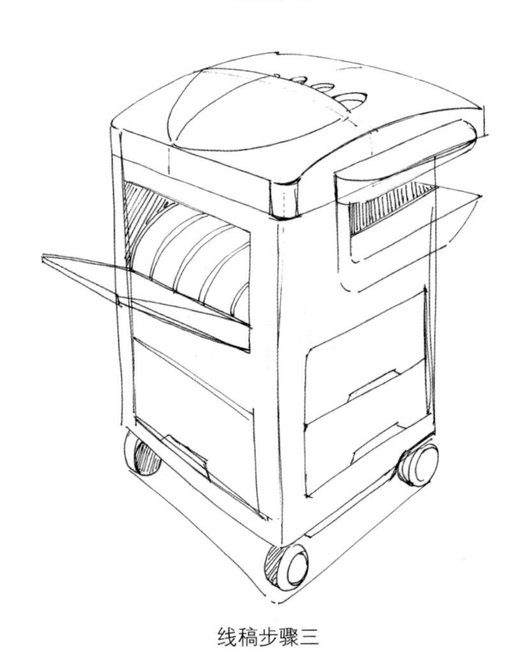

线稿步骤三

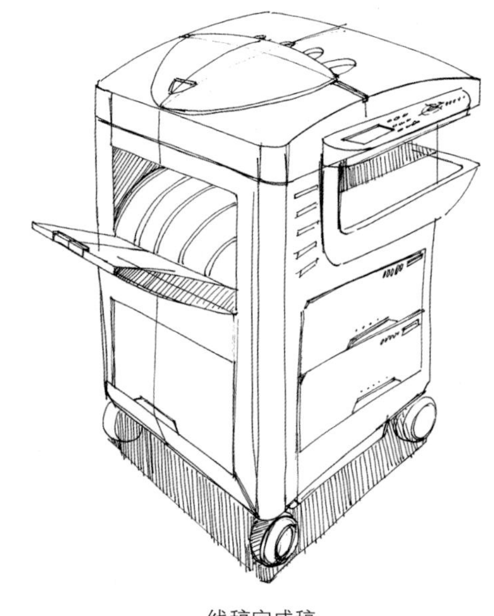

线稿完成稿

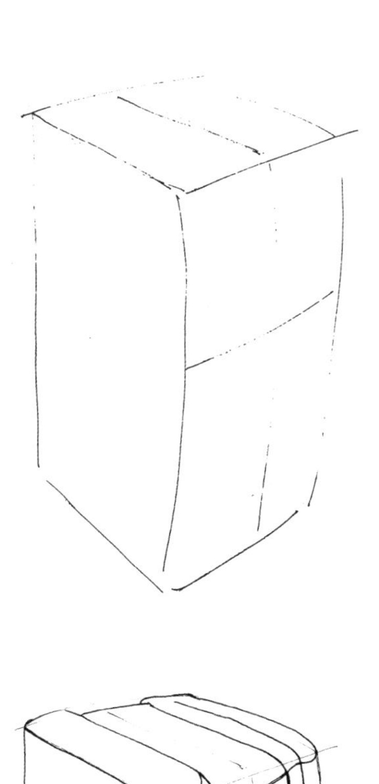

线稿步骤一

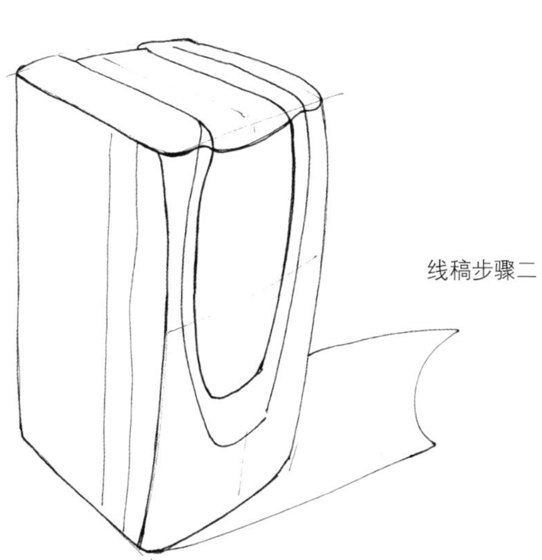

线稿步骤二

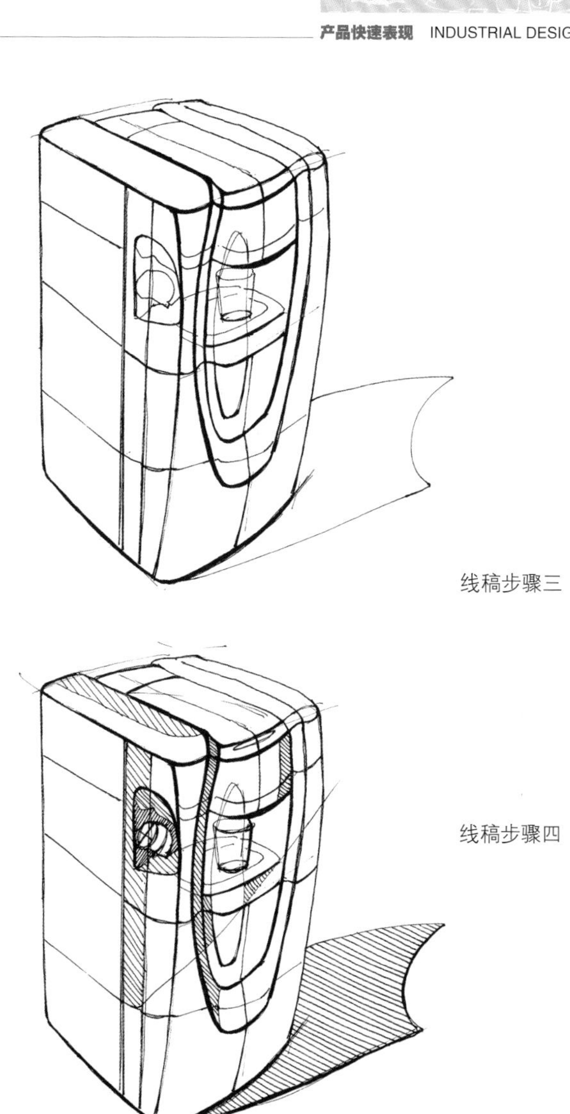

线稿步骤三

线稿步骤四

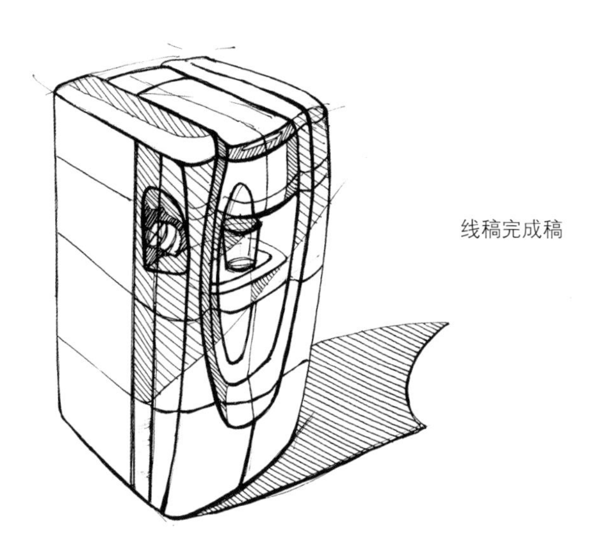

线稿完成稿

线稿图例二

色稿图例

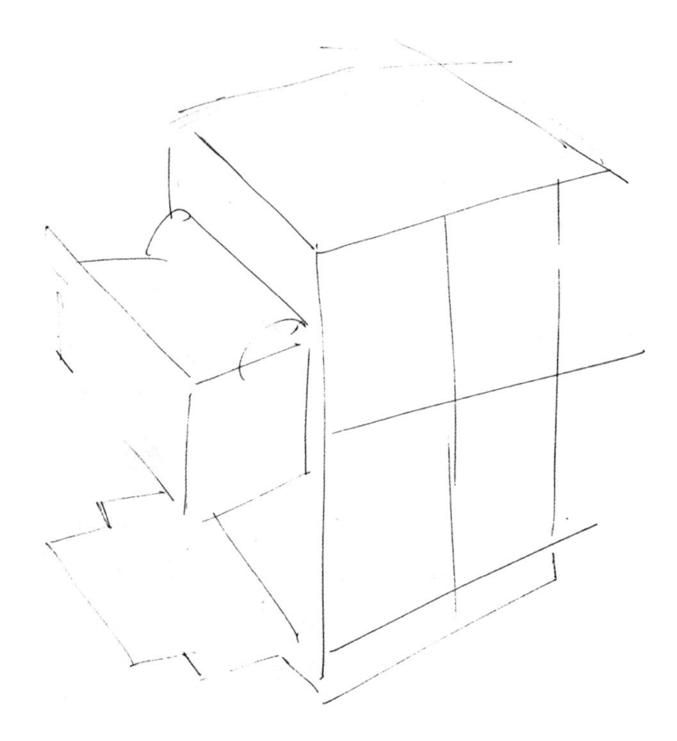

色稿步骤一

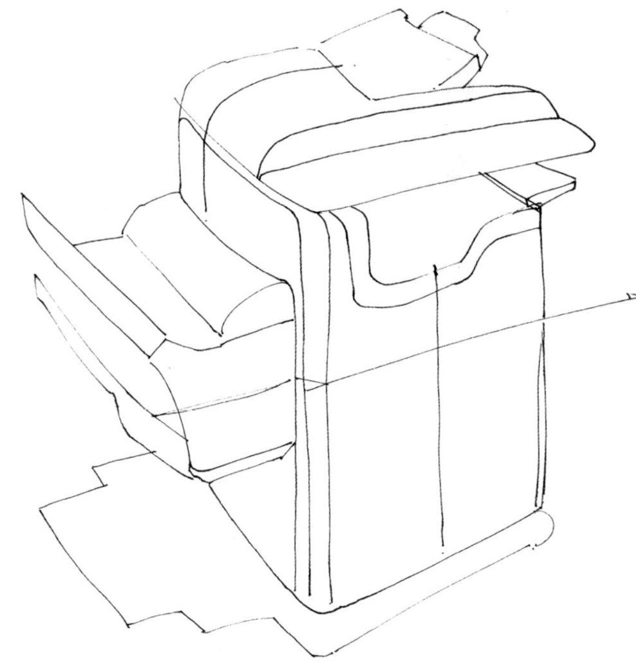

色稿步骤二

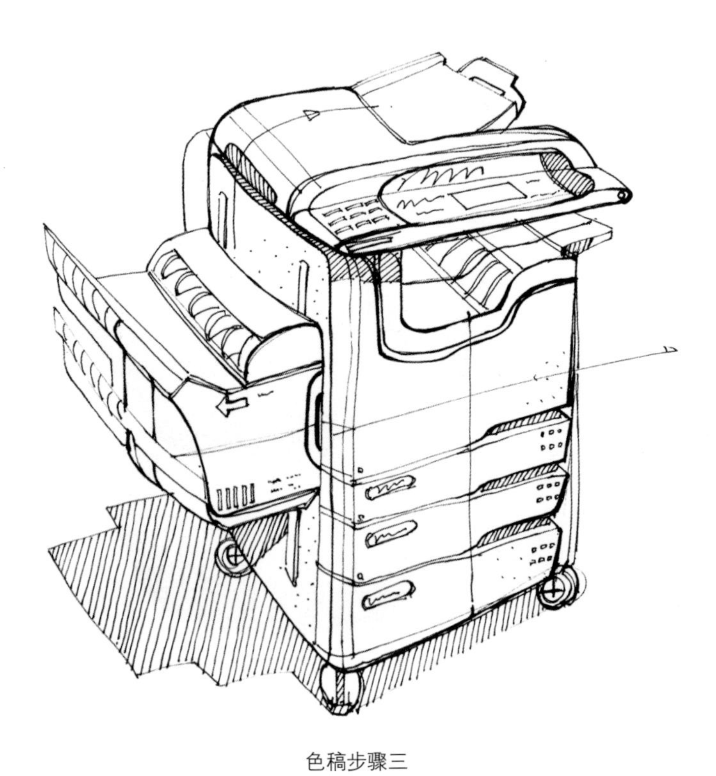

色稿步骤三

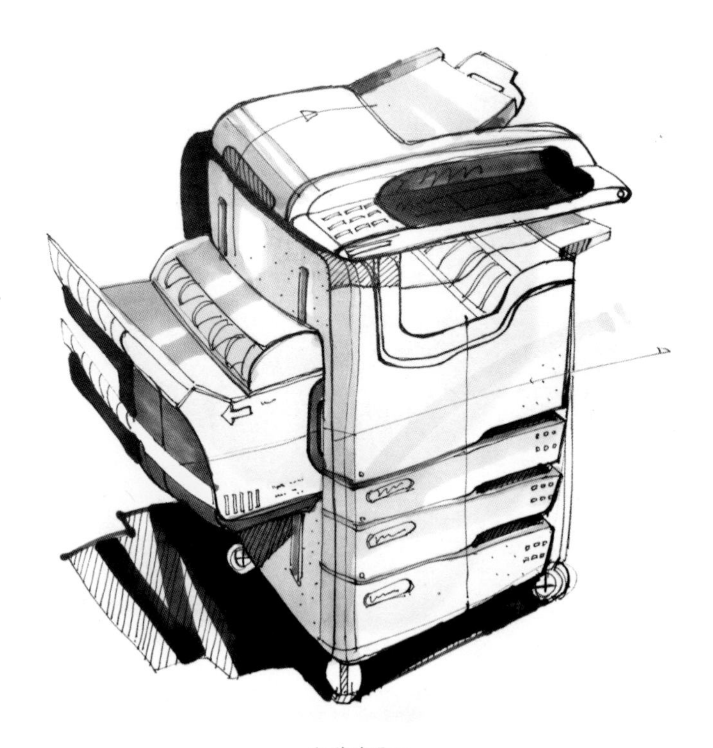

色稿步骤四

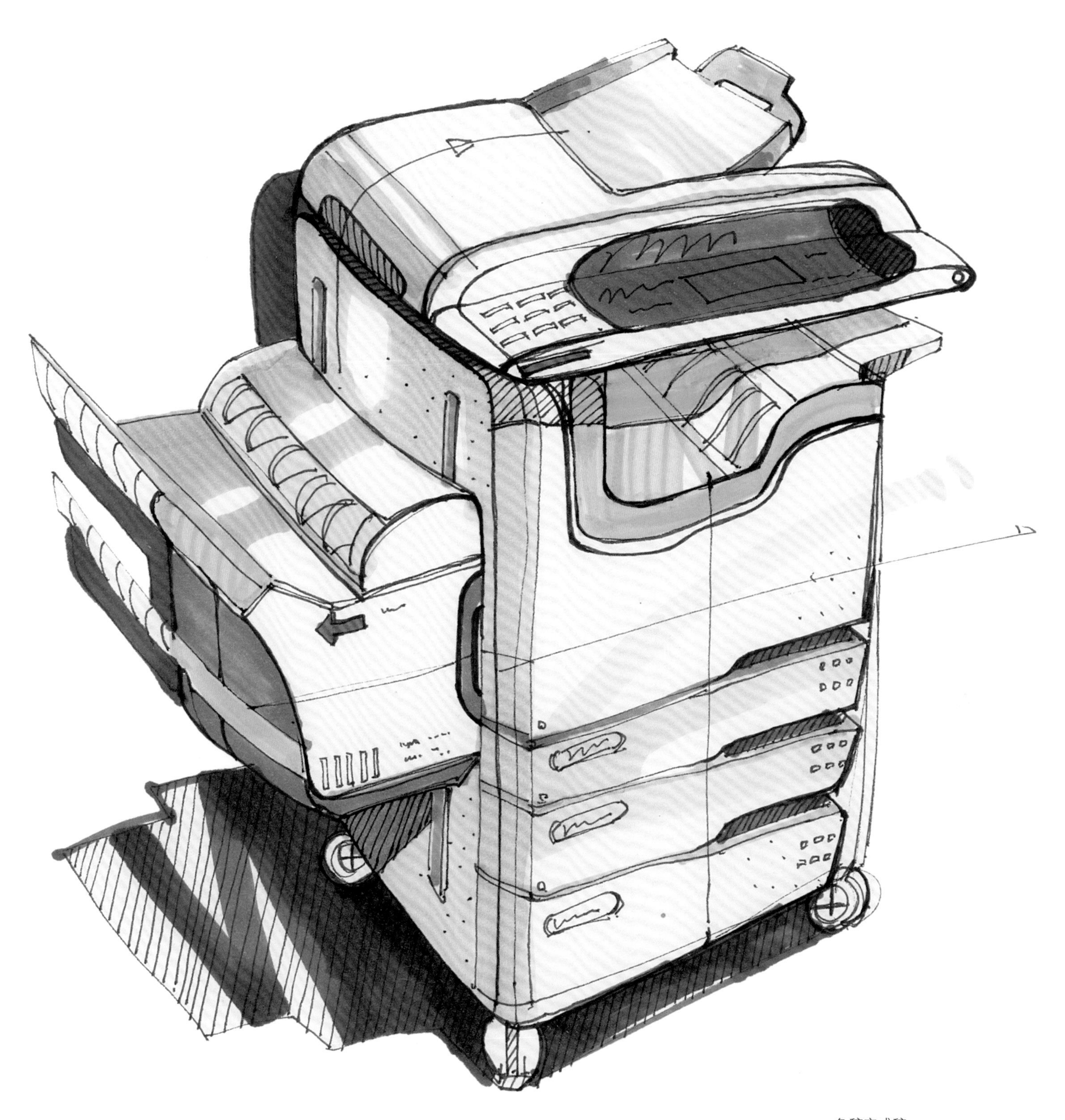

色稿完成稿

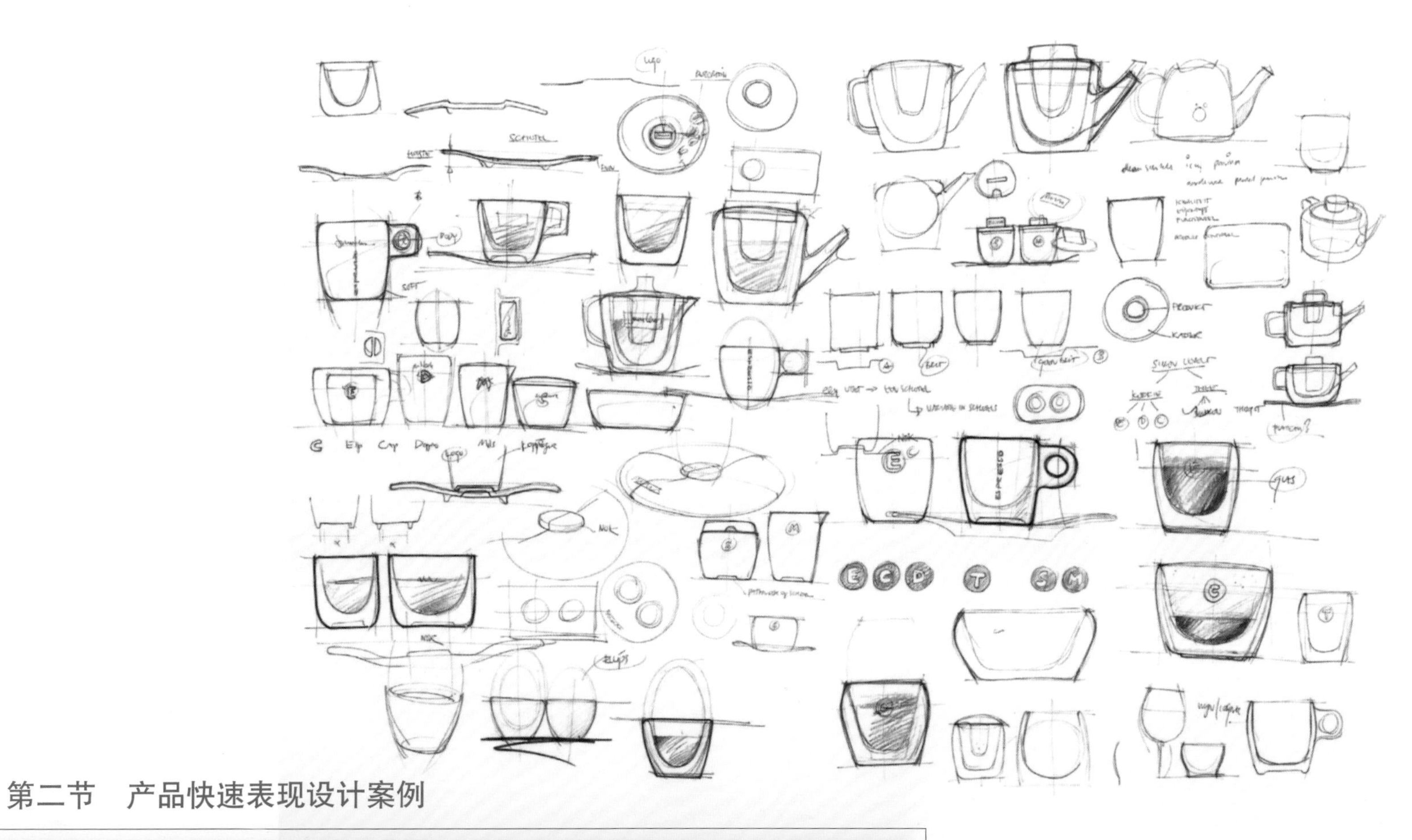

第二节 产品快速表现设计案例

公司设计案例

Simon Levelt公司的咖啡套装和茶具组合设计师：Robert Bronwasser

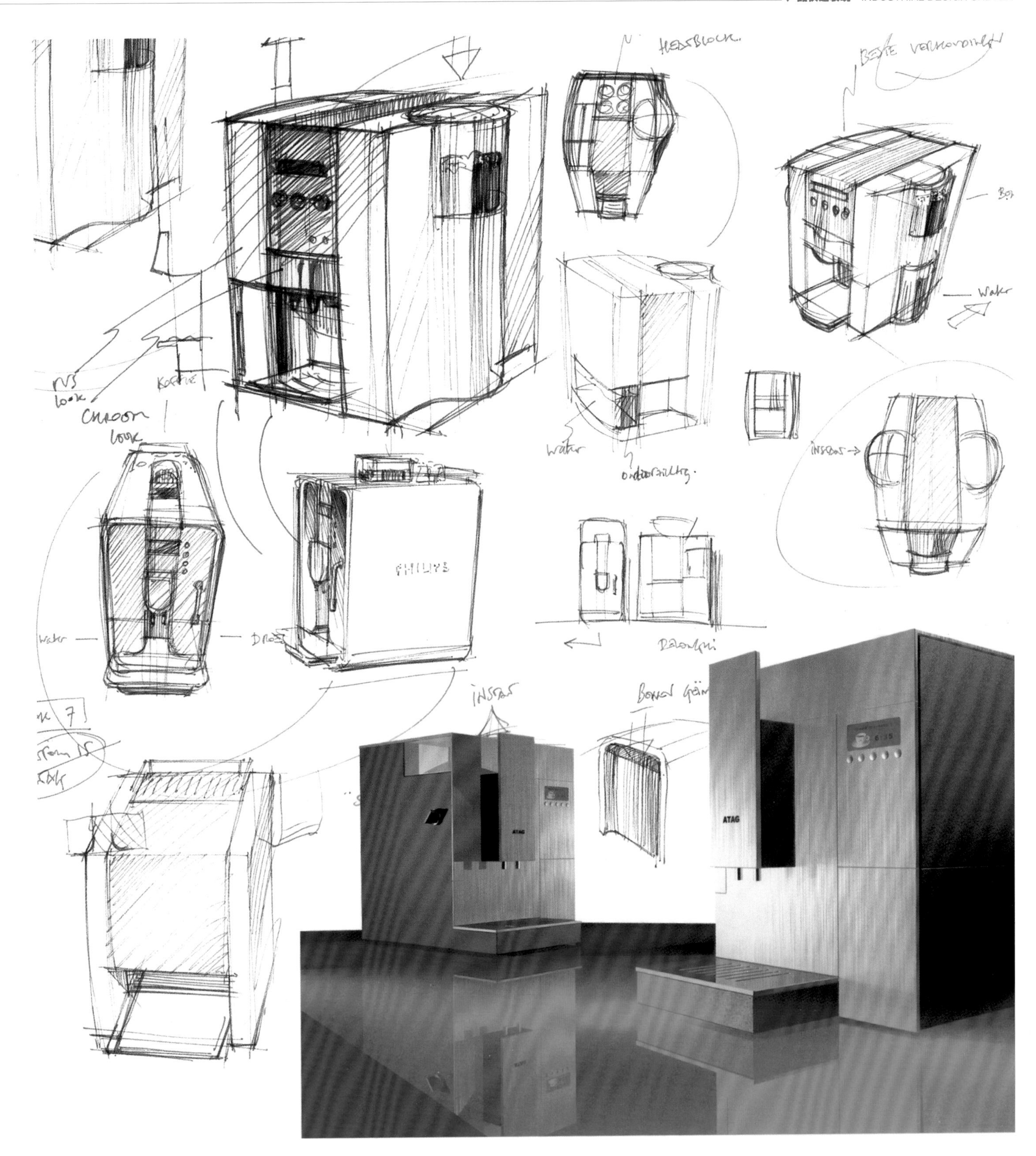
CHROOM
look
KOFFIE
Water
PHILIPS
ATAG

公司设计案例

FLEX创新实验室的移动硬盘设计

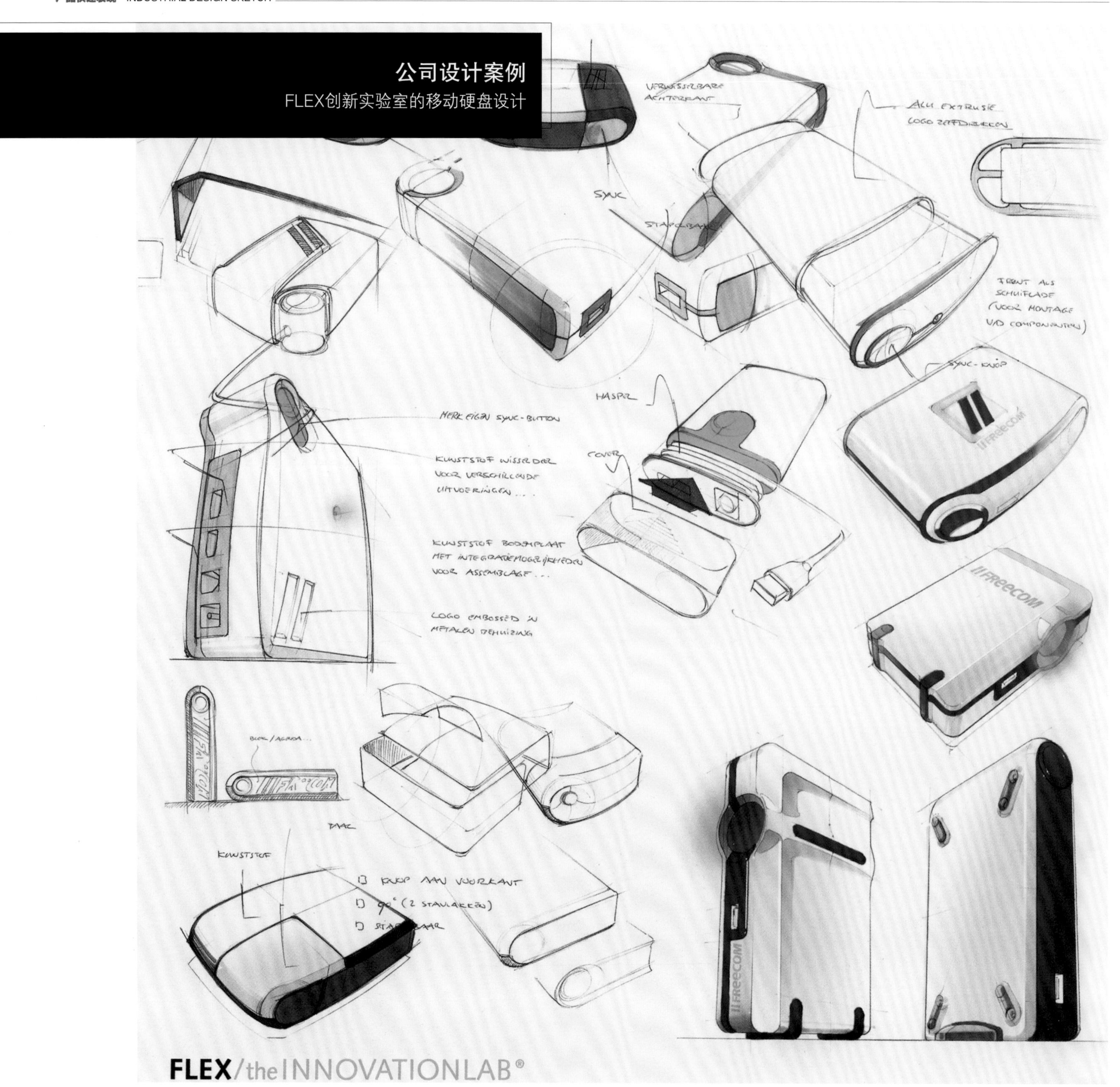

FREECOM
FREECOM
FREECOM
FREECOM

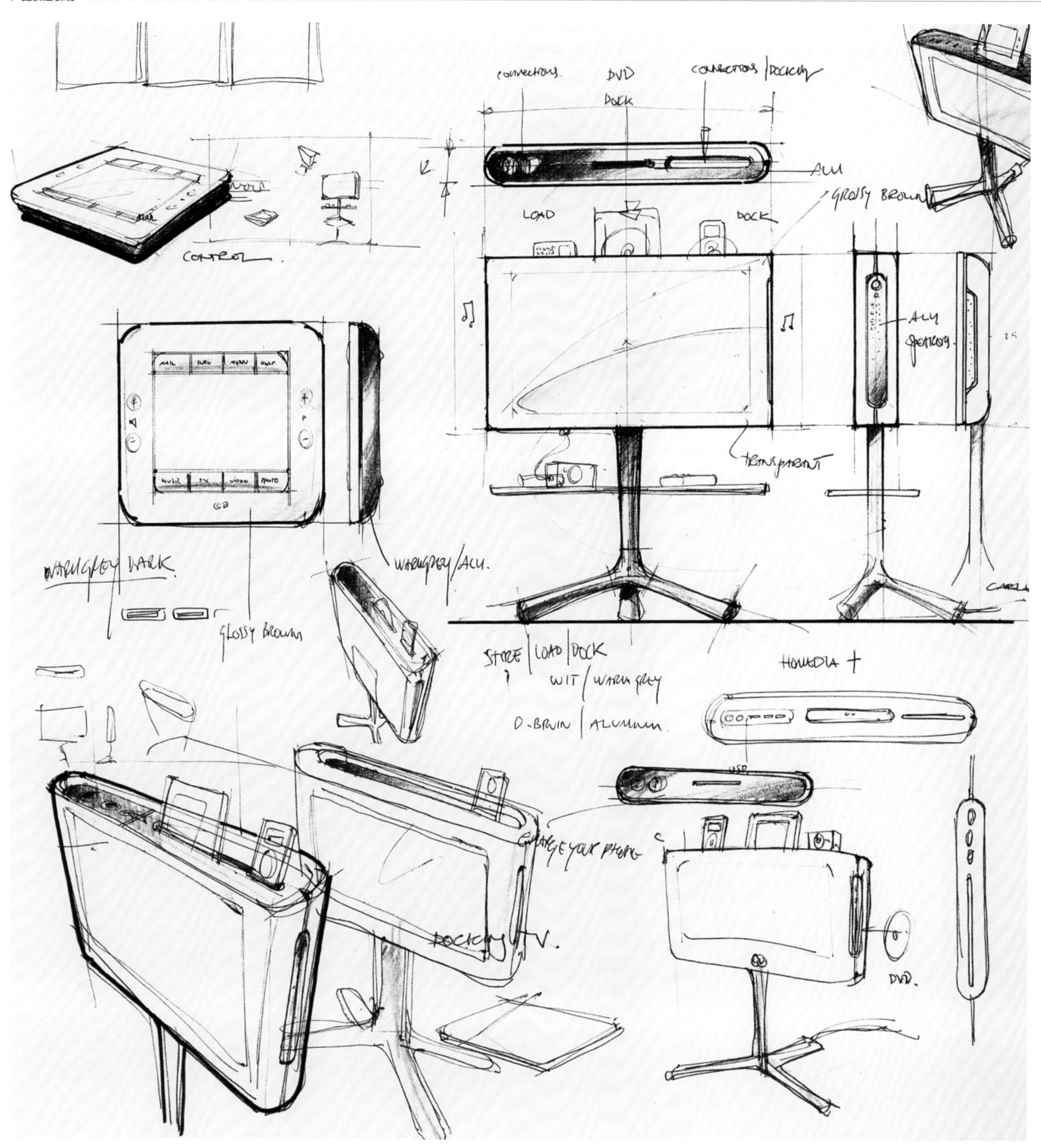
CONNECTIONS
DVD
DOCK
CONNECTIONS / DOCKING
ALU
GLOSSY BROWN
LOAD
DOCK
CONTROL
ALU
SPEAKERS
TRANSPARENT
WARMGREY DARK
WARMGREY/ALU.
GLOSSY BROWN
STORE / LOAD / DOCK
WIT / WARM GREY
HOMEDIA +
DOCKING TV.
DVD.

公司设计案例

SMOOL设计工作室的多媒体电视机设计

公司设计案例

ID—SIGNS设计公司的户外工具灯设计

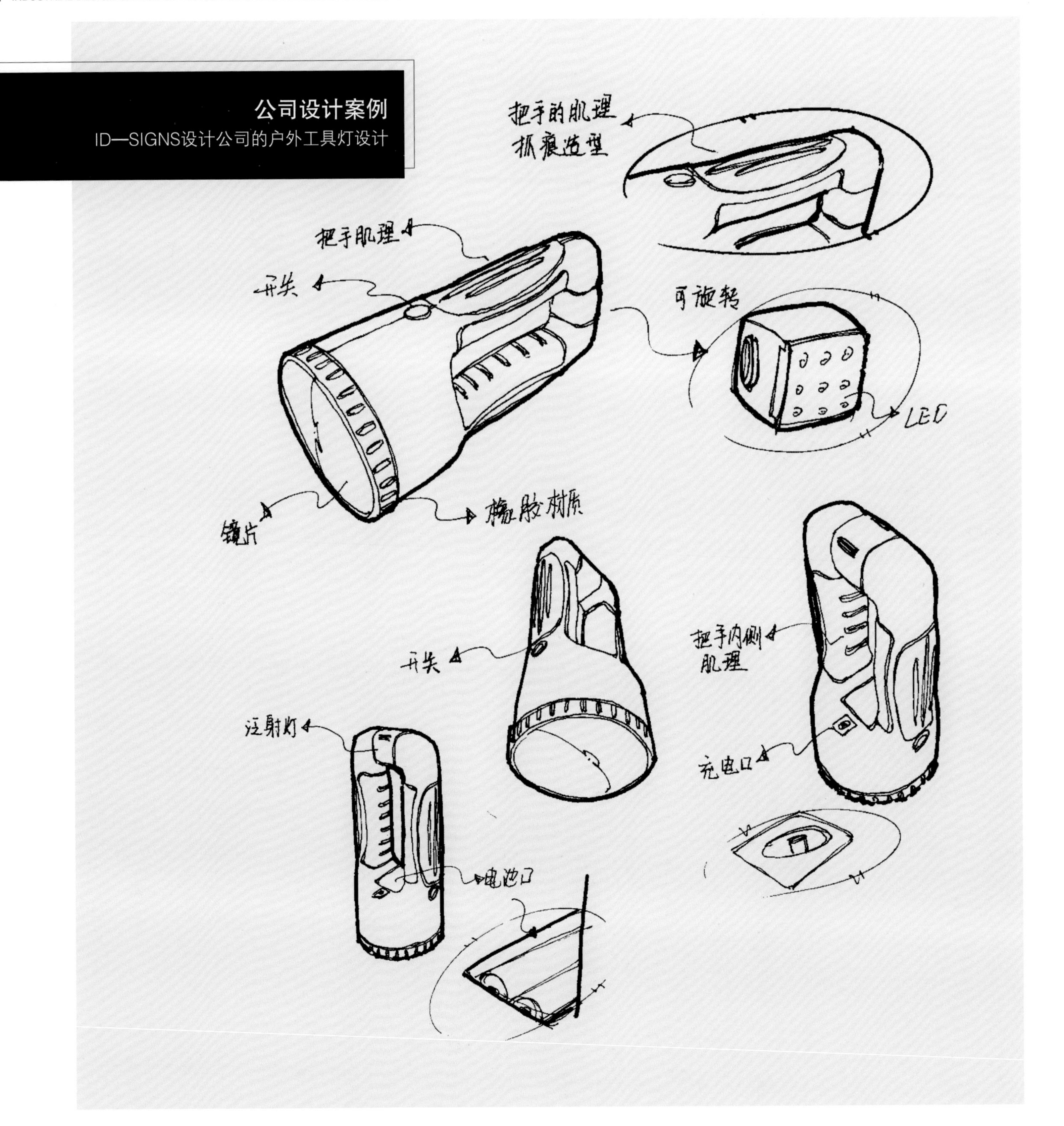

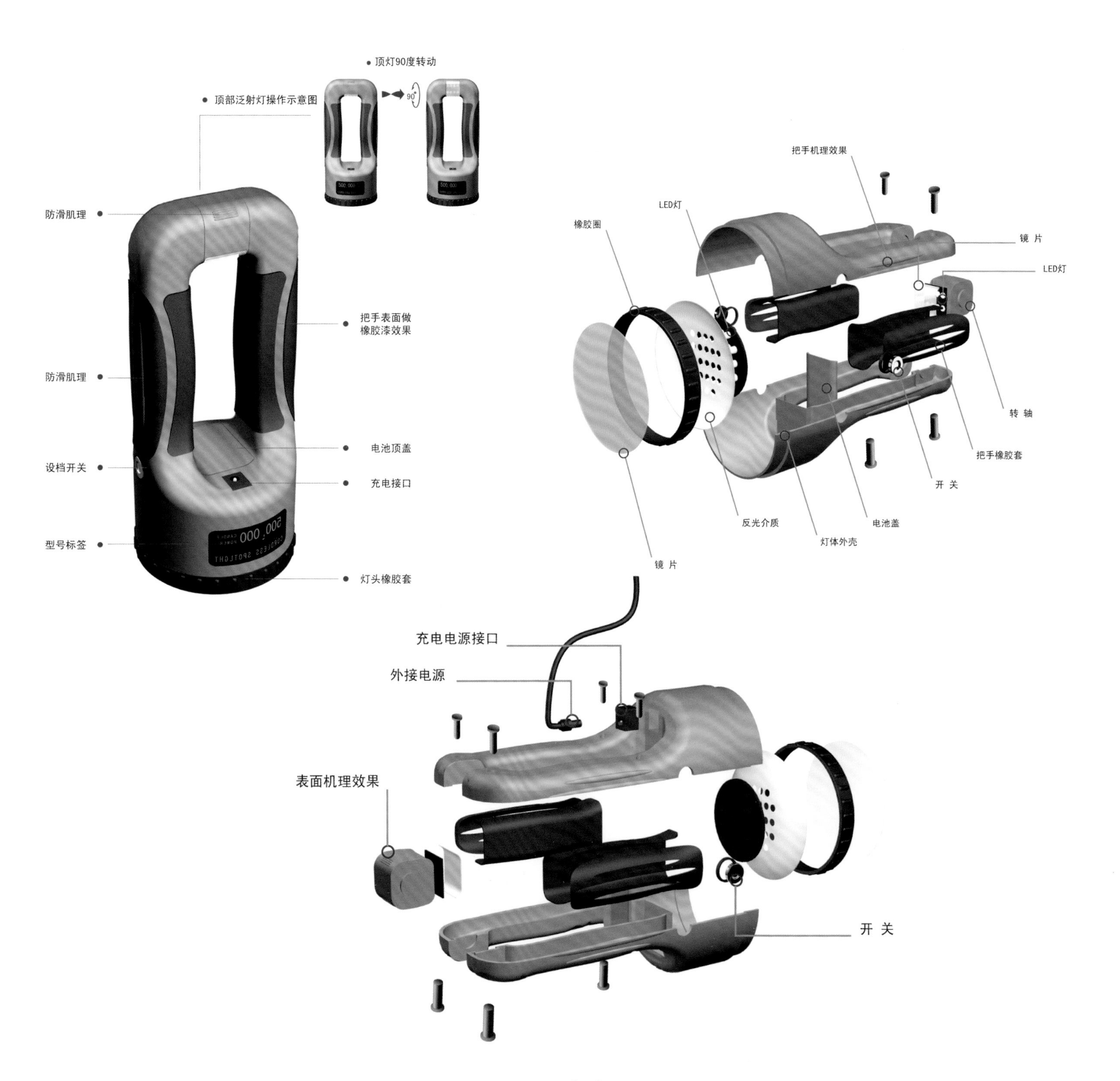

顶灯90度转动
90°
顶部泛射灯操作示意图
防滑肌理
把手表面做
橡胶漆效果
防滑肌理
电池顶盖
设档开关
充电接口
型号标签
灯头橡胶套
把手机理效果
LED灯
橡胶圈
镜 片
LED灯
转 轴
把手橡胶套
开 关
反光介质
电池盖
灯体外壳
镜 片
充电电源接口
外接电源
表面机理效果
开 关

公司设计案例

ID—SIGNS设计公司的户外工具灯设计

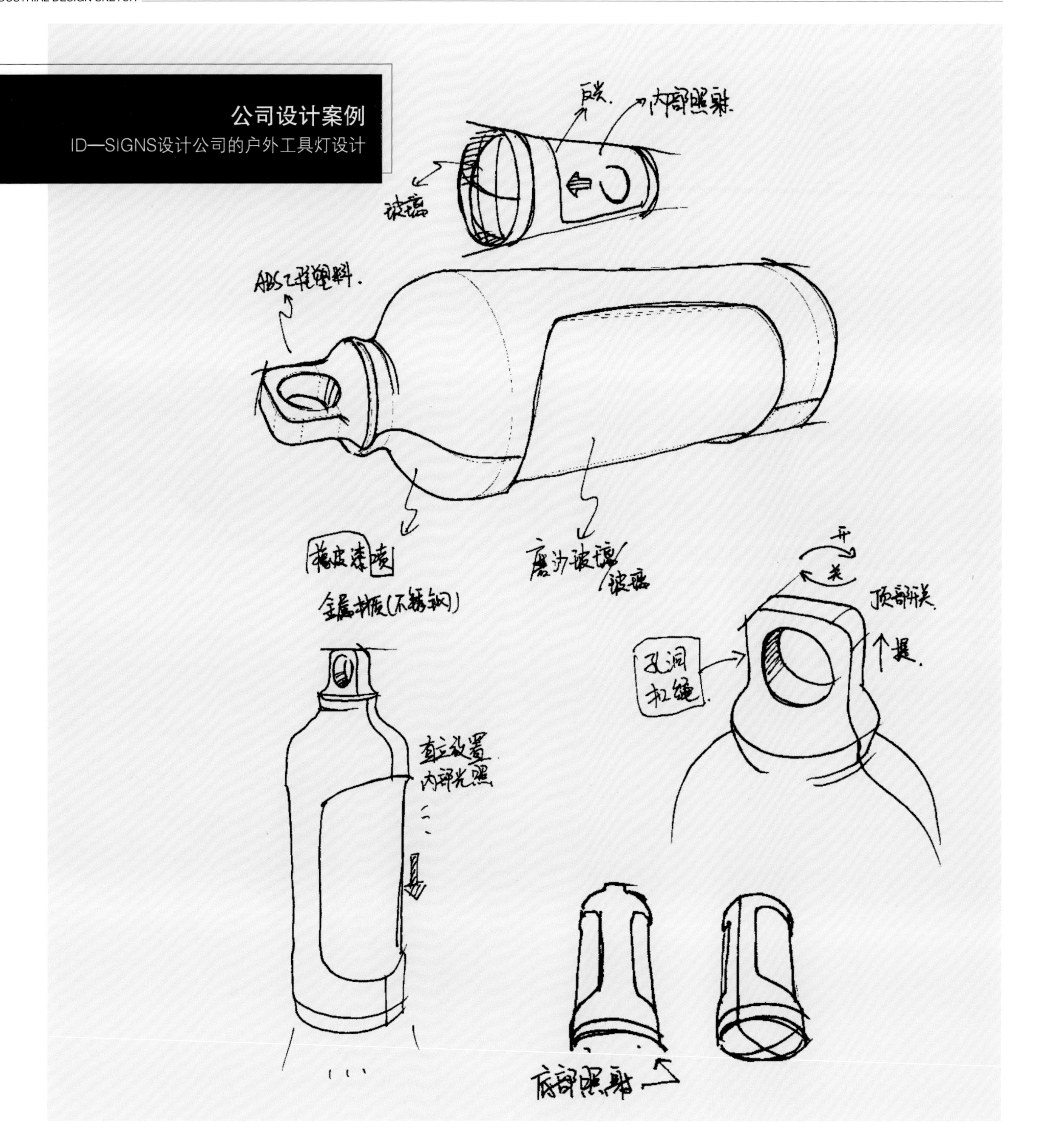

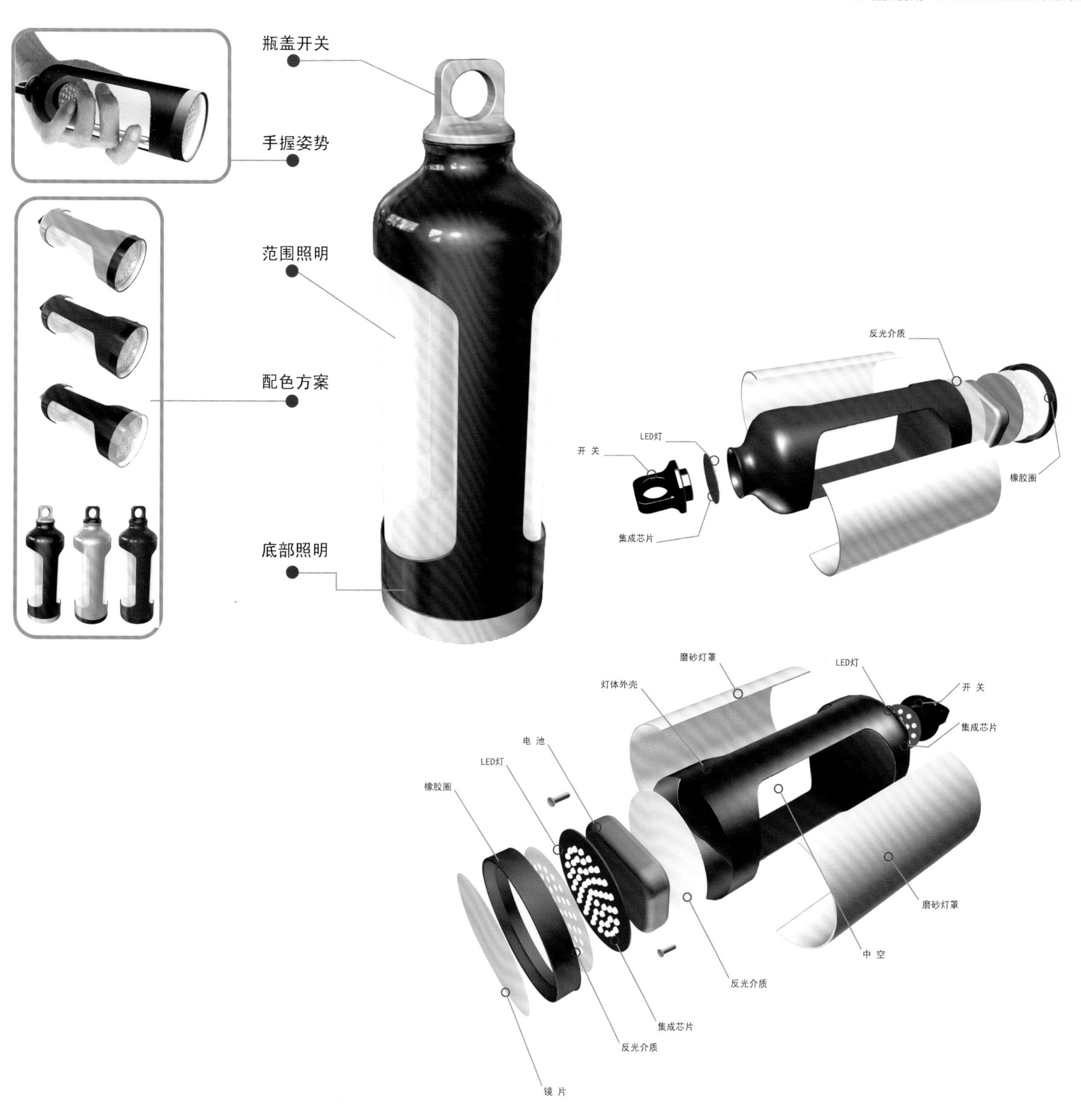
瓶盖开关
手握姿势
范围照明
配色方案
底部照明
反光介质
LED灯
开 关
橡胶圈
集成芯片
磨砂灯罩
灯体外壳
LED灯
开 关
集成芯片
电 池
LED灯
橡胶圈
磨砂灯罩
中 空
反光介质
集成芯片
反光介质
镜 片

公司设计案例

ID—SIGNS设计公司电吹风设计

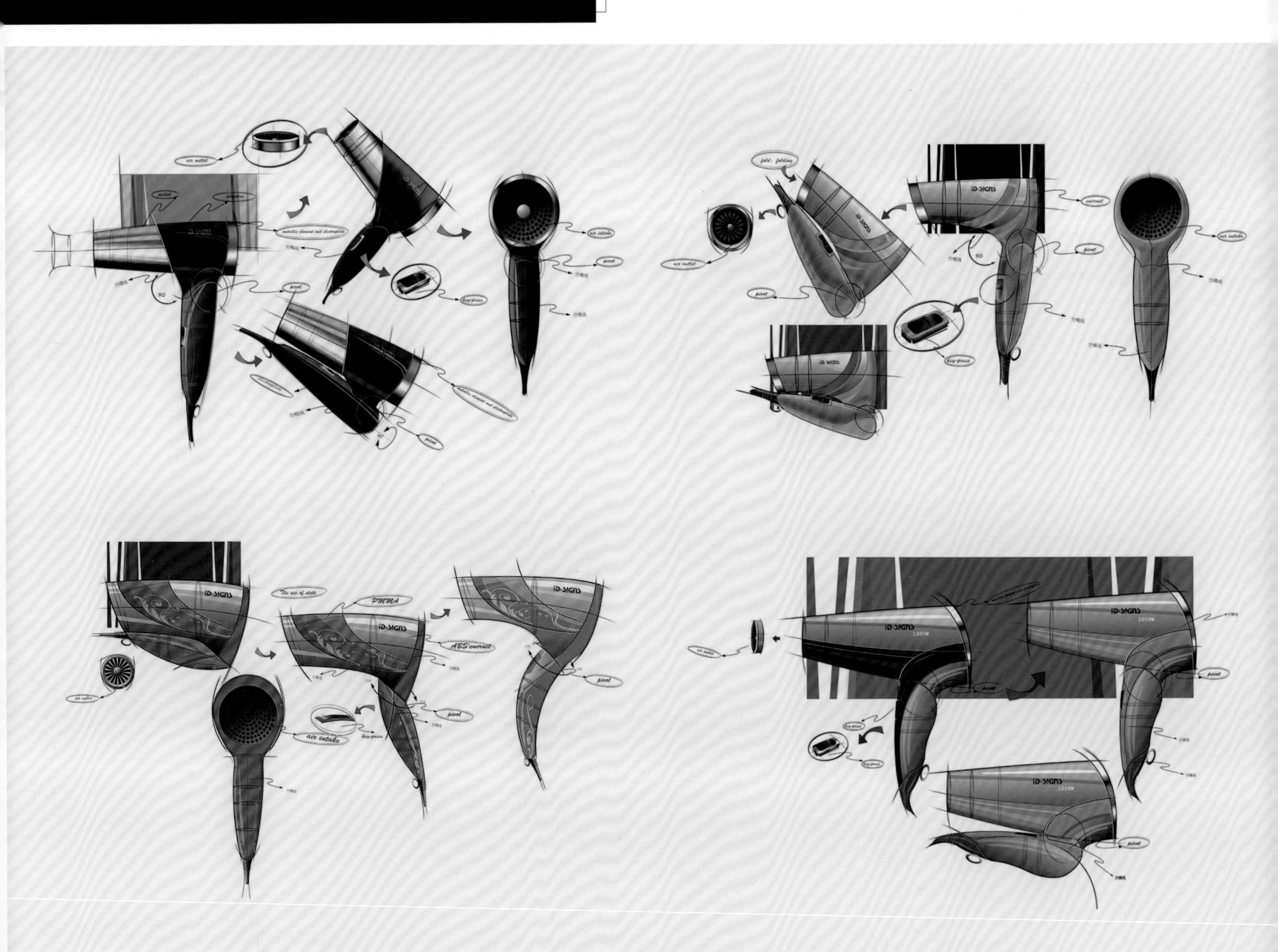

课程：项目设计

产品：鱼菜共生系统设备

以线稿的形式，用签字笔工具表现产品两侧凹槽的细节，鱼菜共生系统的平面效果图，产品拆卸后运输过程中的叠加形式以及轮胎的基本形状和细节图。

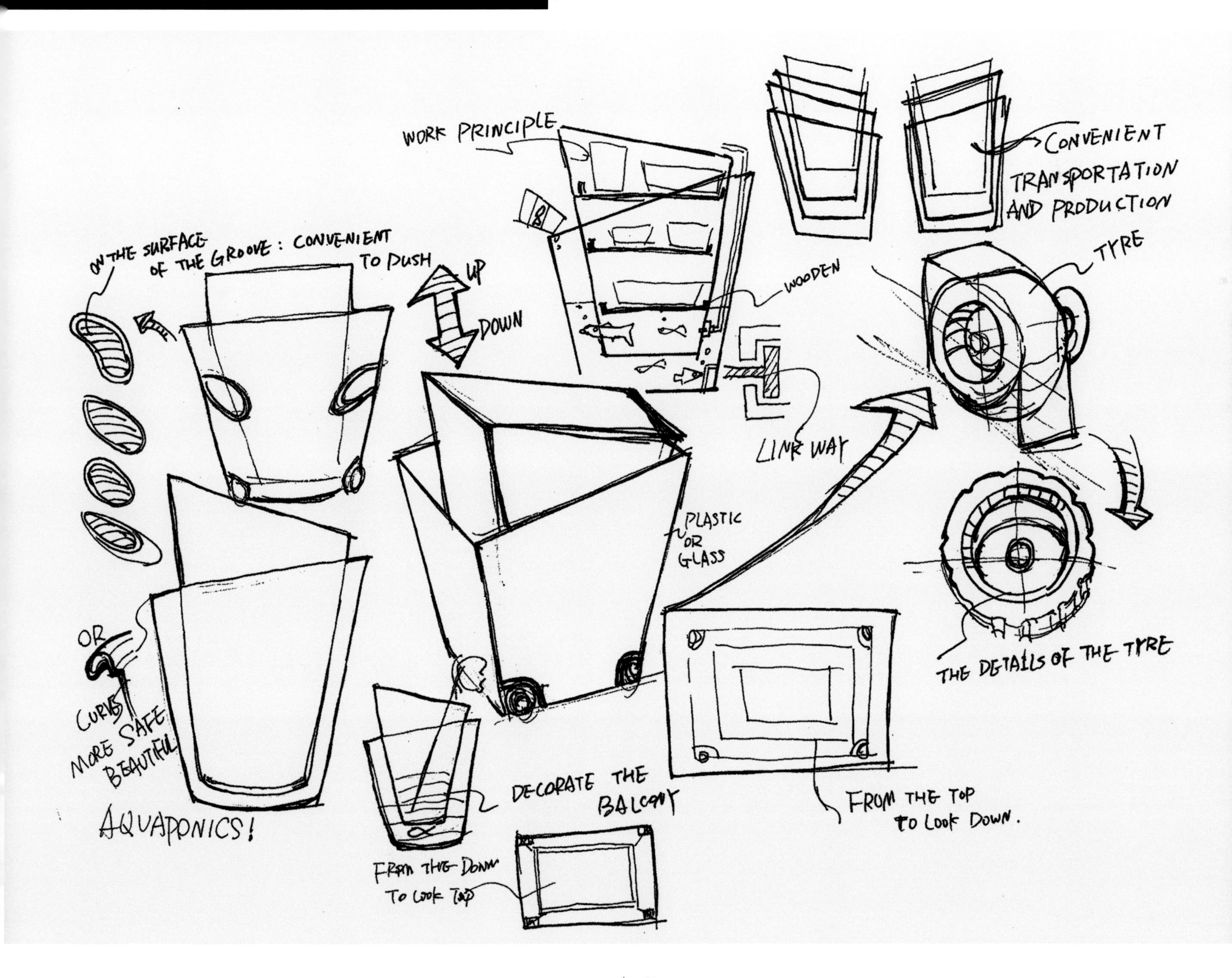

课程：项目设计

产品：鱼菜共生系统设备

先以线稿的形式用签字笔工具描绘产品结构中层与层之间的衔接方式、产品放置的效果图、植物生长状态以及瓶口与瓶身上的多种图案纹样。然后用30%、50%、70%的冷灰色酒精马克笔作单色稿表现，绘画产品的暗部与投影，以此加深产品的空间表现效果。

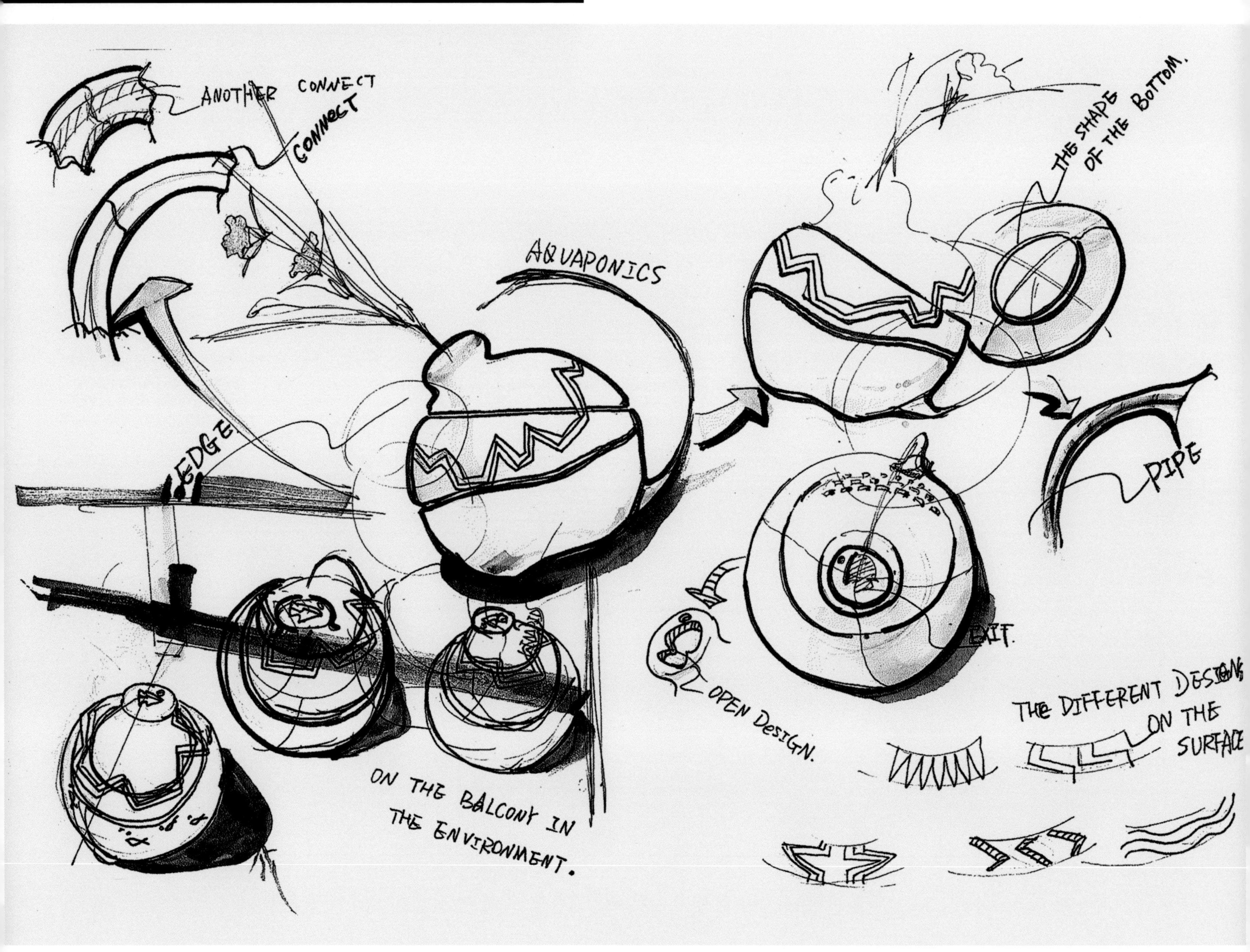

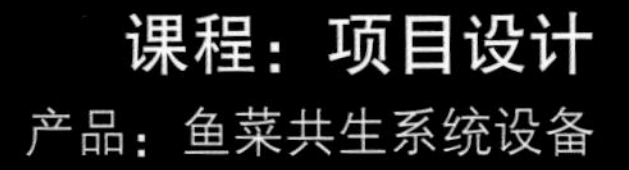

课程：项目设计

产品：鱼菜共生系统设备

以线稿的形式，用签字笔工具表现了鱼菜共生系统设备的支架部分、水培皿、栽培皿以及拆解后各部件的形态与彼此相互之间的组合方式。通过各结构零部件的拆解表现，更能表达整个完整产品的设计意图。

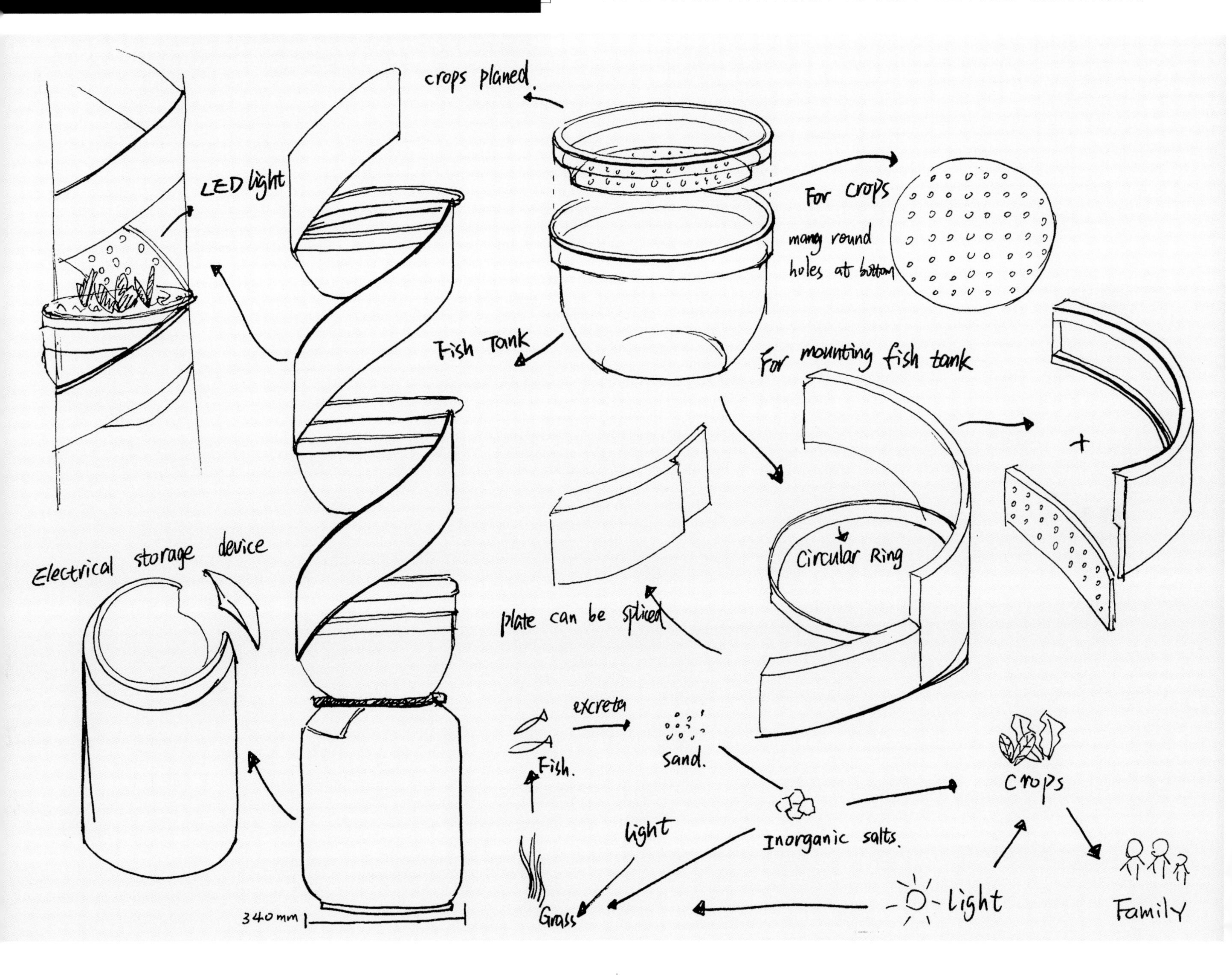

课程：项目设计

产品：鱼菜共生系统设备

以线稿的形式，用签字笔工具表现鱼菜共生系统设备中直立的框架以及四处略微倾斜的植物栽培处，并且在画面中将水箱结构在产品主体造型一侧做细节的局部放大，以此加强说明水箱结构的设计思路。

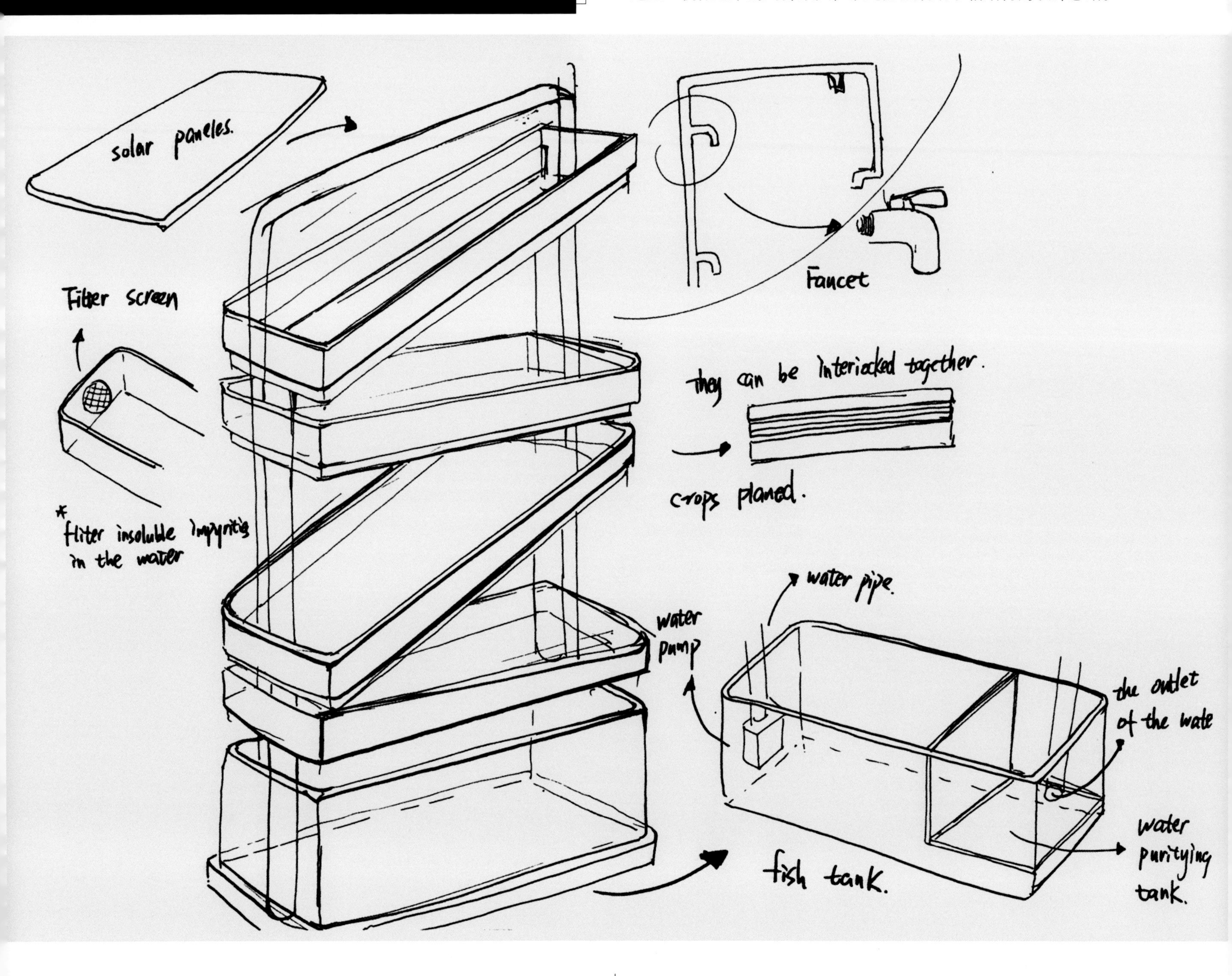

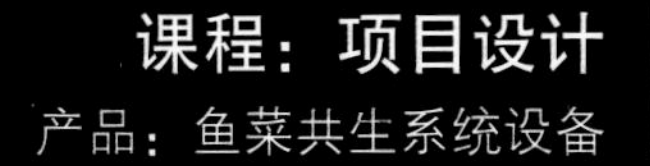

课程：项目设计

产品：鱼菜共生系统设备

以线稿的形式，用签字笔工具表现了水箱形状的变化过程、不同类型的喷头、支架，以及栽培皿与支架的搭撑方法、隔层的状态等整个设计中各个重点细节的局部放大。通过各个局部的细节描绘来加强结构设计的说明性。

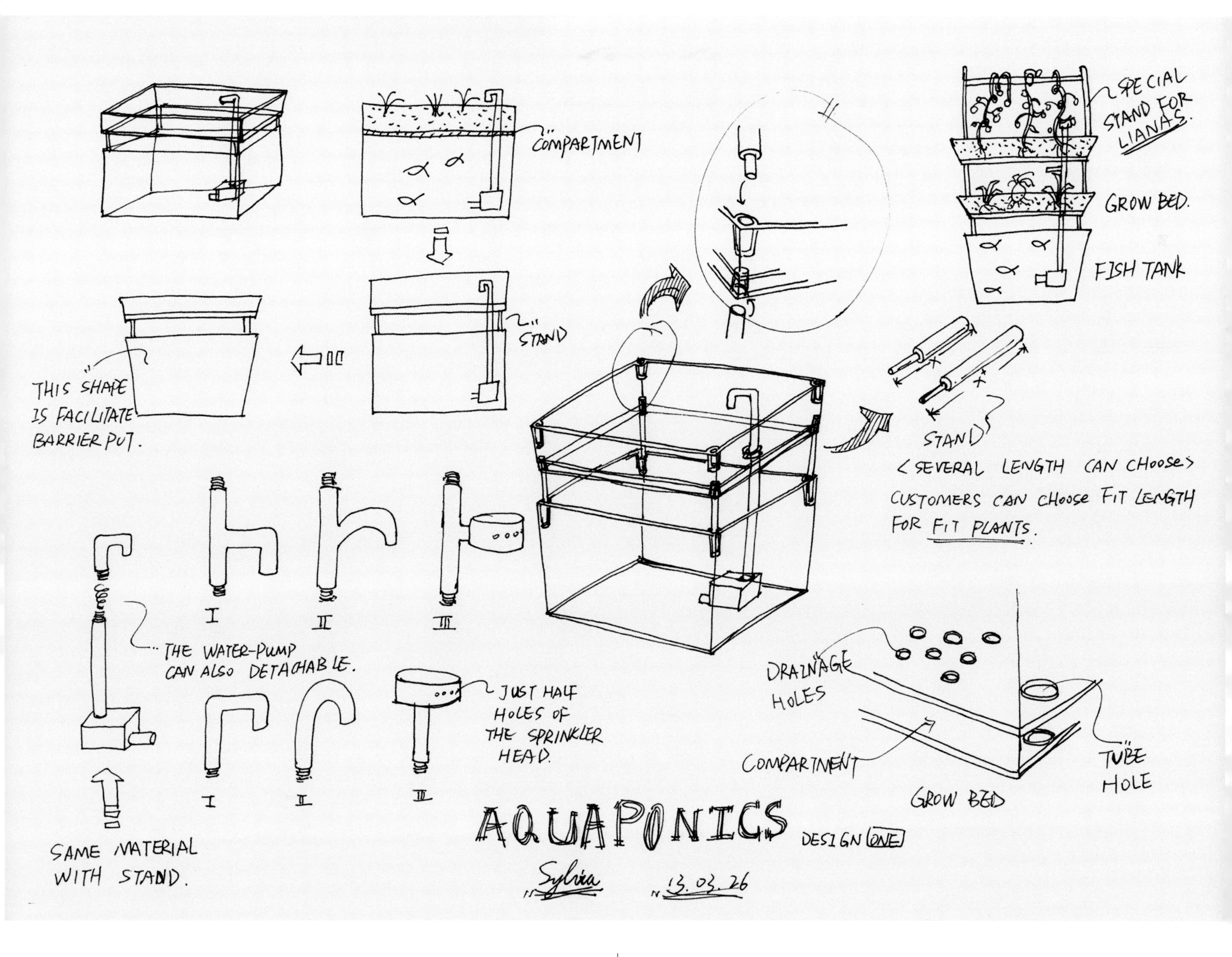

课程：项目设计

产品：鱼菜共生系统设备

以线稿的形式，用签字笔工具表现了水培植物所适用的鱼菜共生系统设备的形态种类，以及里外层的支撑结构设计，还有鱼与植物的生长状态。通过各个设计细节的综合表现，完整表达设计整体思路。

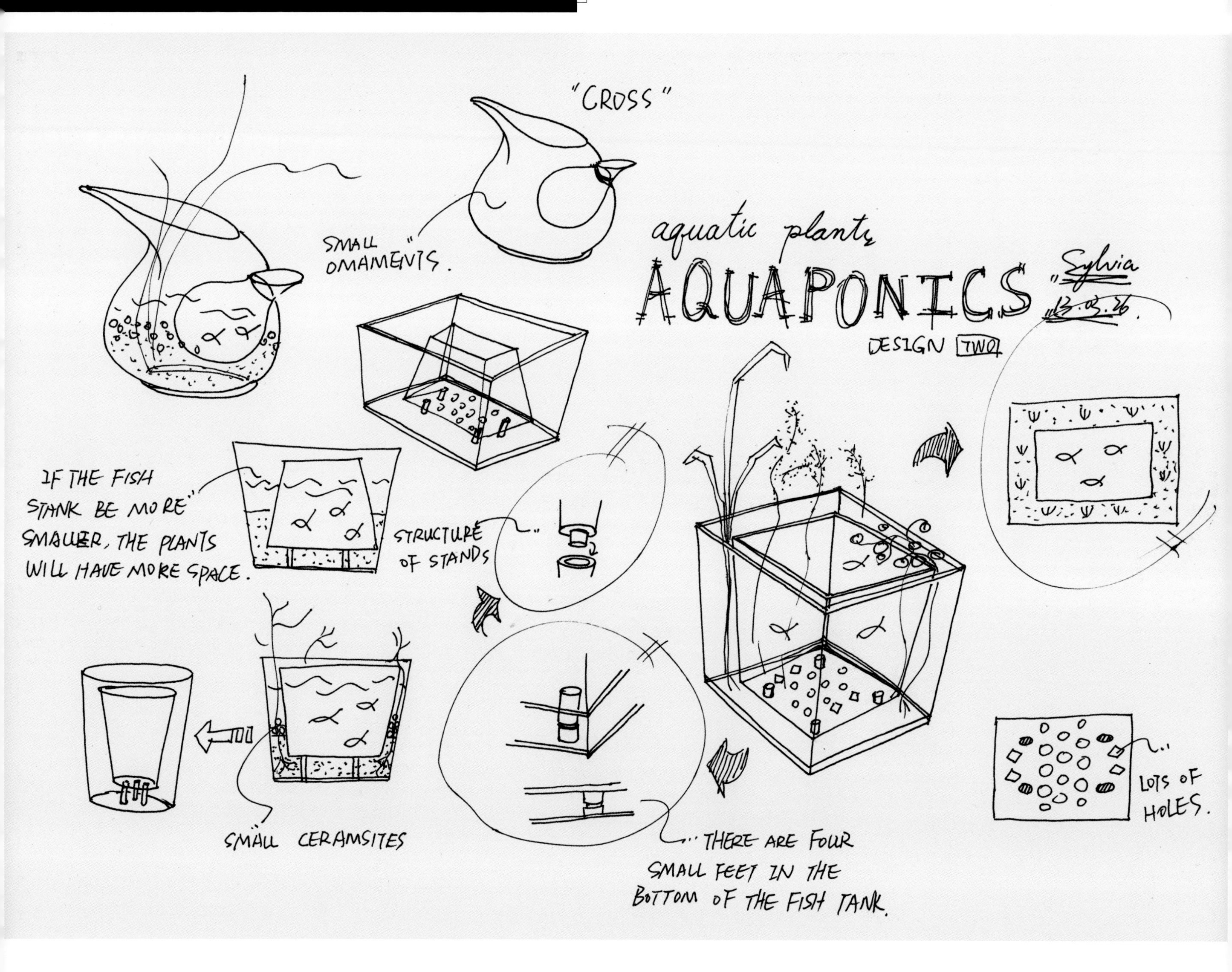

课程：人因工程

产品：公共场所休憩系统

先以线稿的形式，用签字笔工具表现了座椅坐面的四种不同形式，包括坐面的具体形态以及人的使用状态。然后再利用浅灰色酒精马克笔的描绘，做出一个产品简单的材质表现，以增加产品的设计说明性。

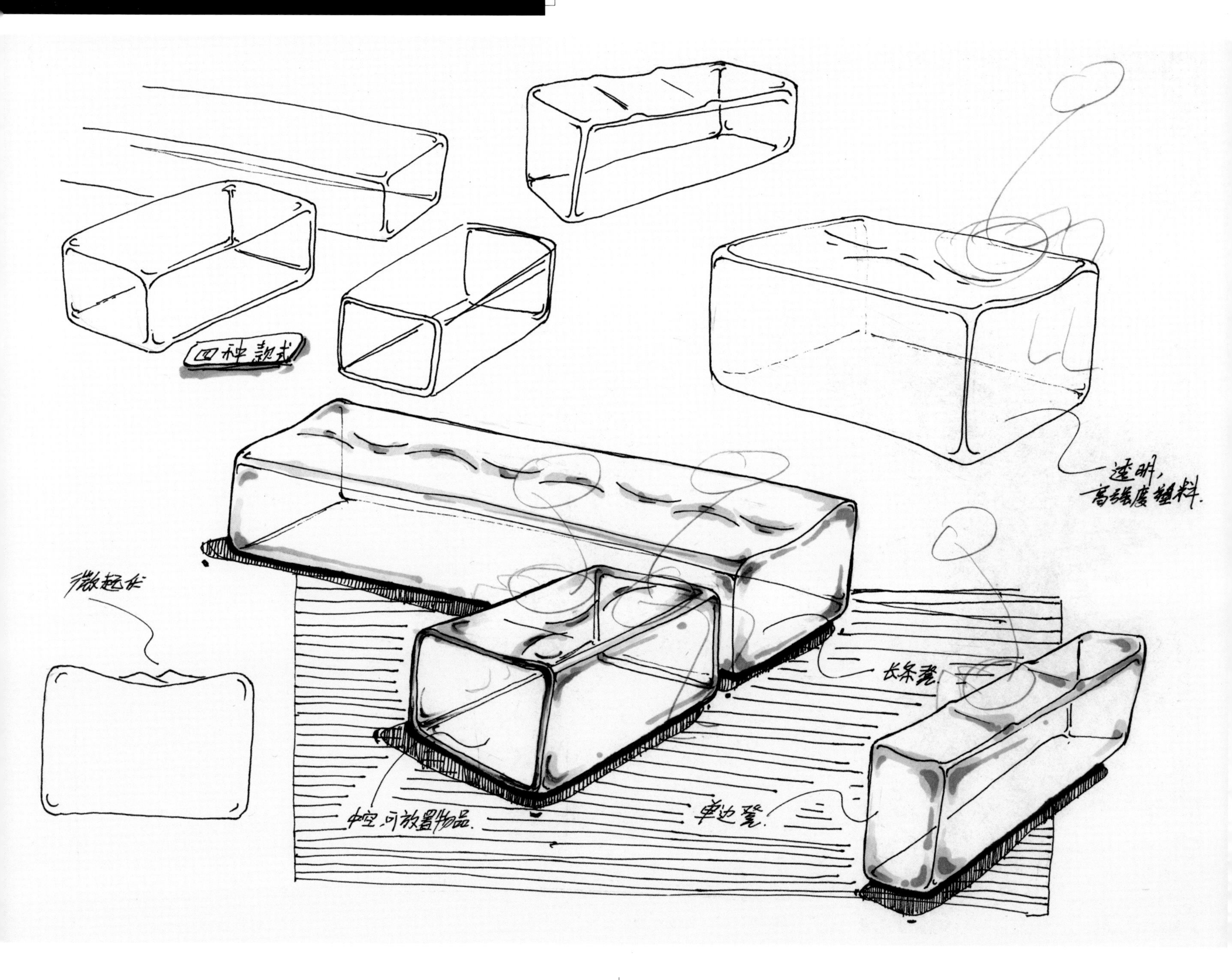

第八章　产品快速表现作品图库

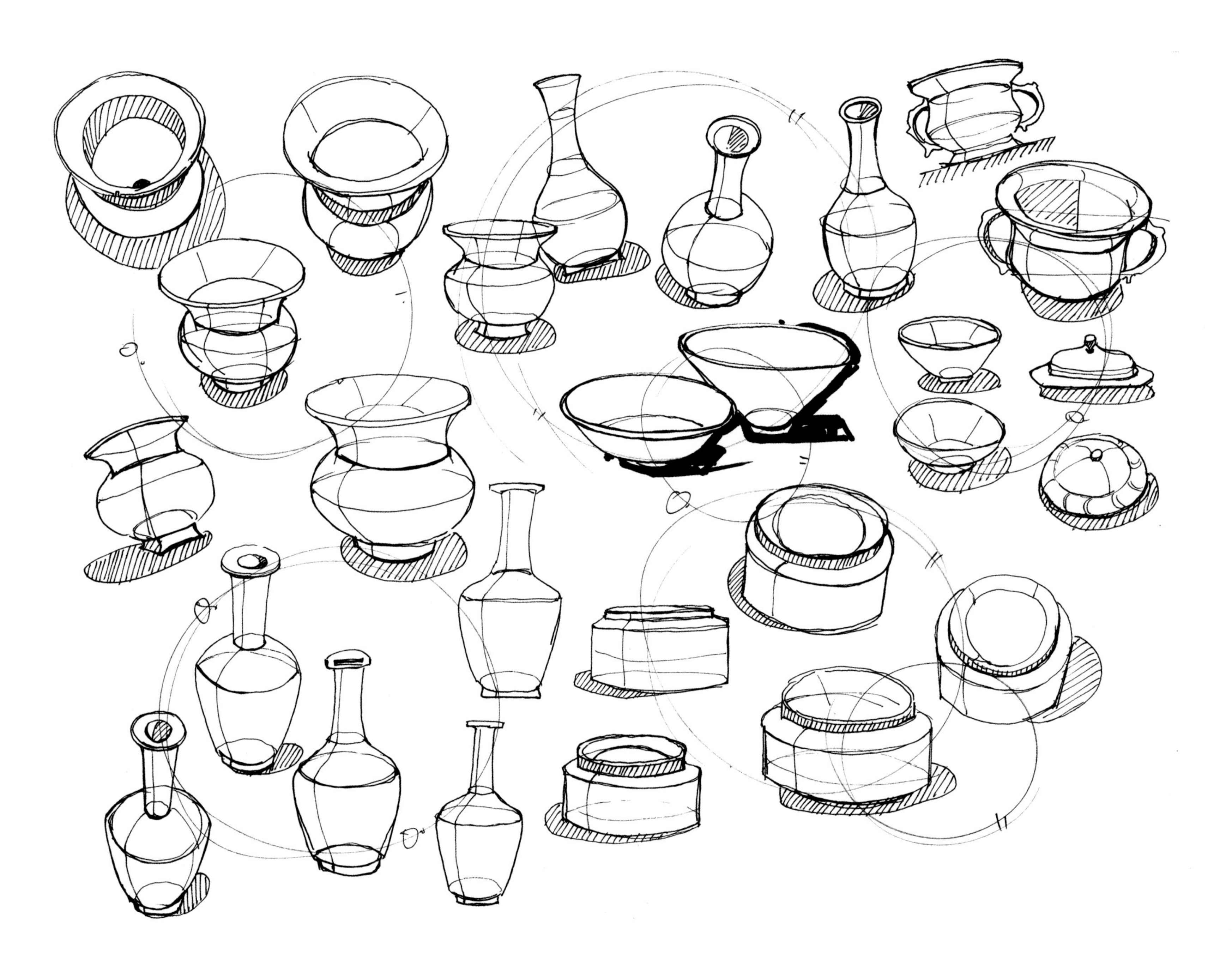

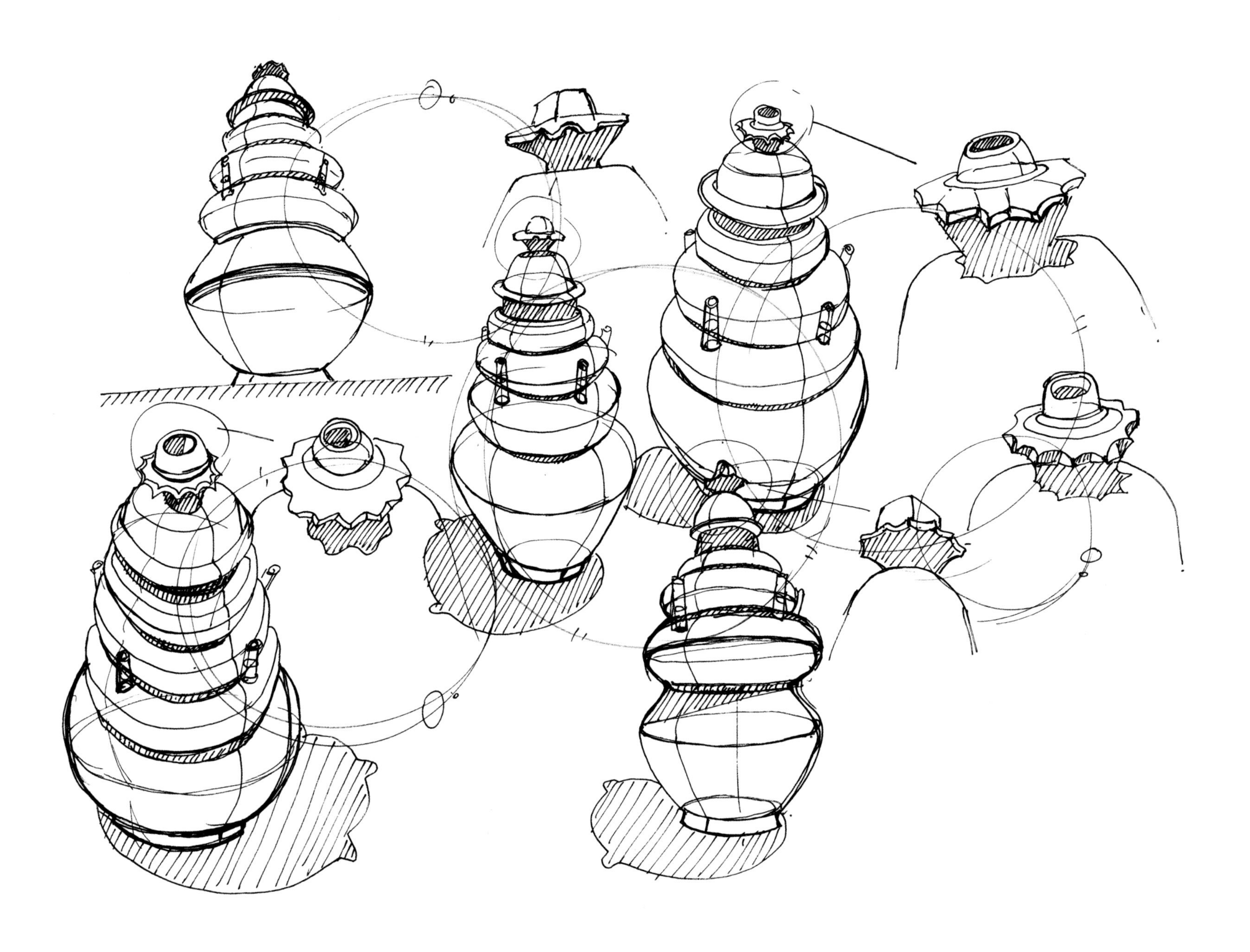

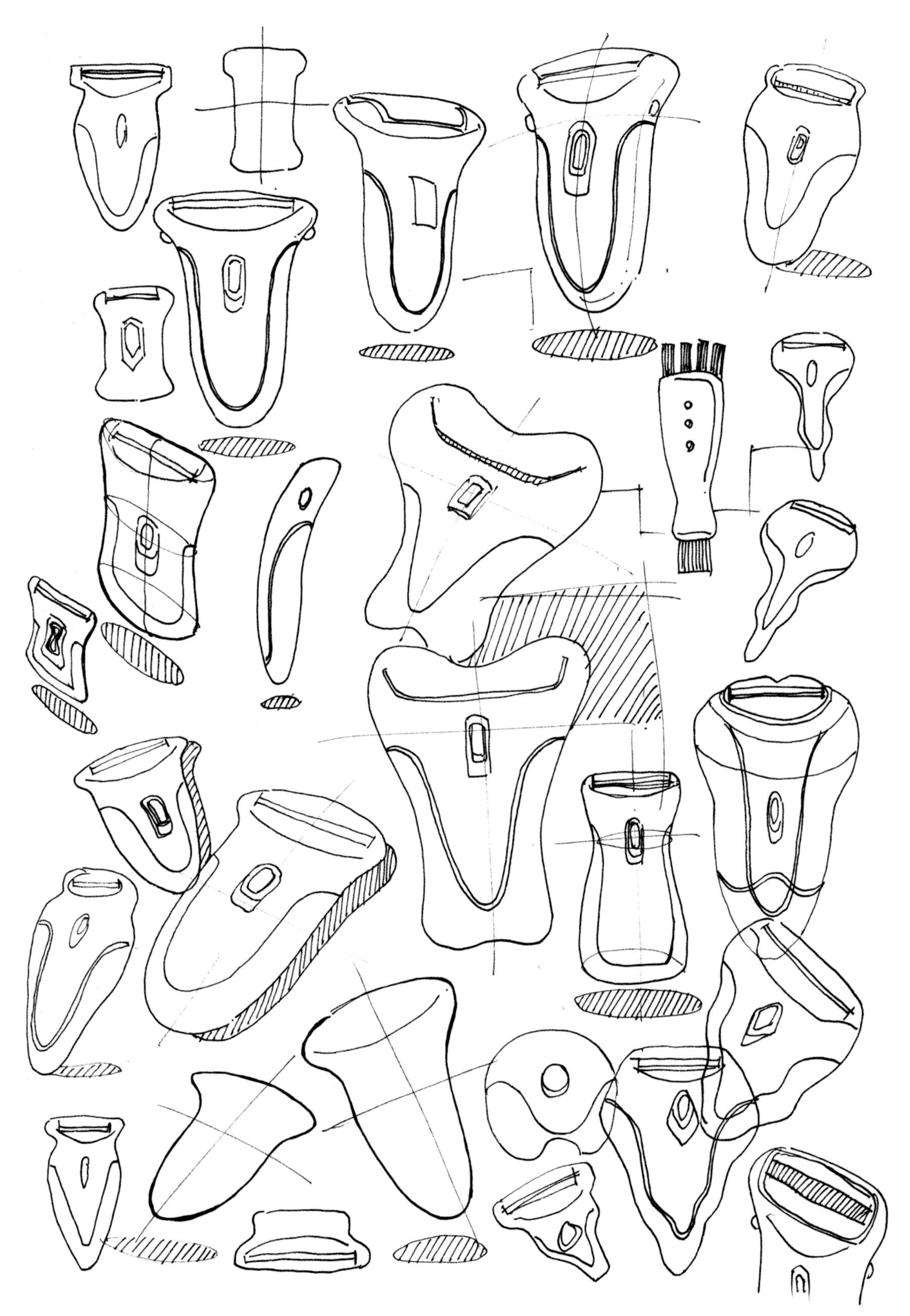

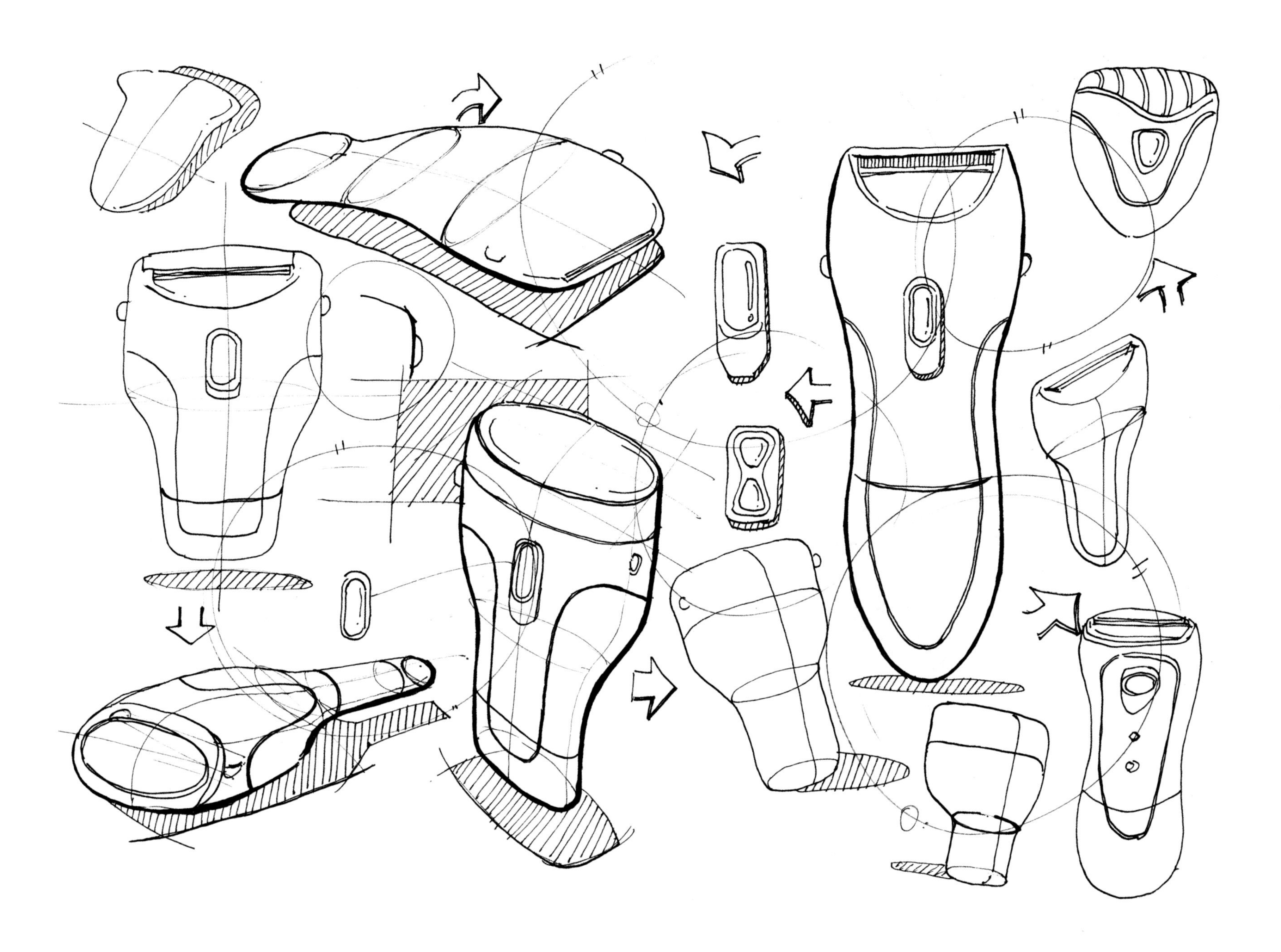

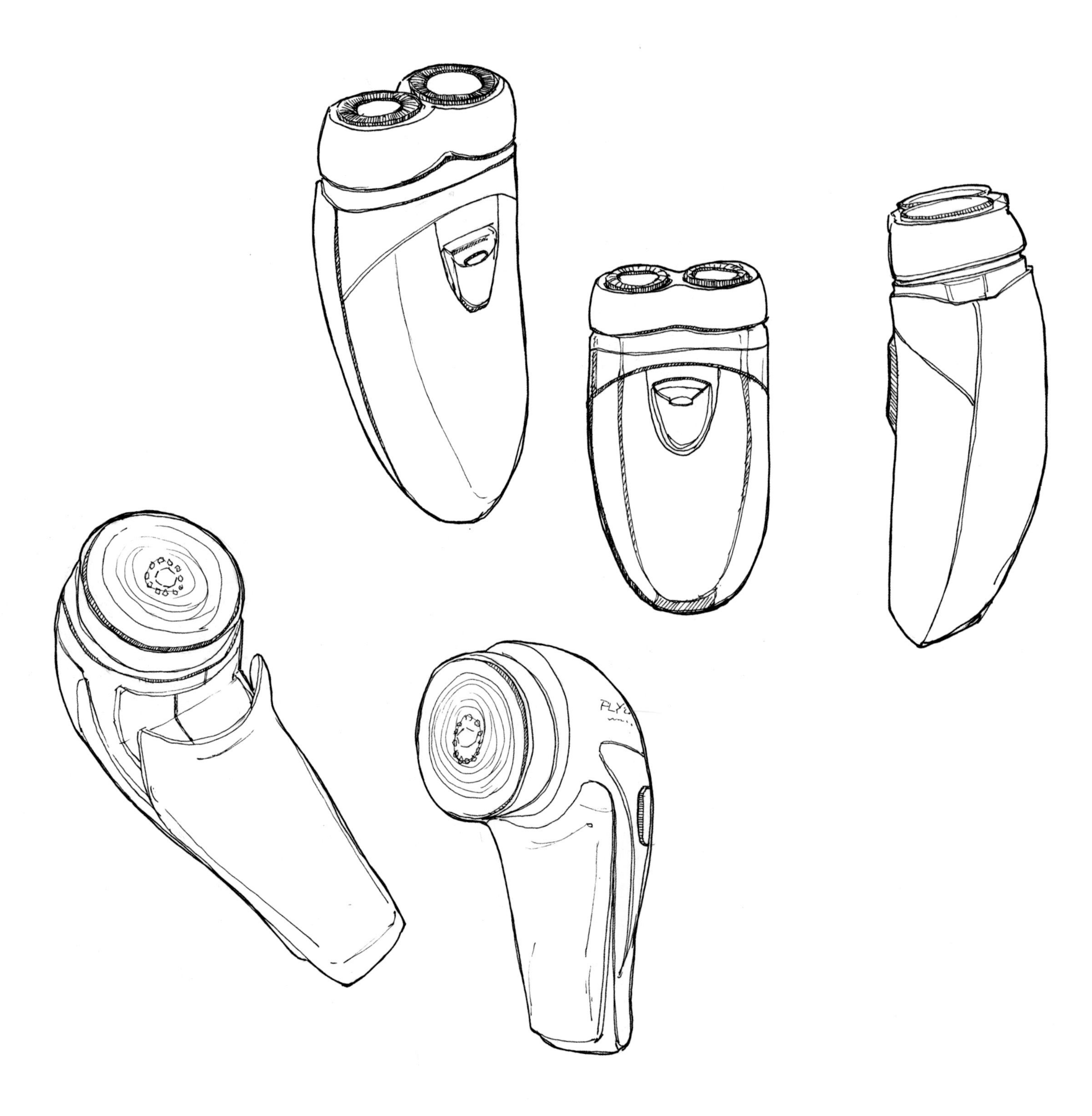

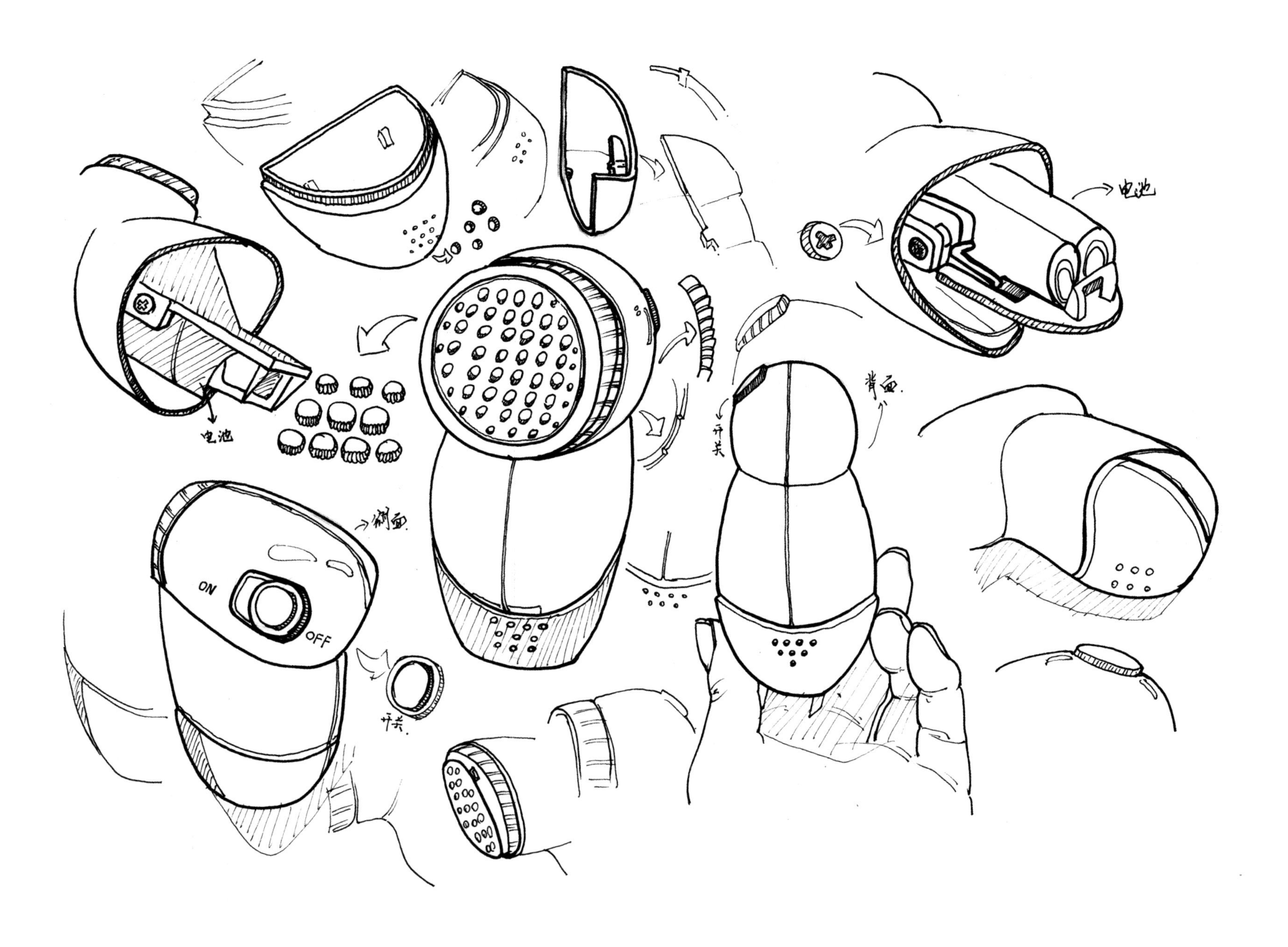

电池
电池
背面
开关
侧面
ON
OFF
开关

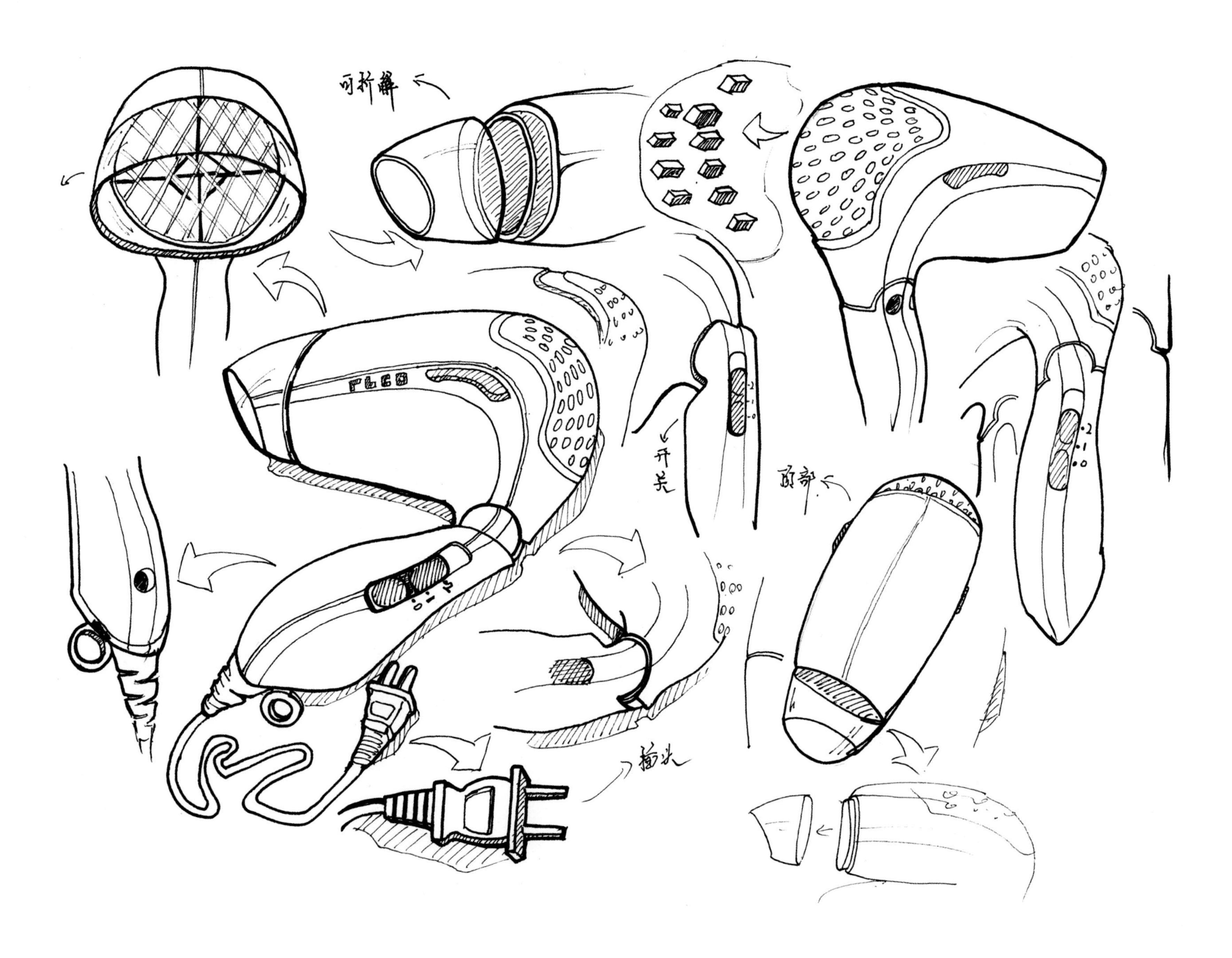
可折解
开关
顶部
插头

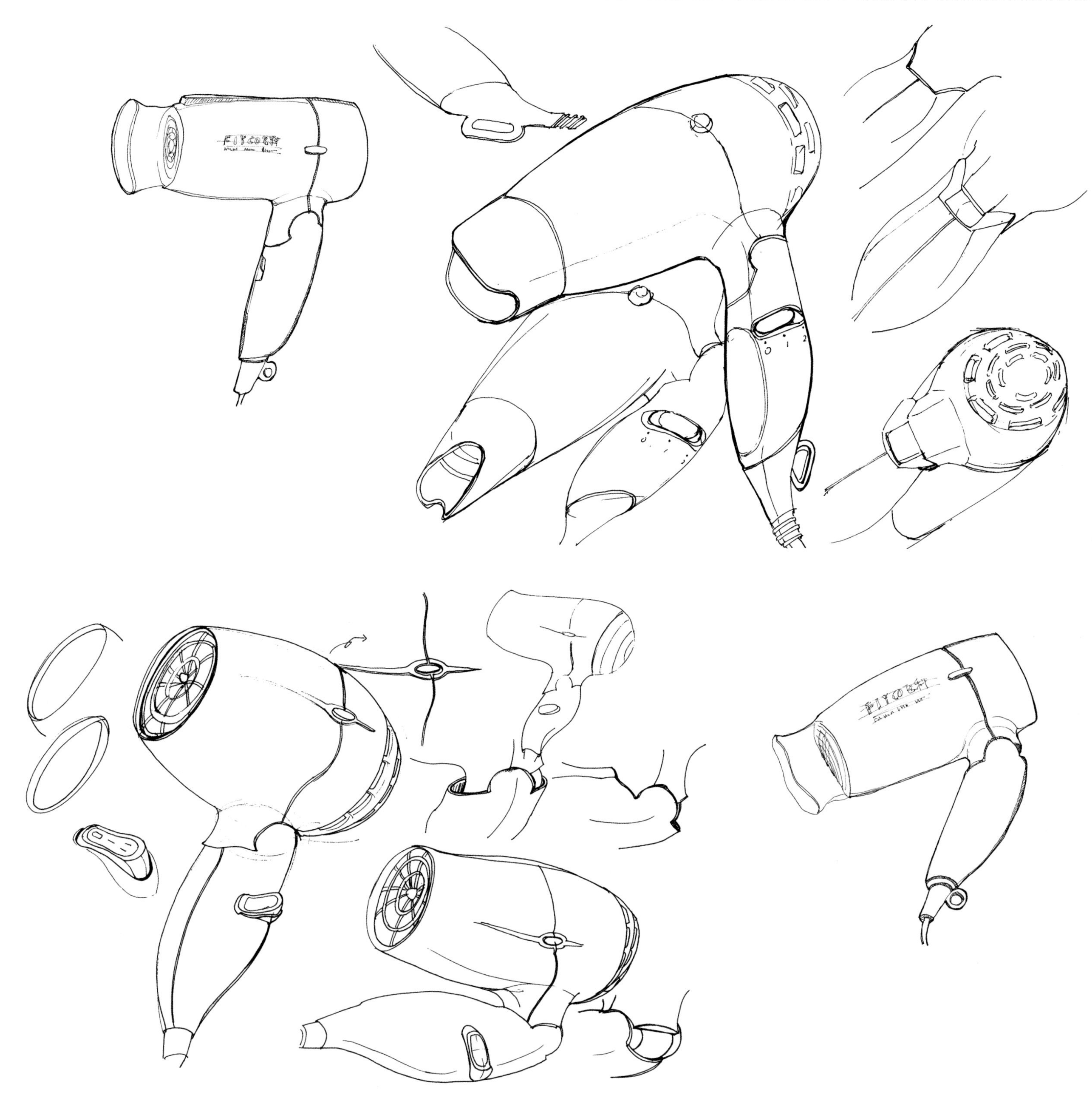

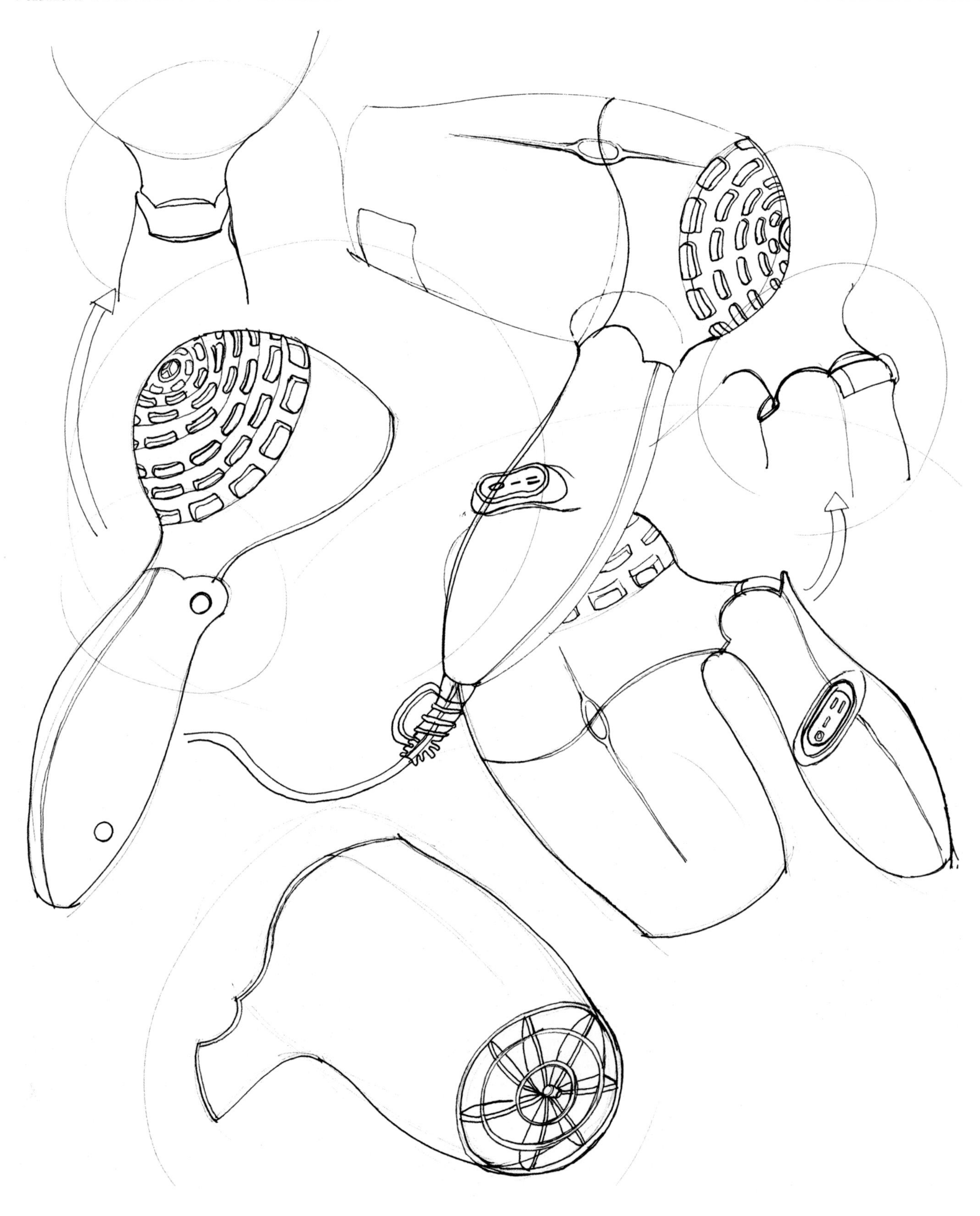

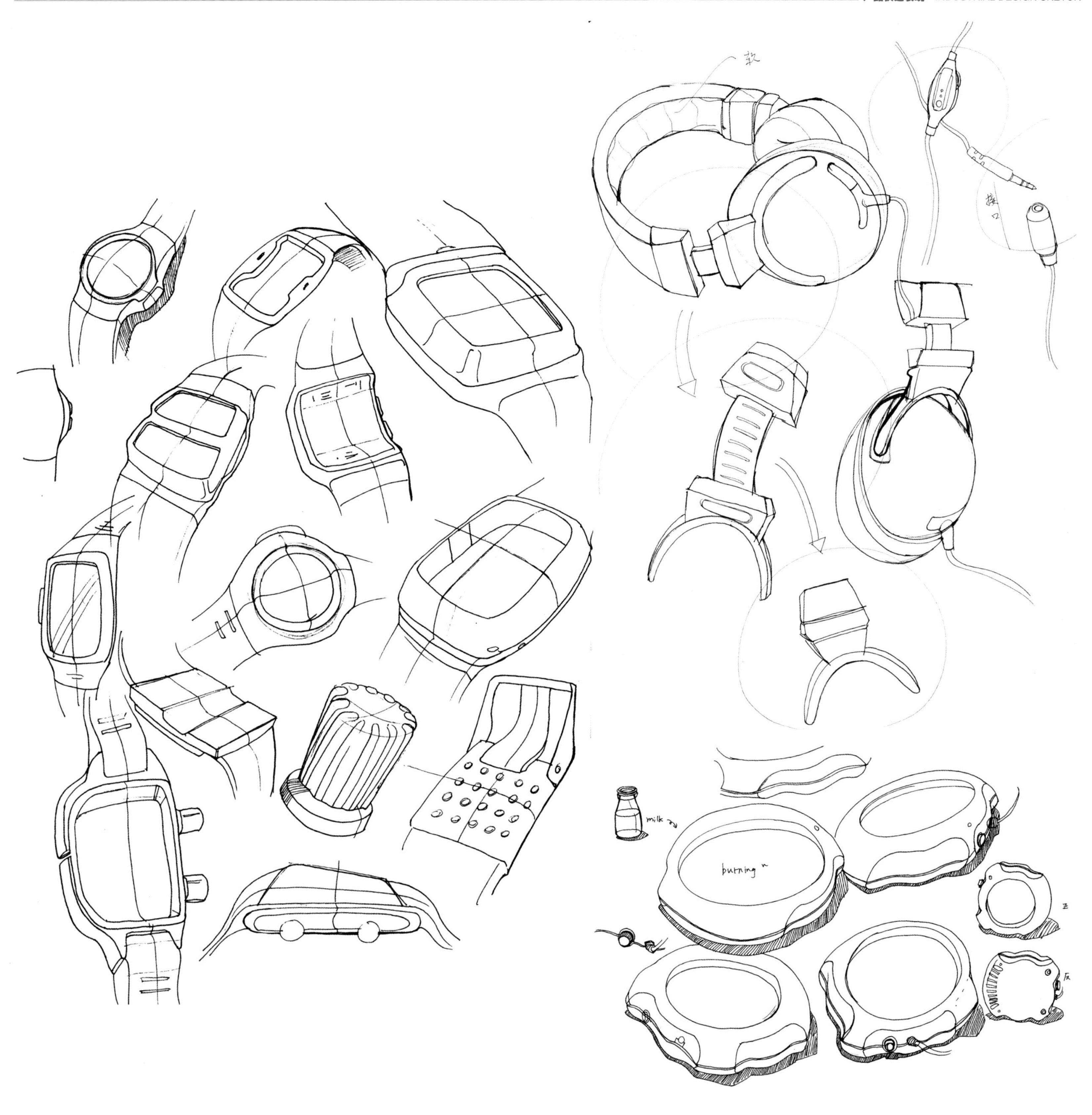
软
接口
milk
burning
正
反

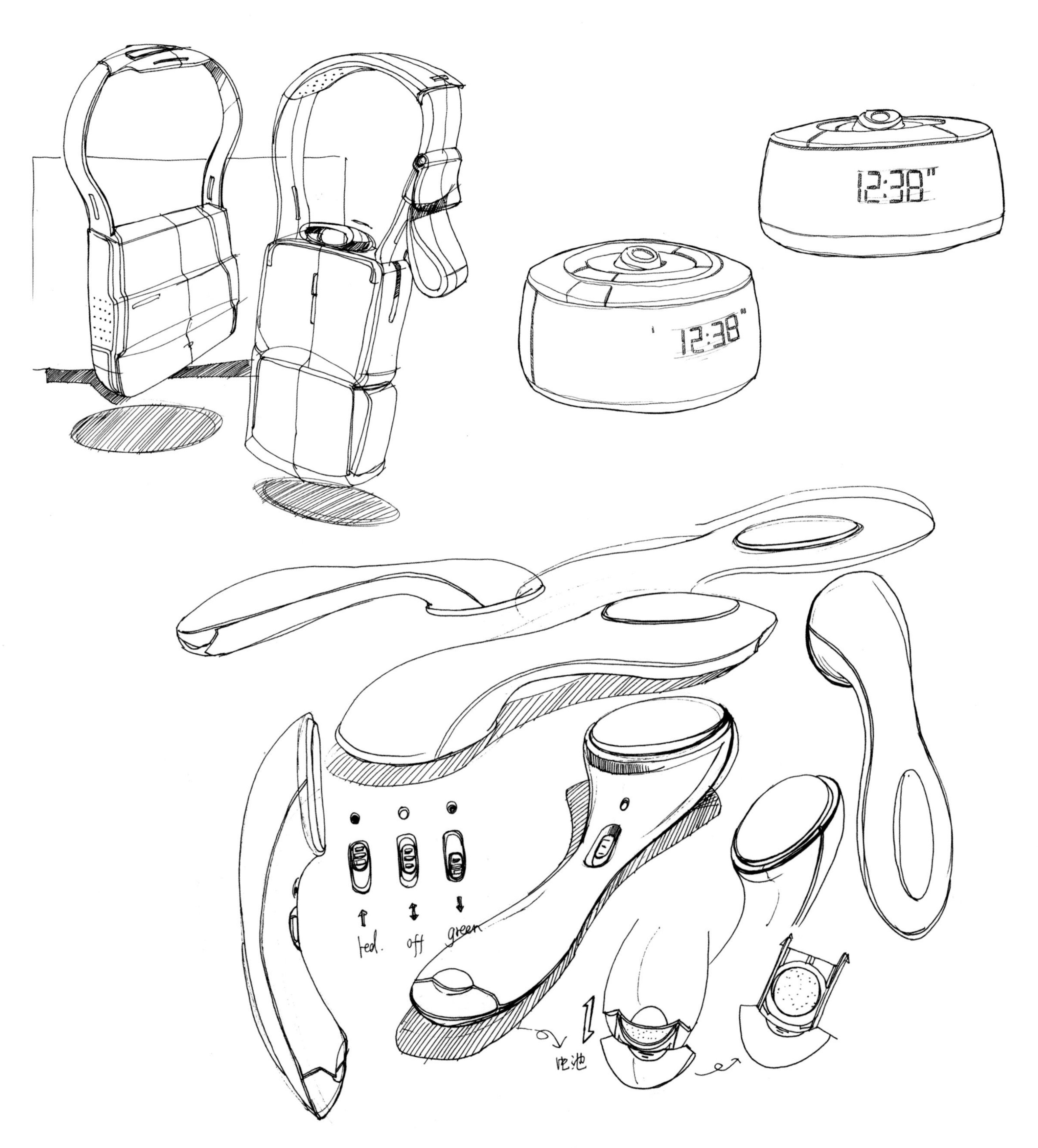

12:38
12:38
red.
off
green
电池

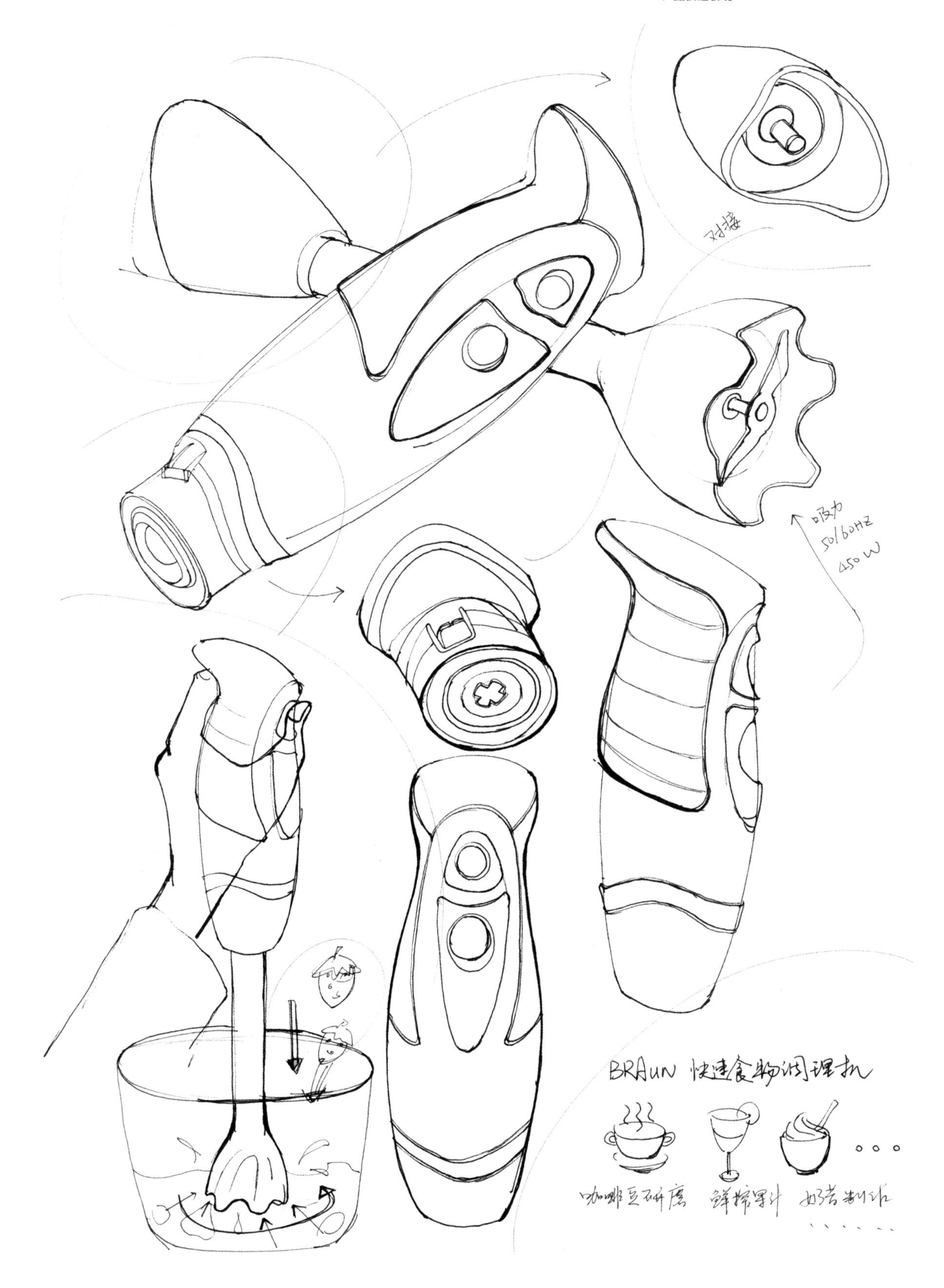
对接
吸力
50/60HZ
450W
BRAUN 快速食物调理机
咖啡豆研磨
鲜榨果汁
奶昔制作

SUPOR

PHILIPS
PHILIPS

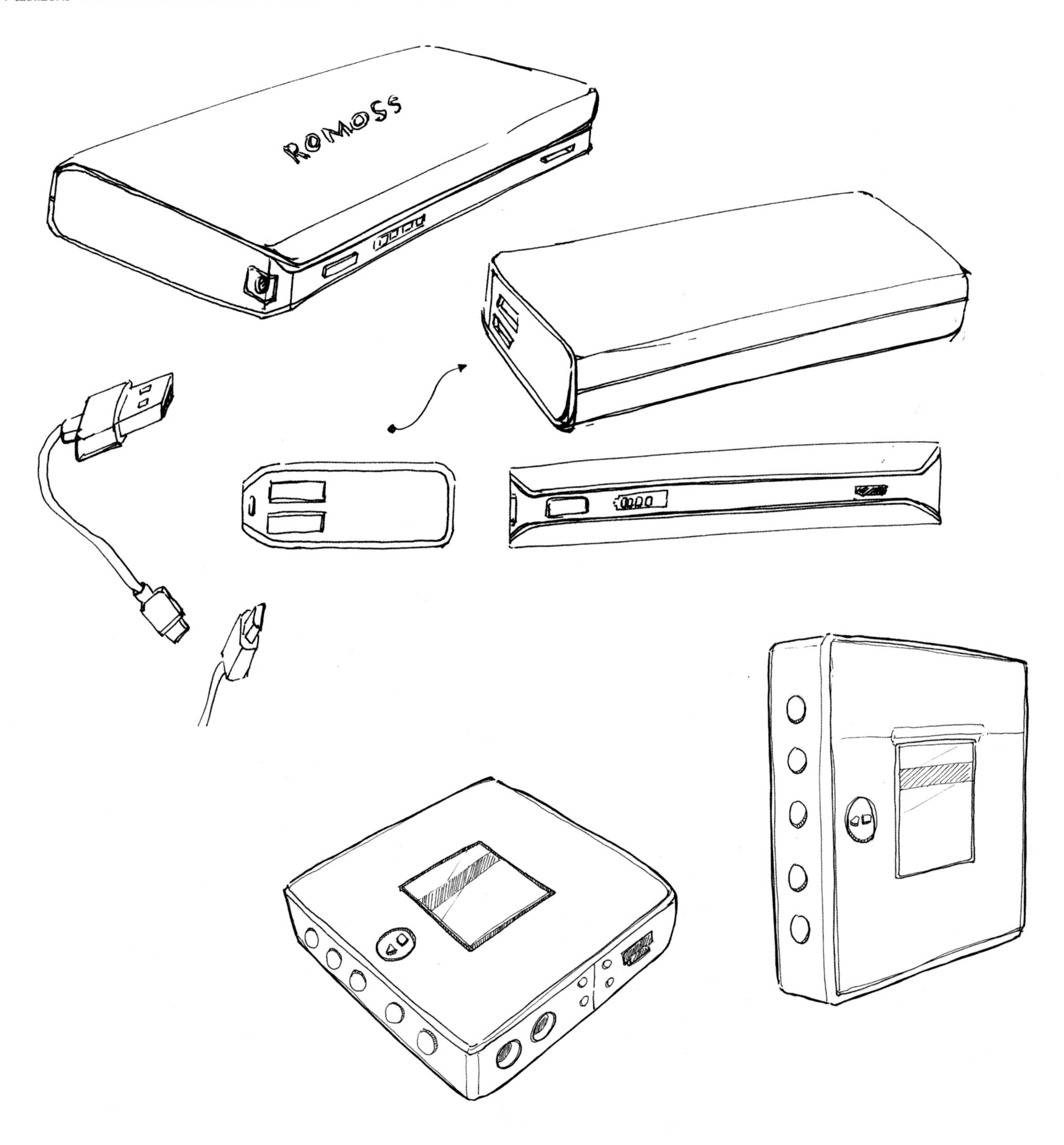
ROMOSS

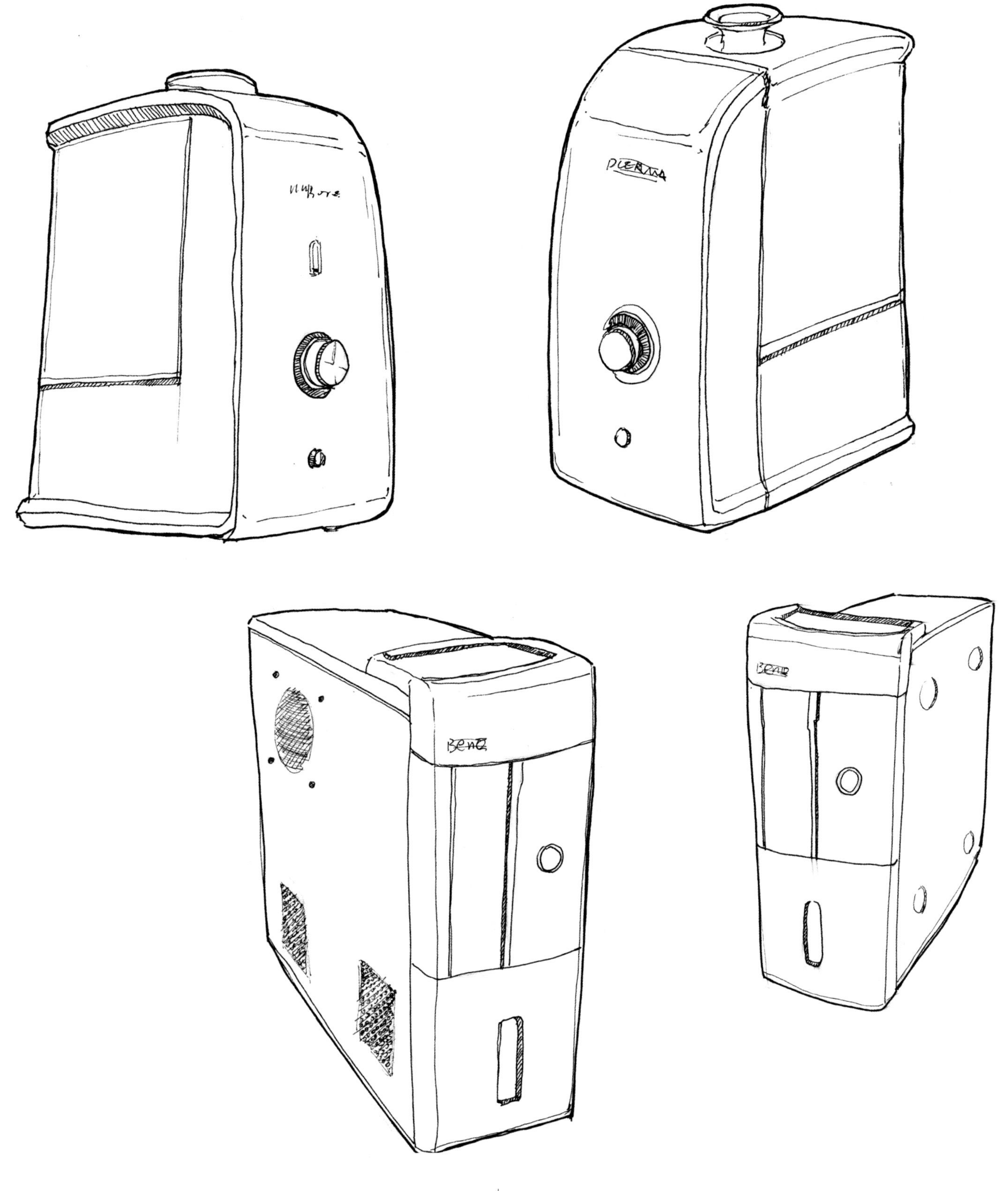

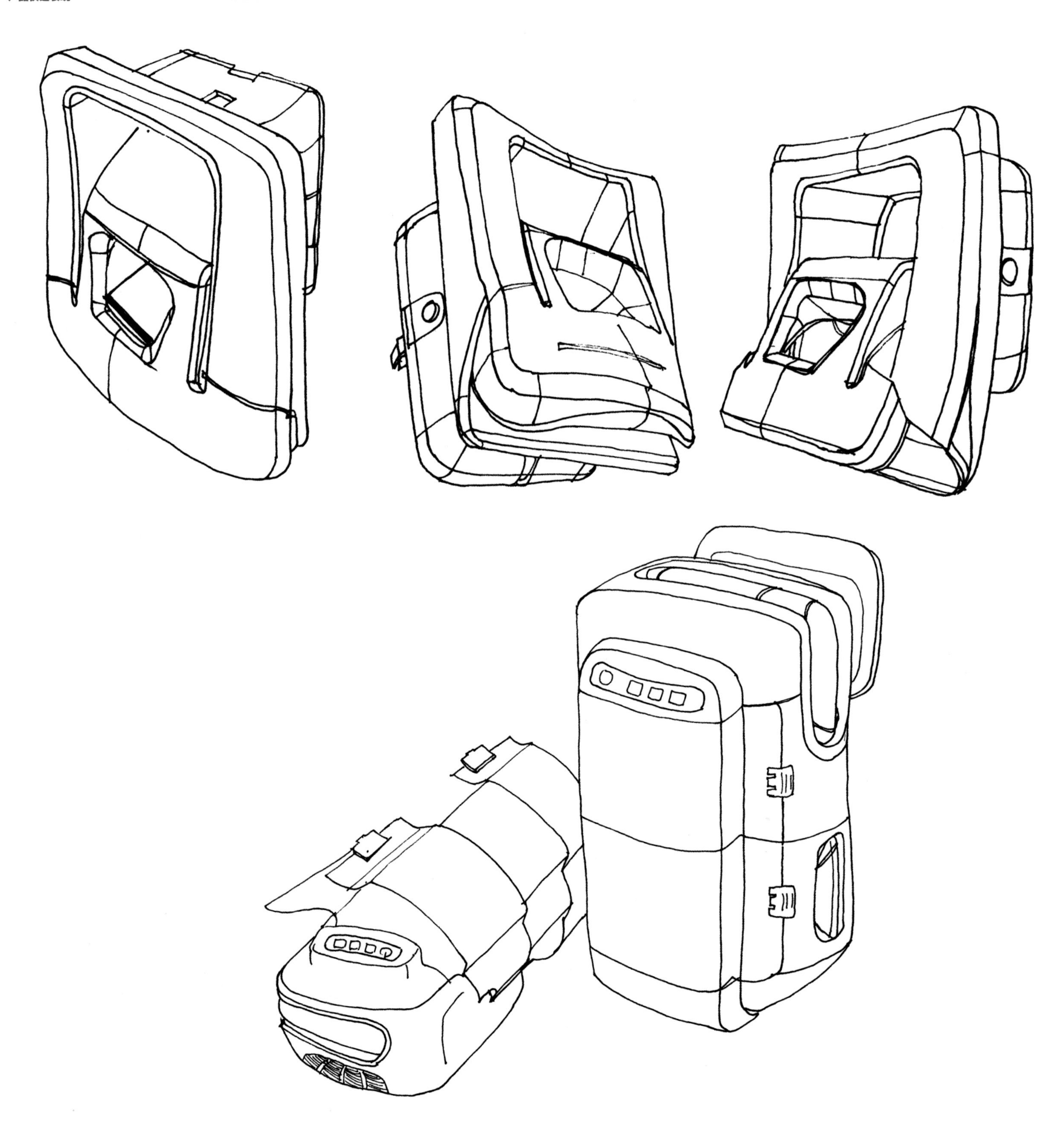

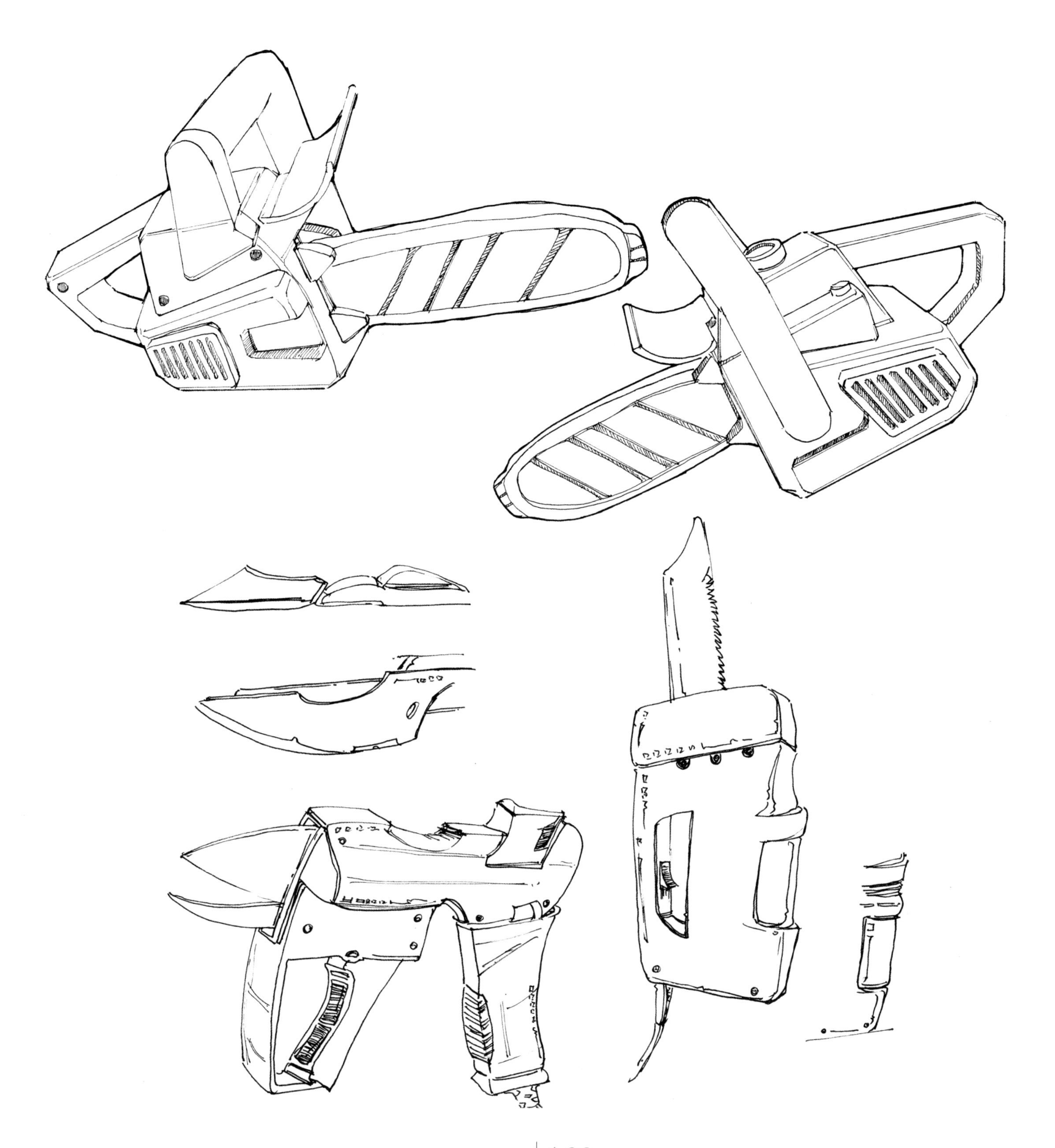

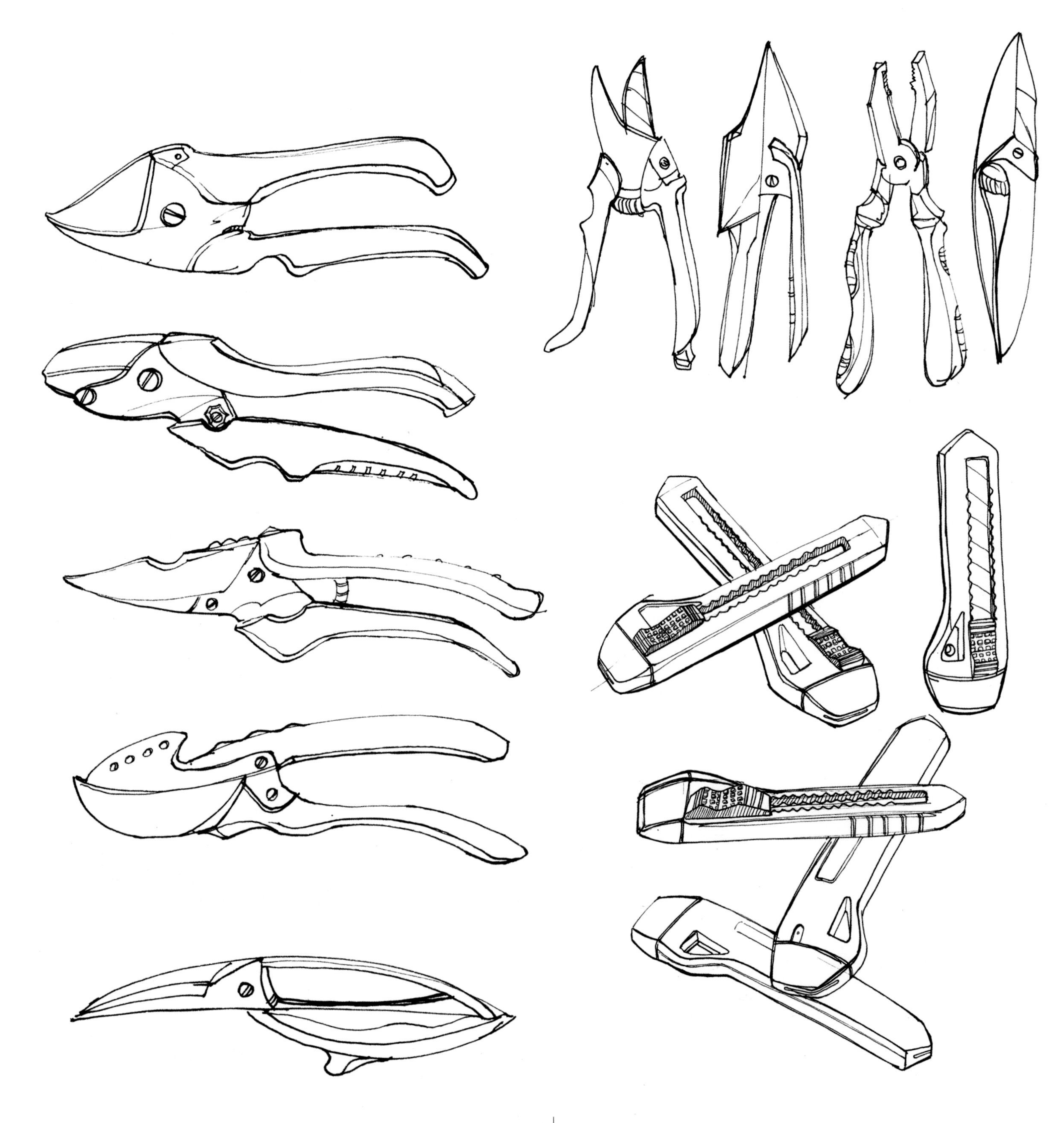

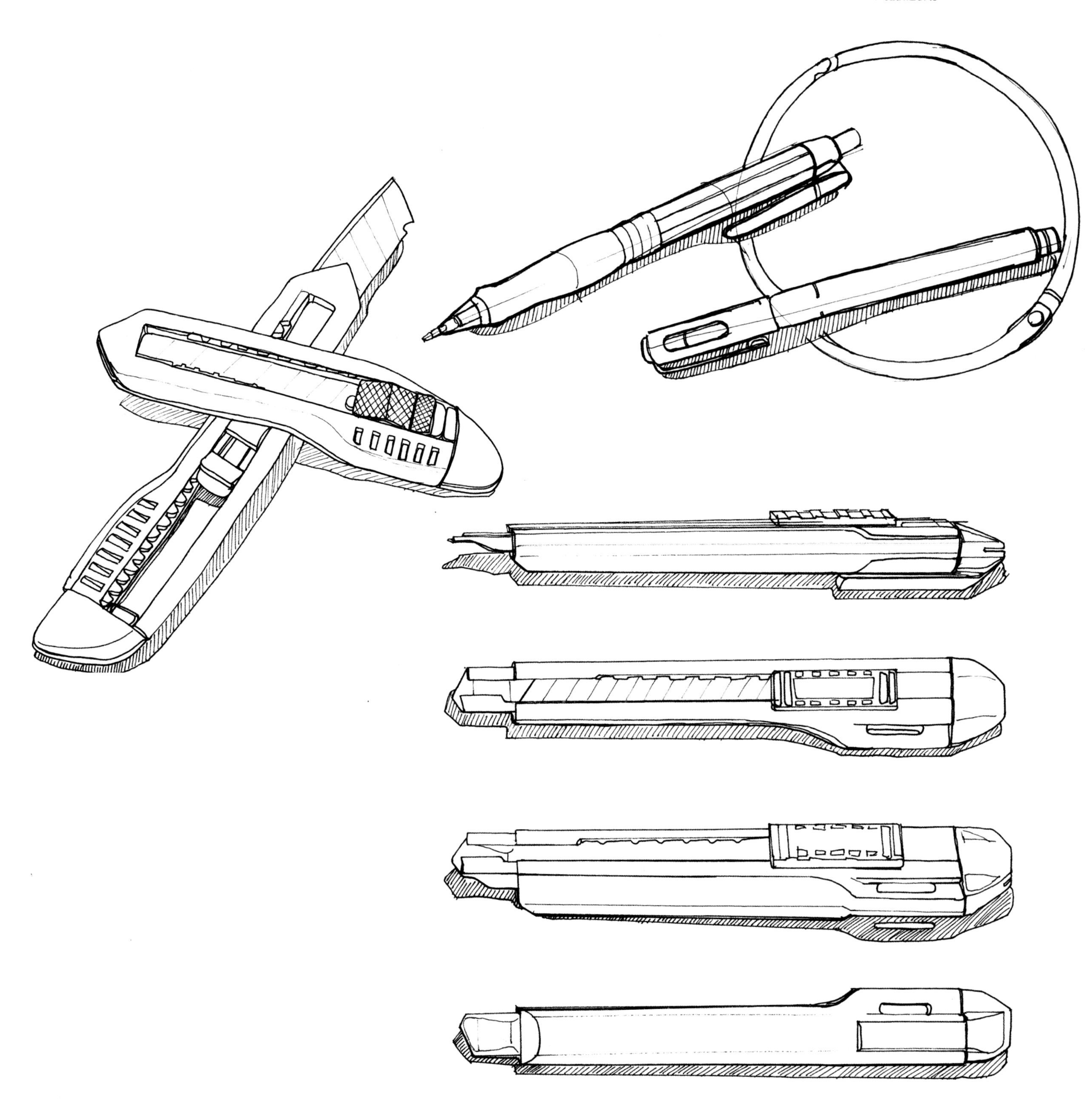

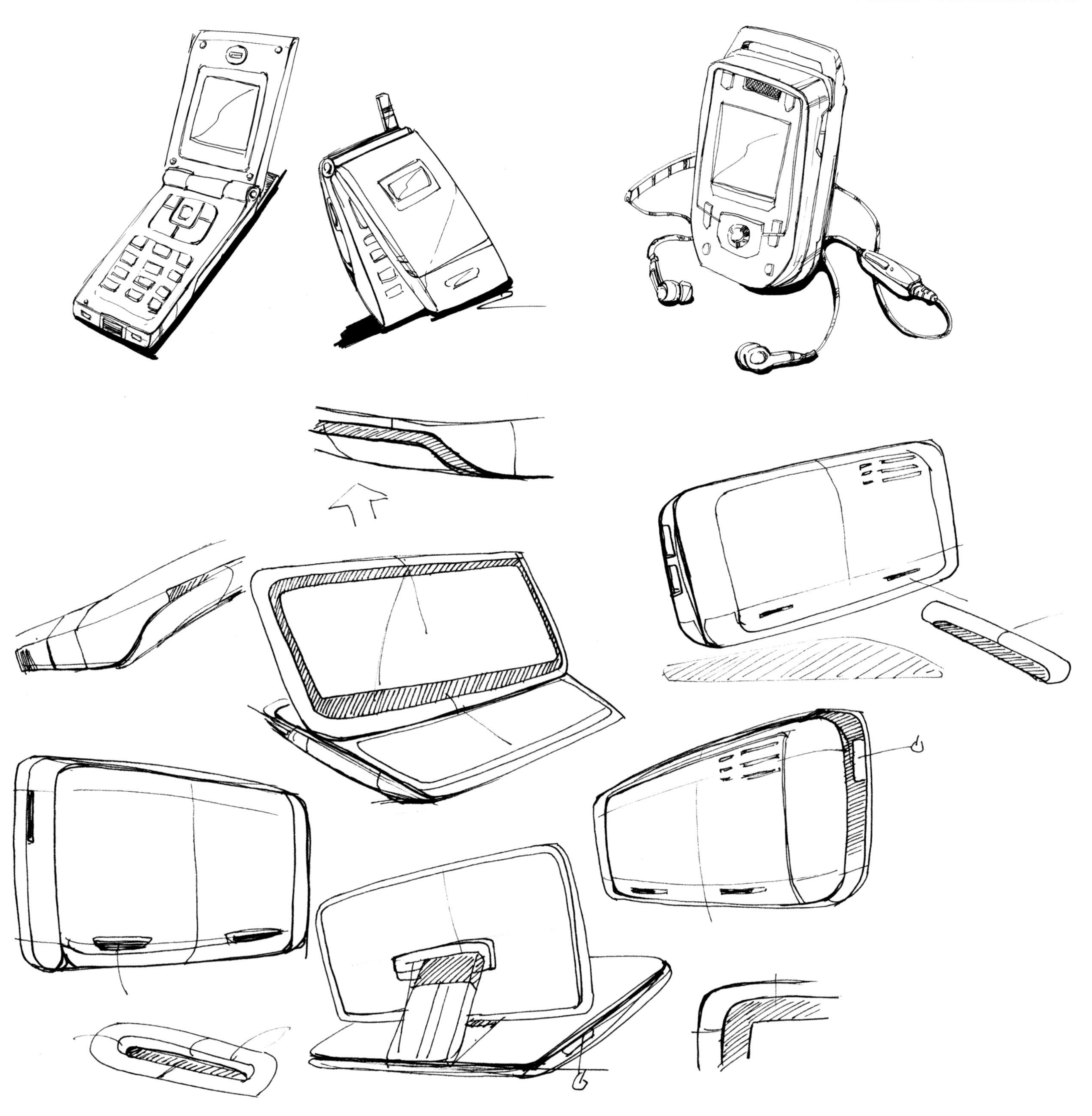

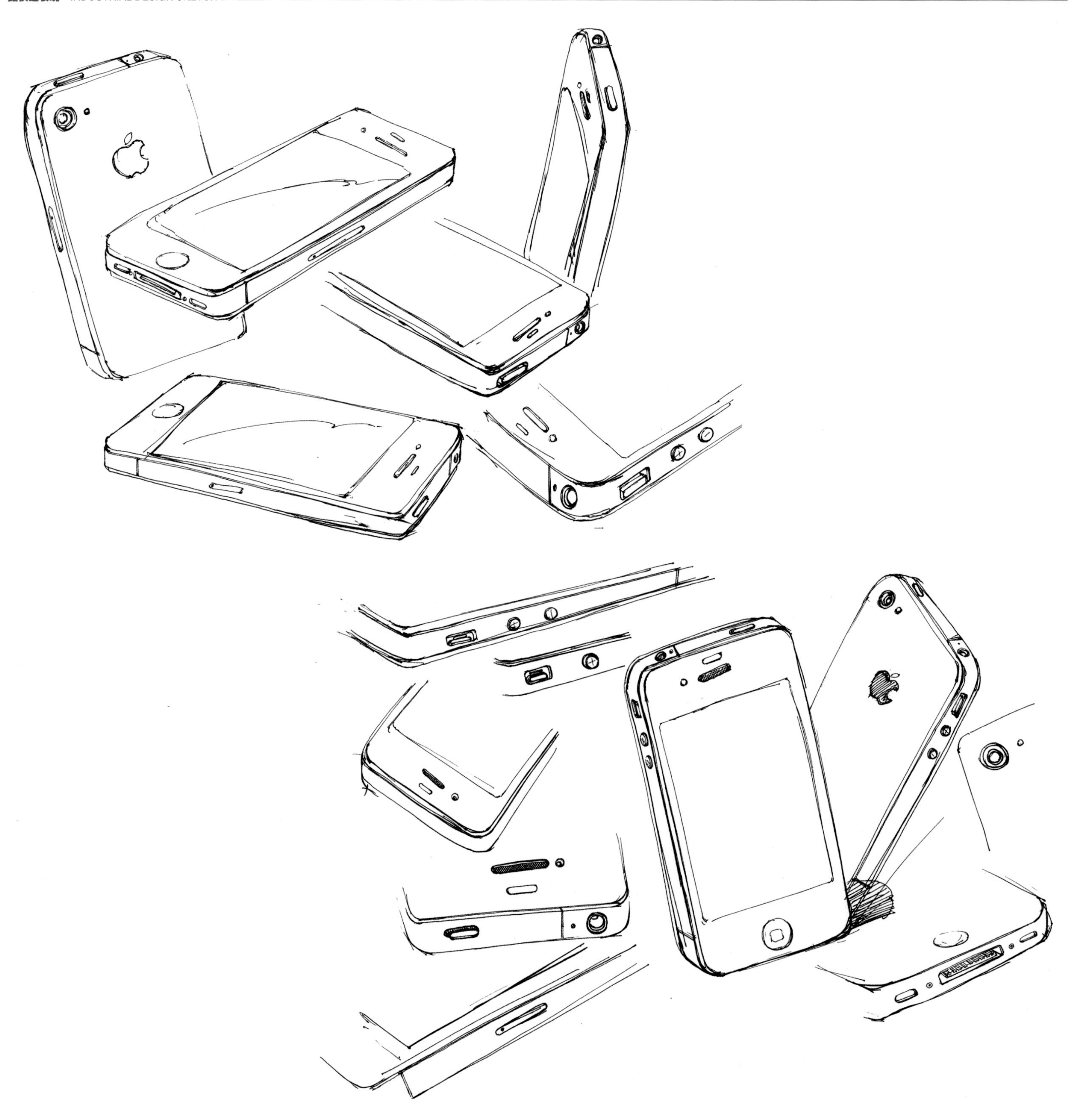

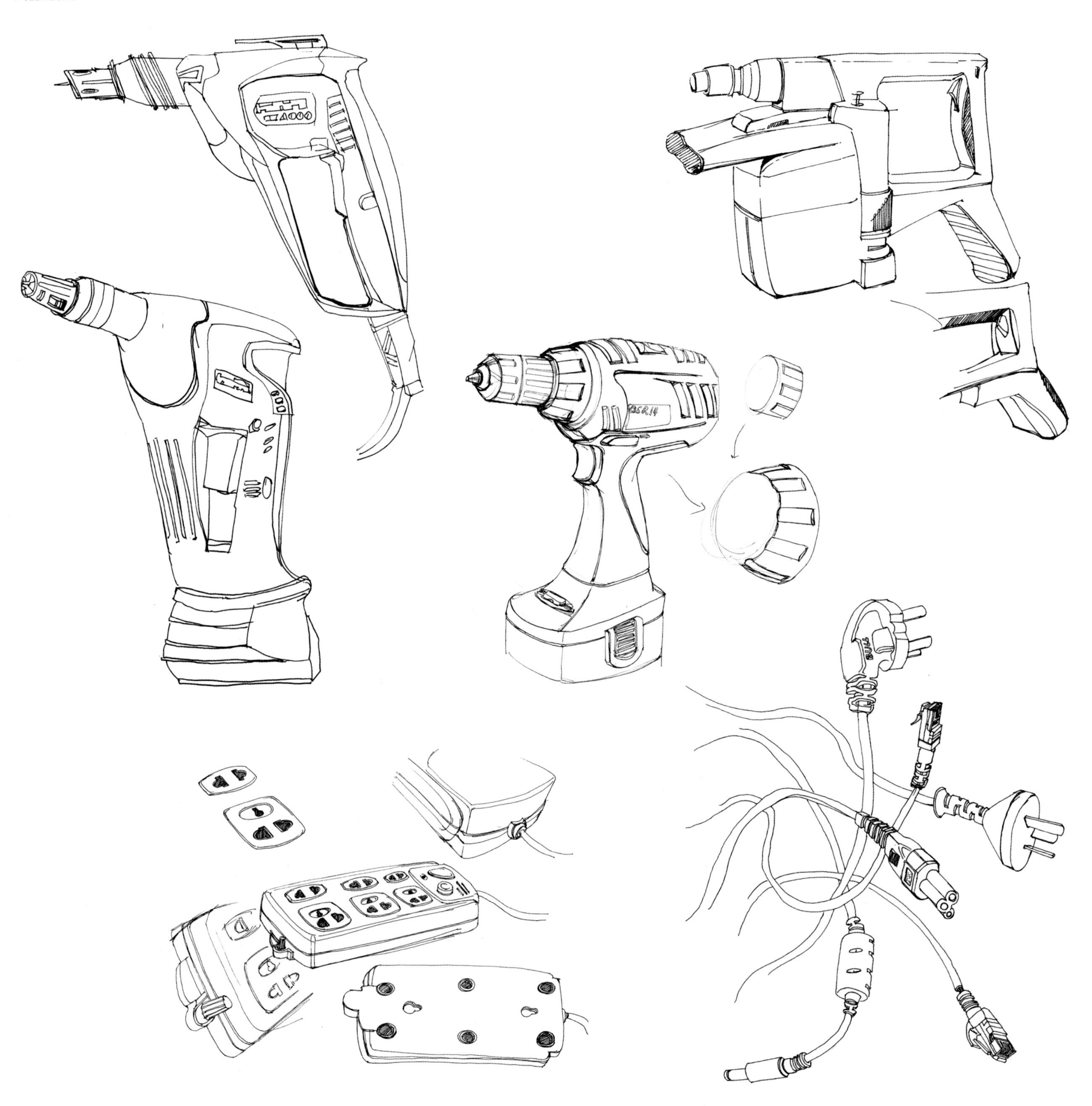
BSR14
BULL

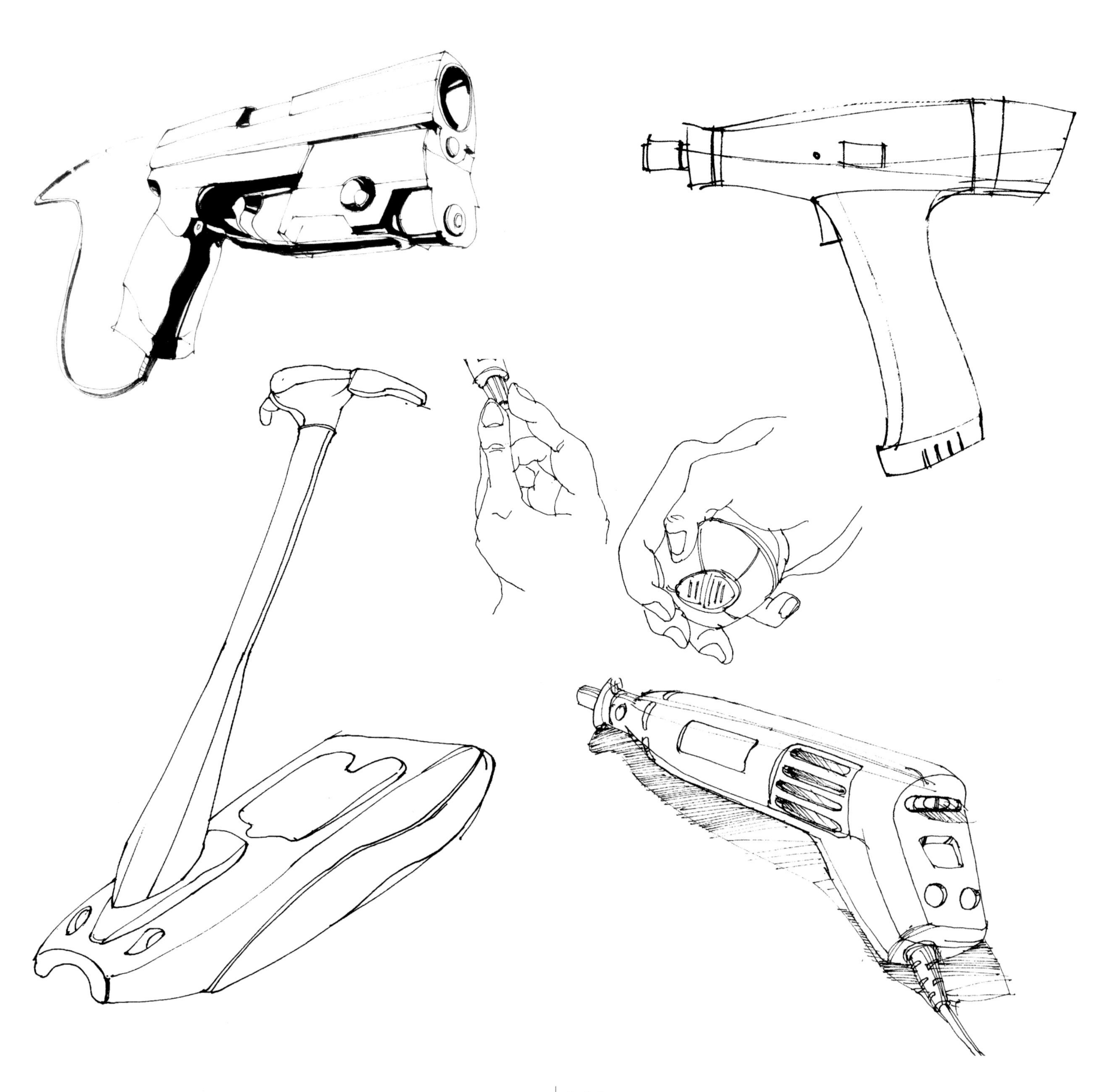

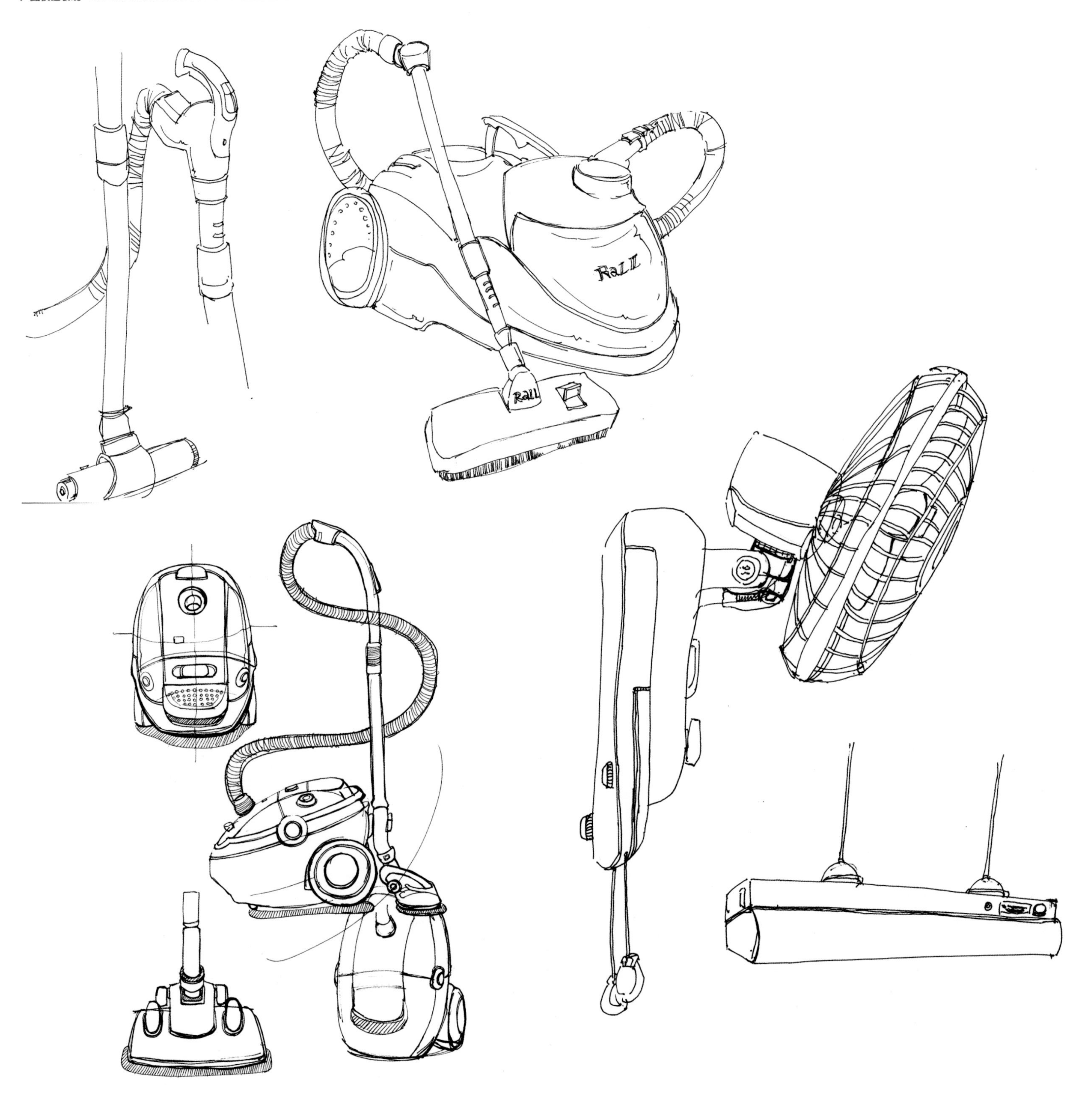
RaL II
RaLL

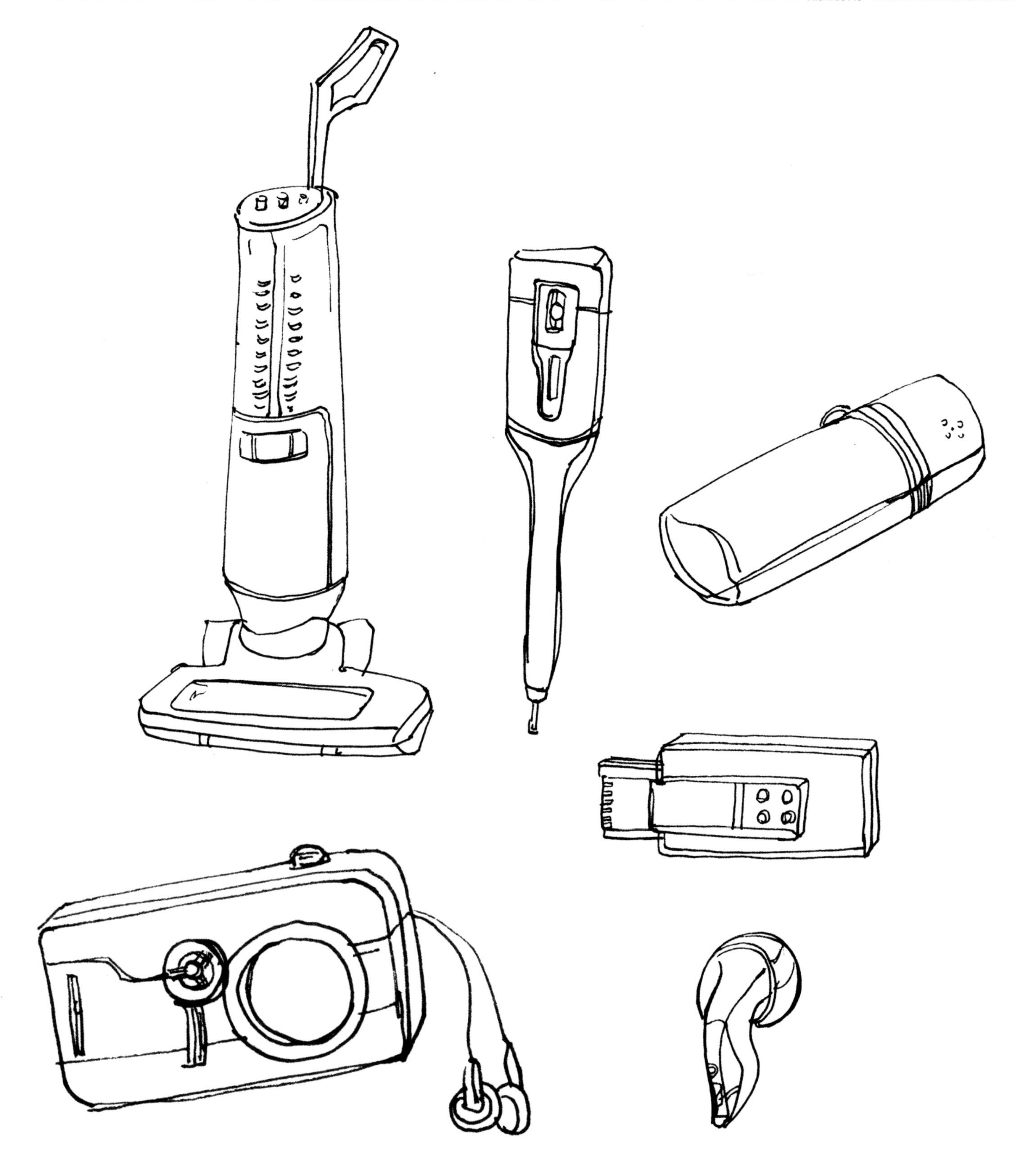

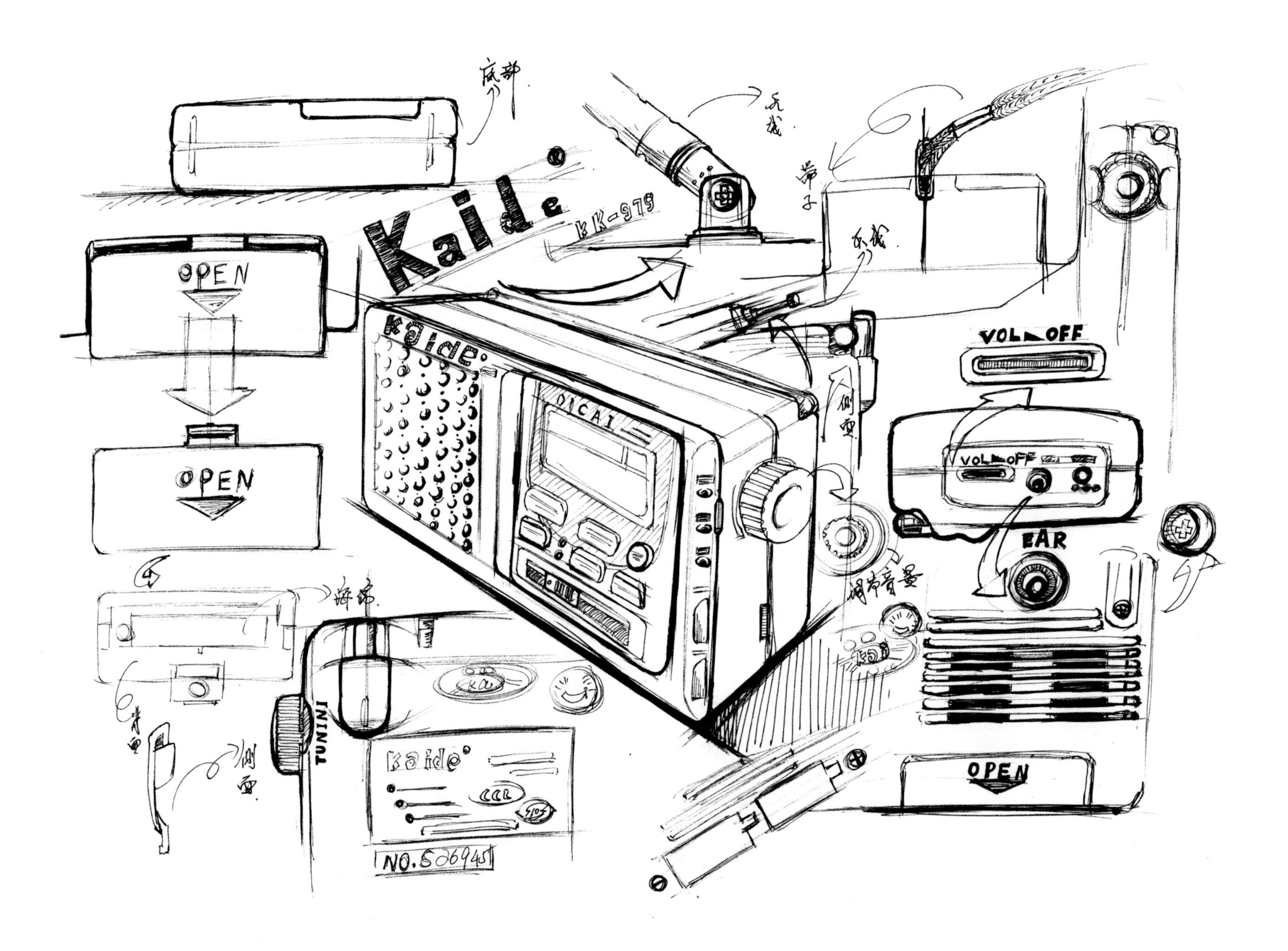
底部
Kaide
KK-979
OPEN
OPEN
VOL OFF
EAR
OPEN
NO.526945
调节音量

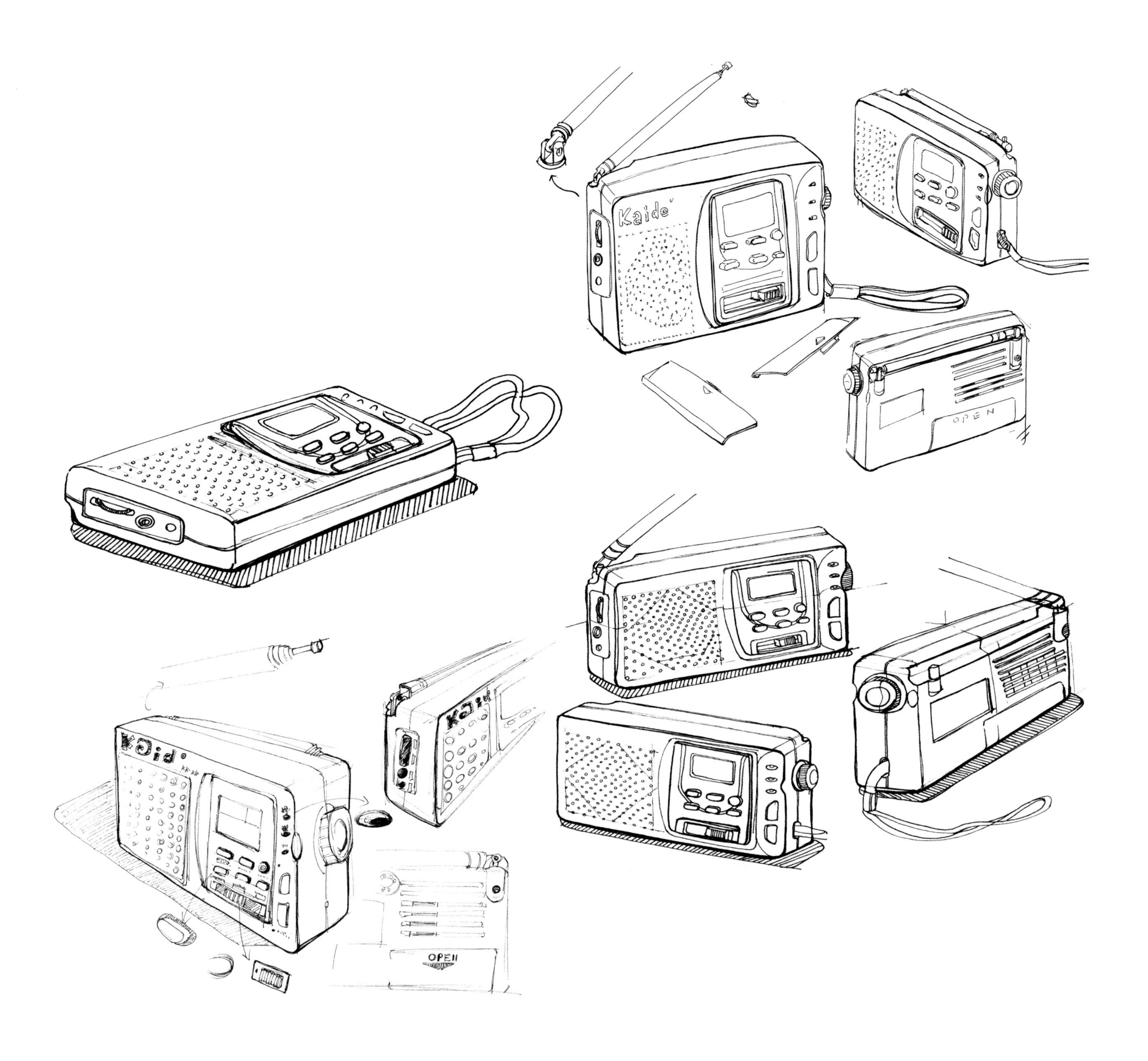
Kaide'
OPEN
OPEN

滚轮
触控球
接口

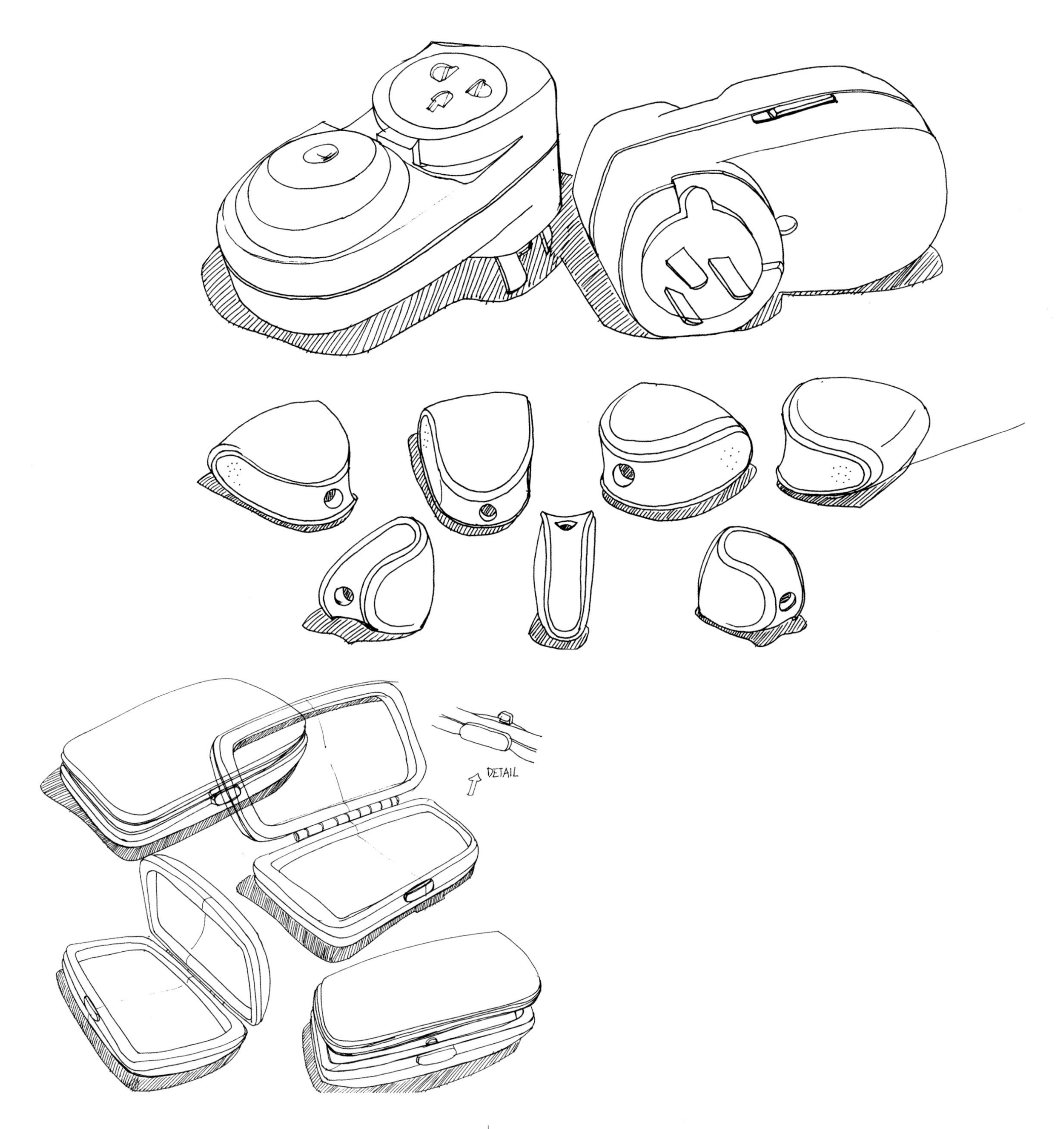
DETAIL

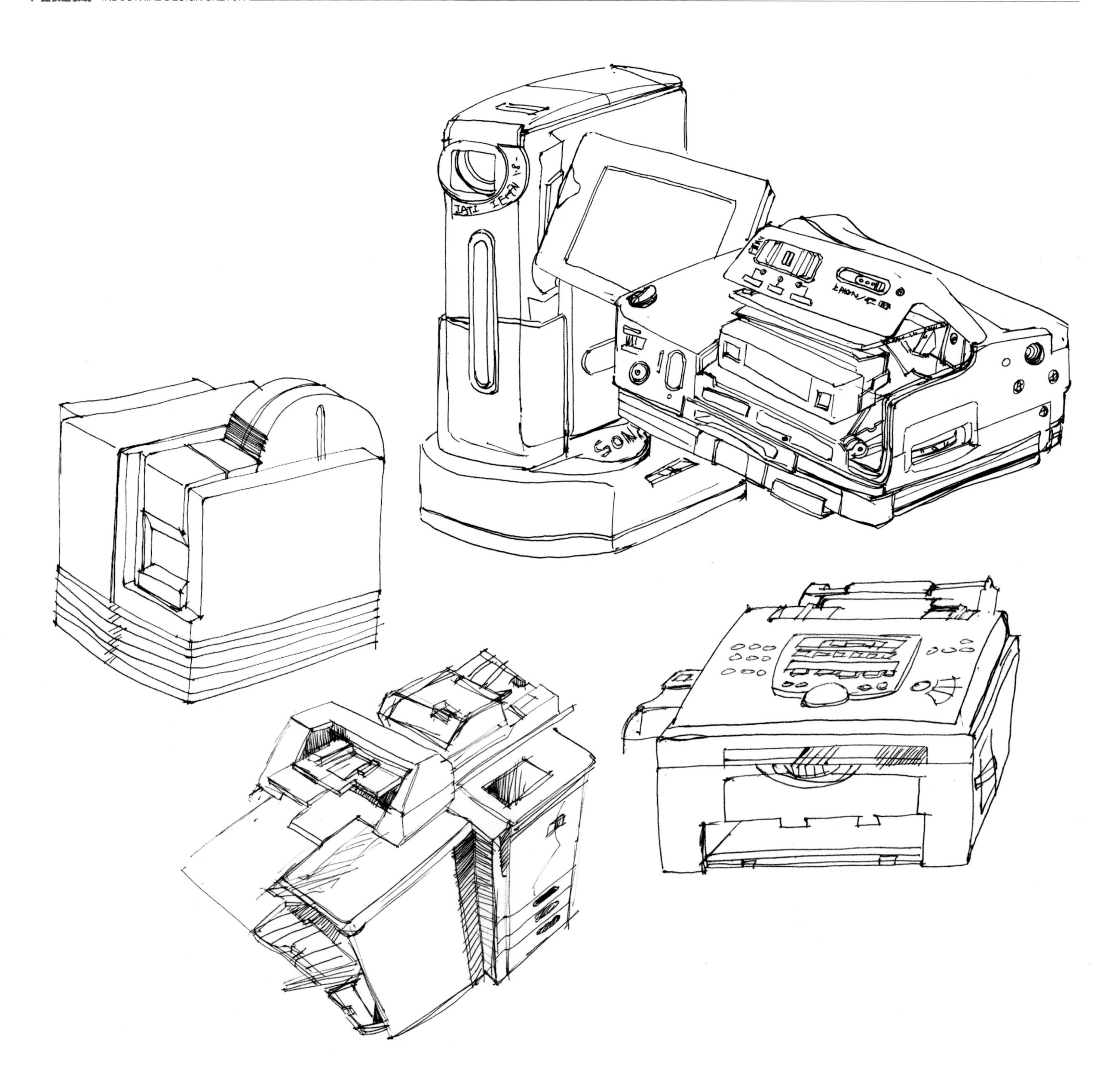

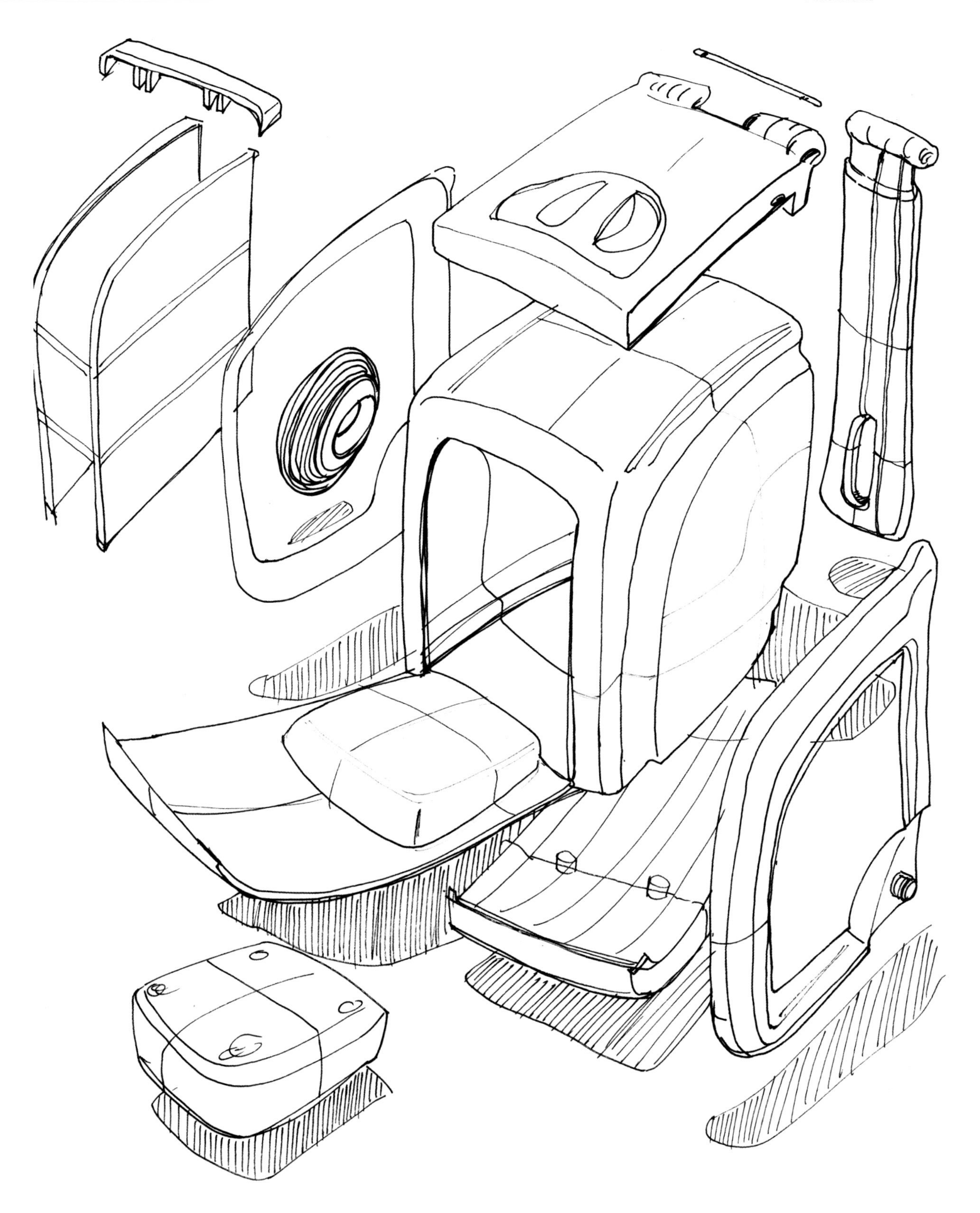

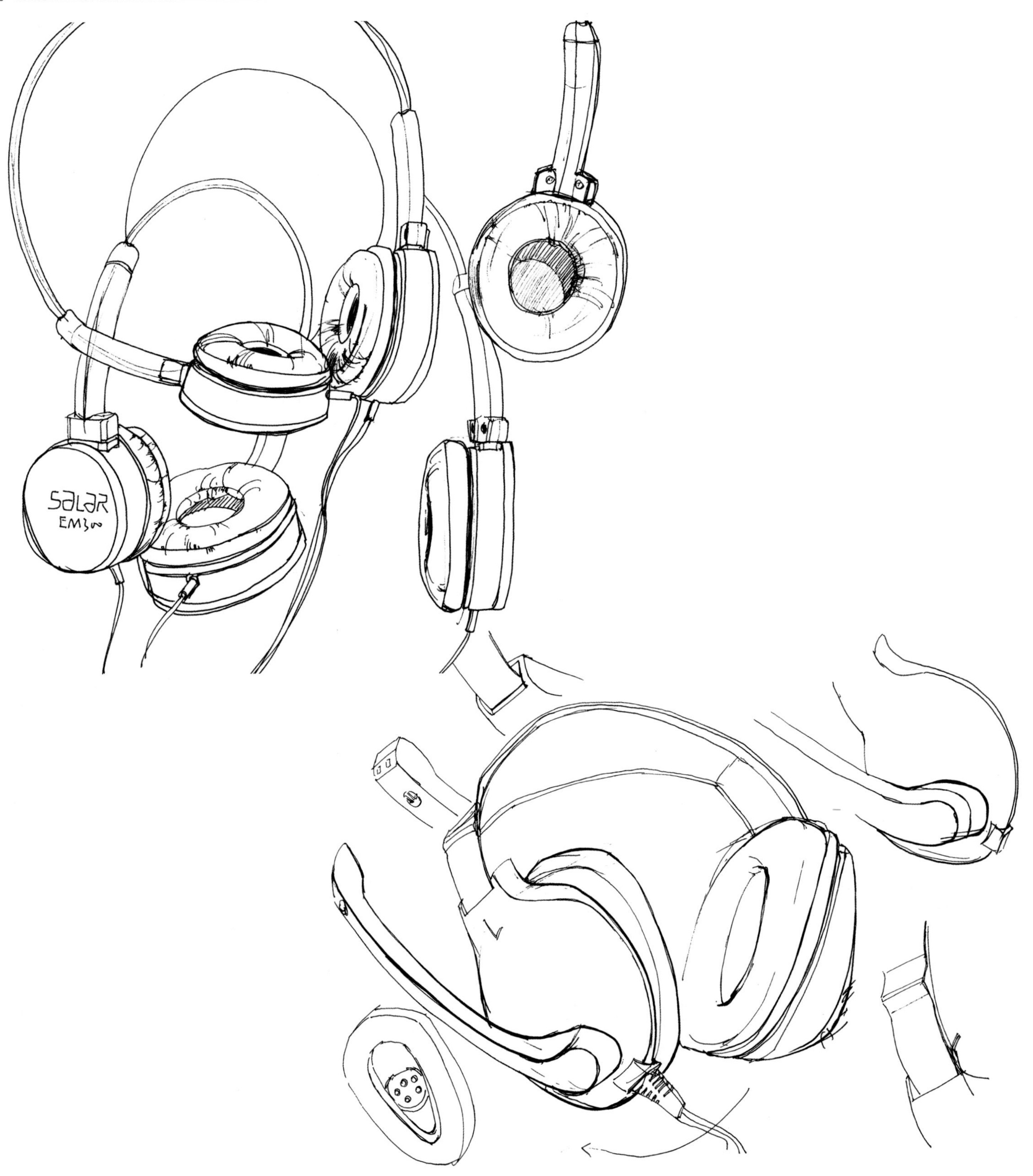
salar
EM300

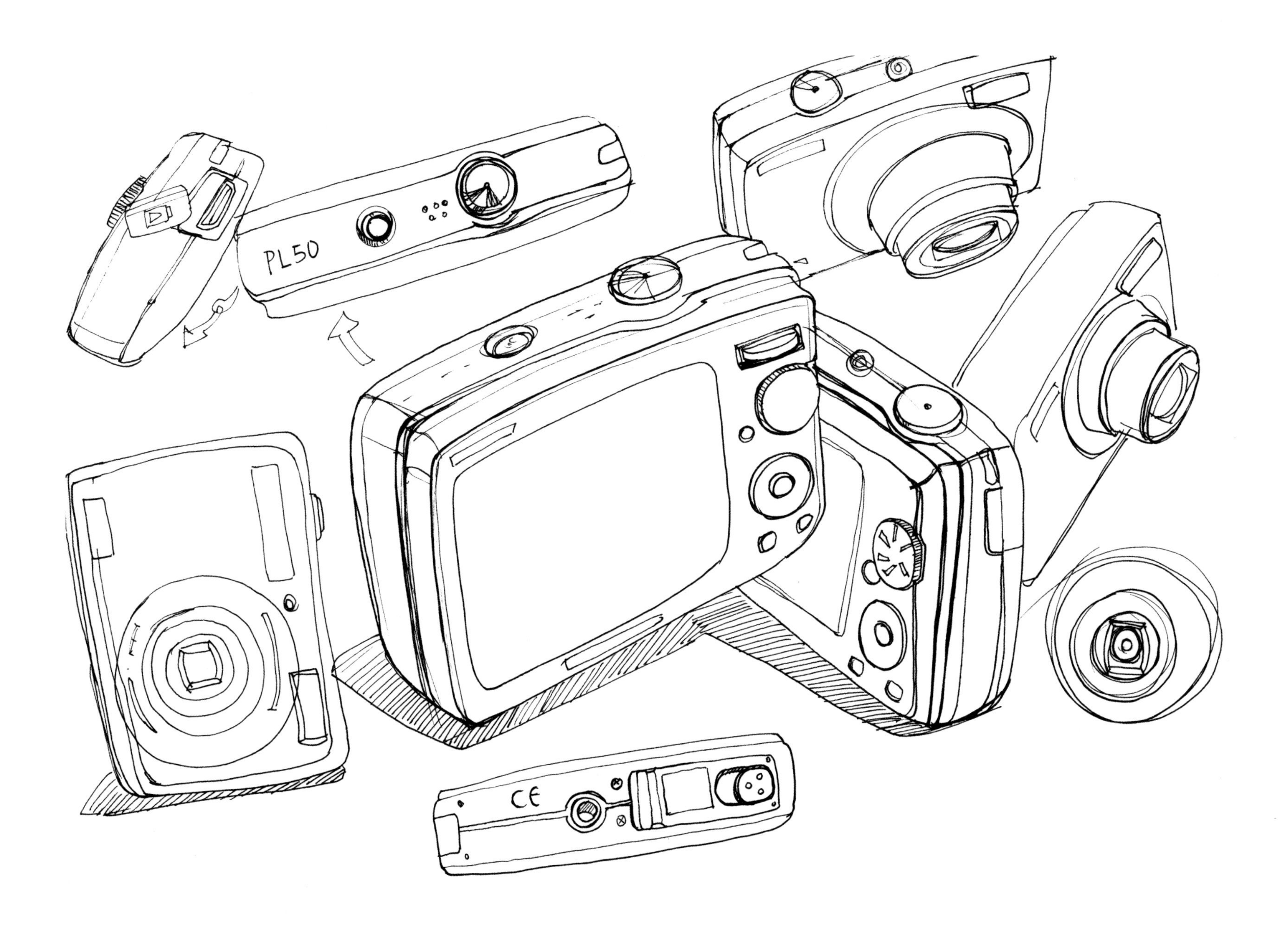
PL50
CE

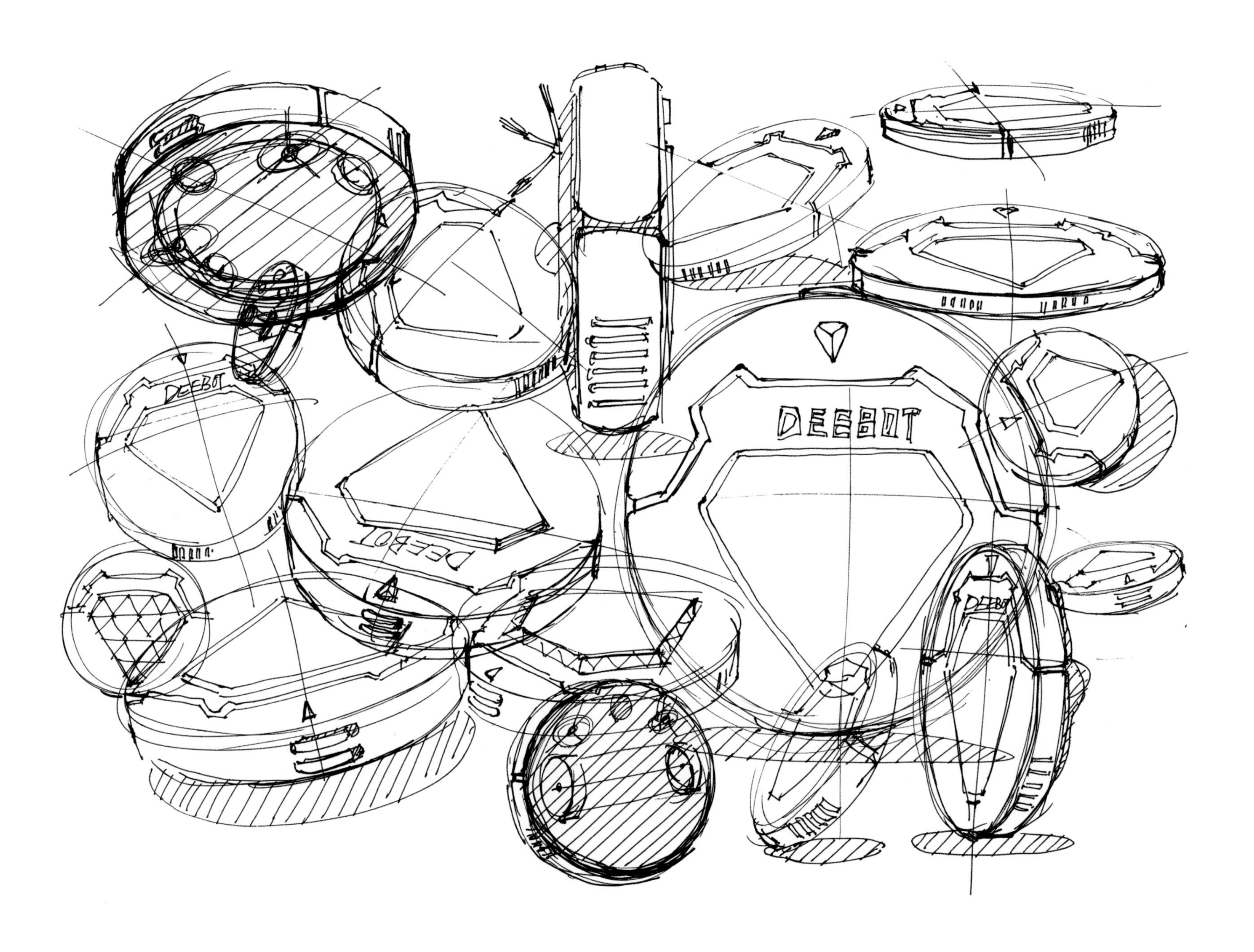
DEEBOT
DEEBOT
DEEBOT
DEEBOT

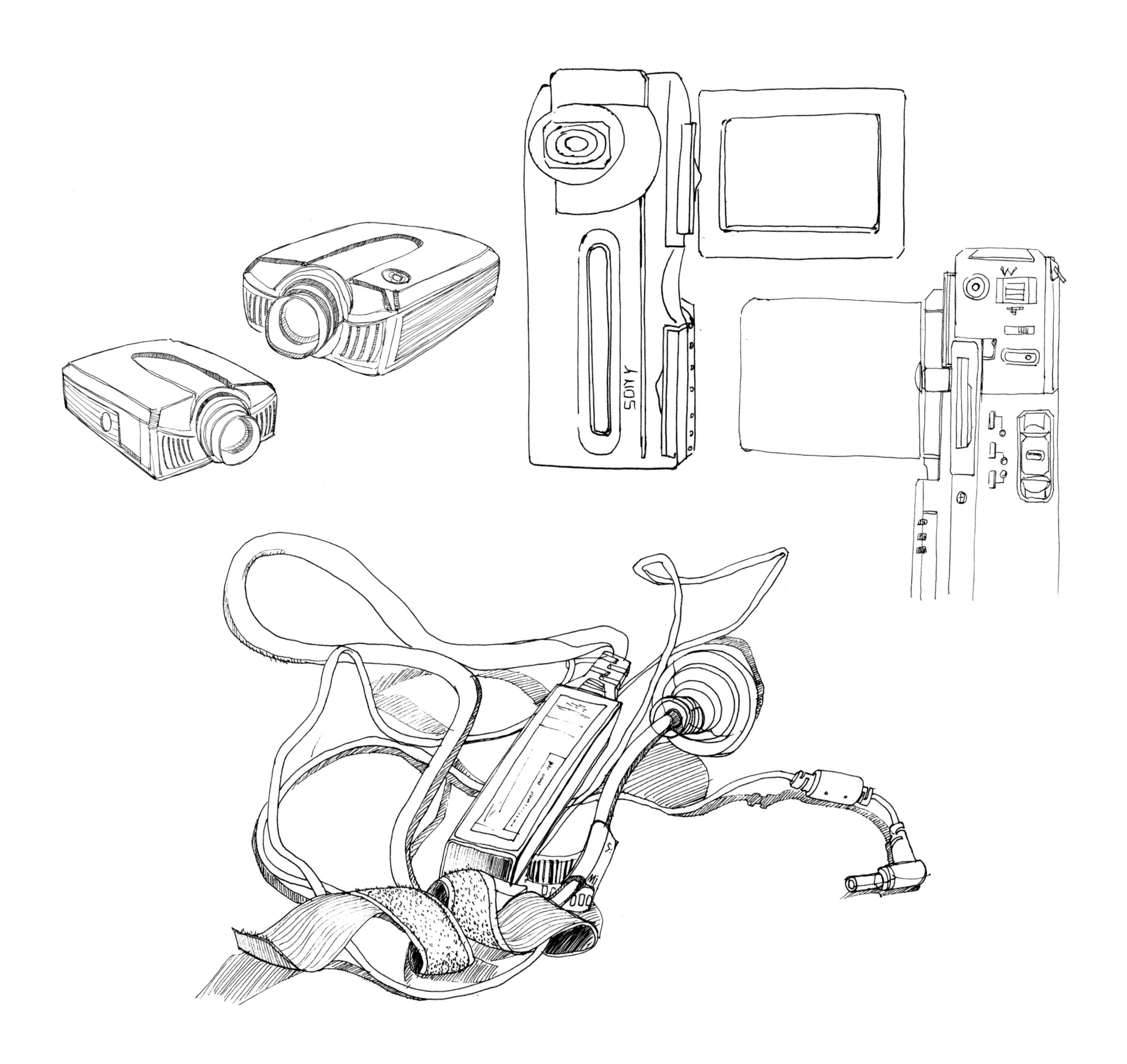
SONY

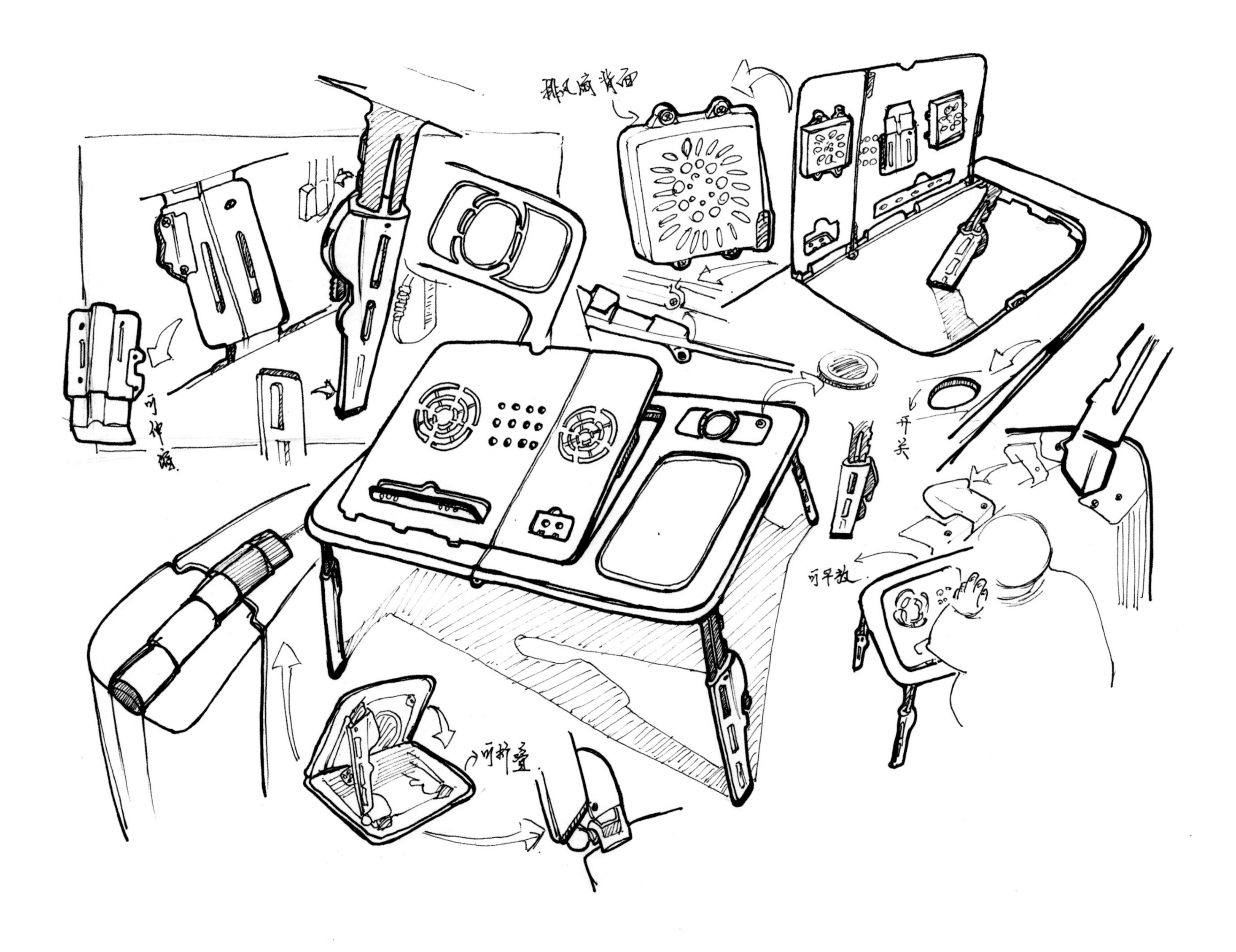
排风扇背面
可伸缩
开关
可平放
可折叠

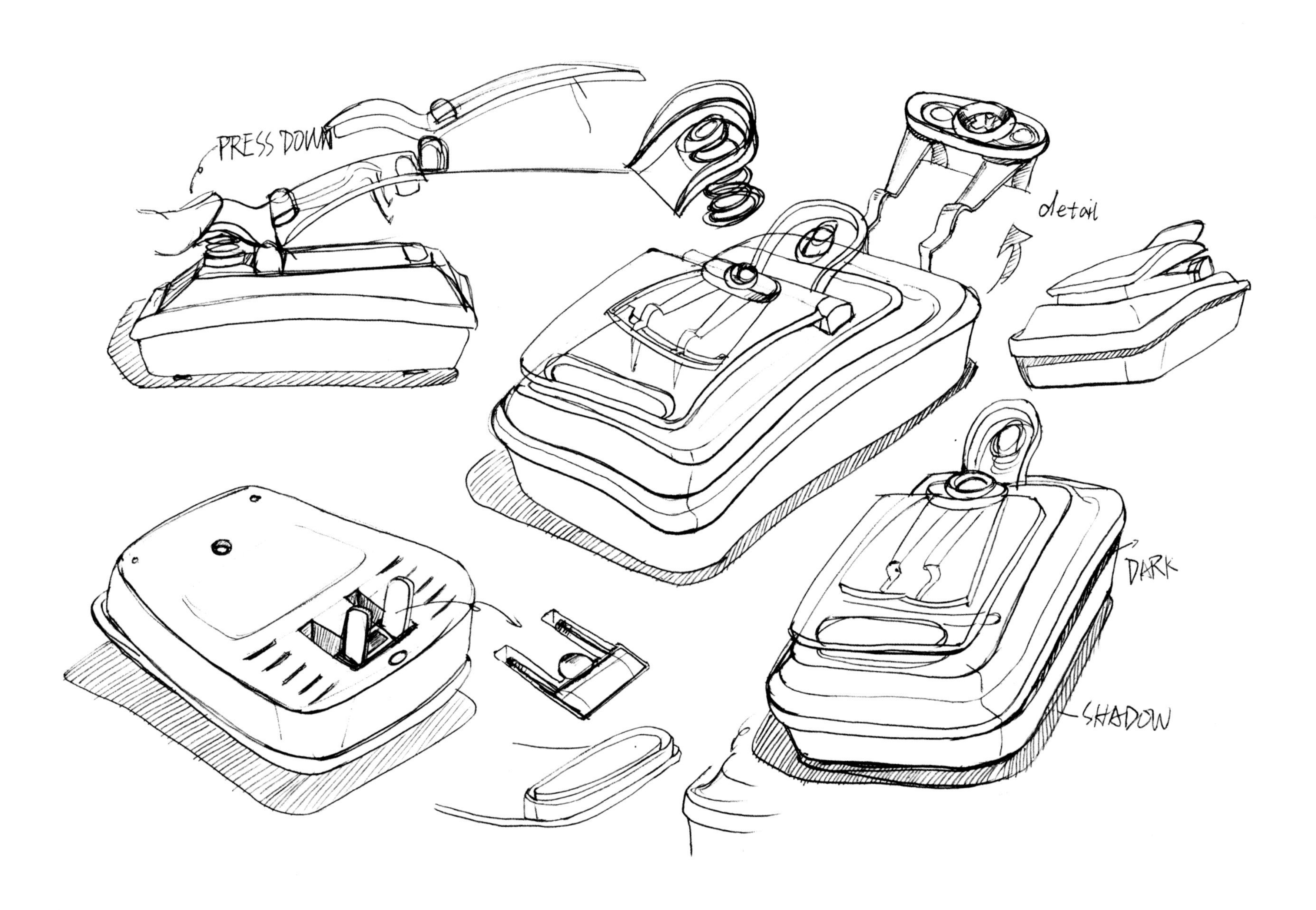
PRESS DOWN
detail
DARK
SHADOW

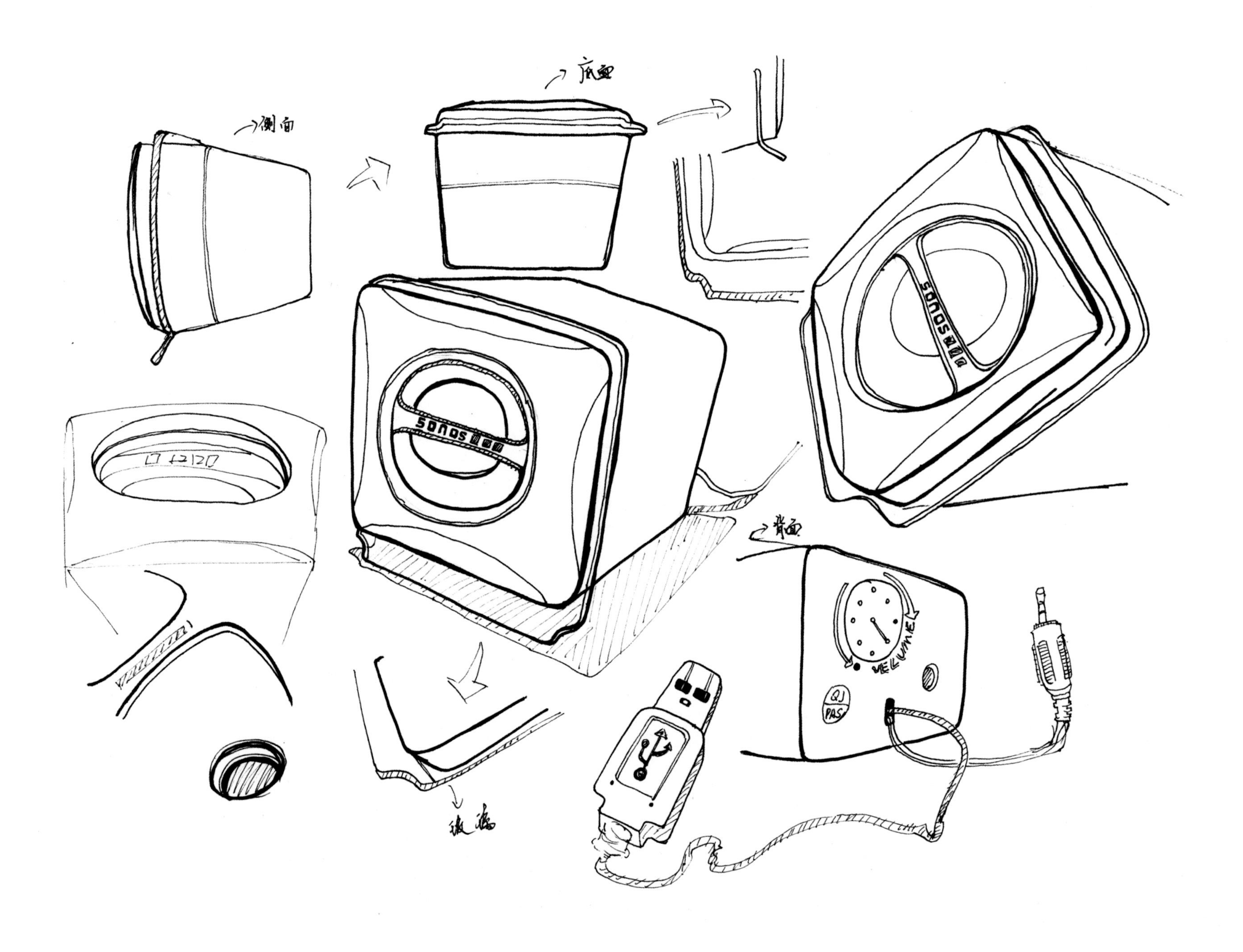
侧面
背面
SONOS

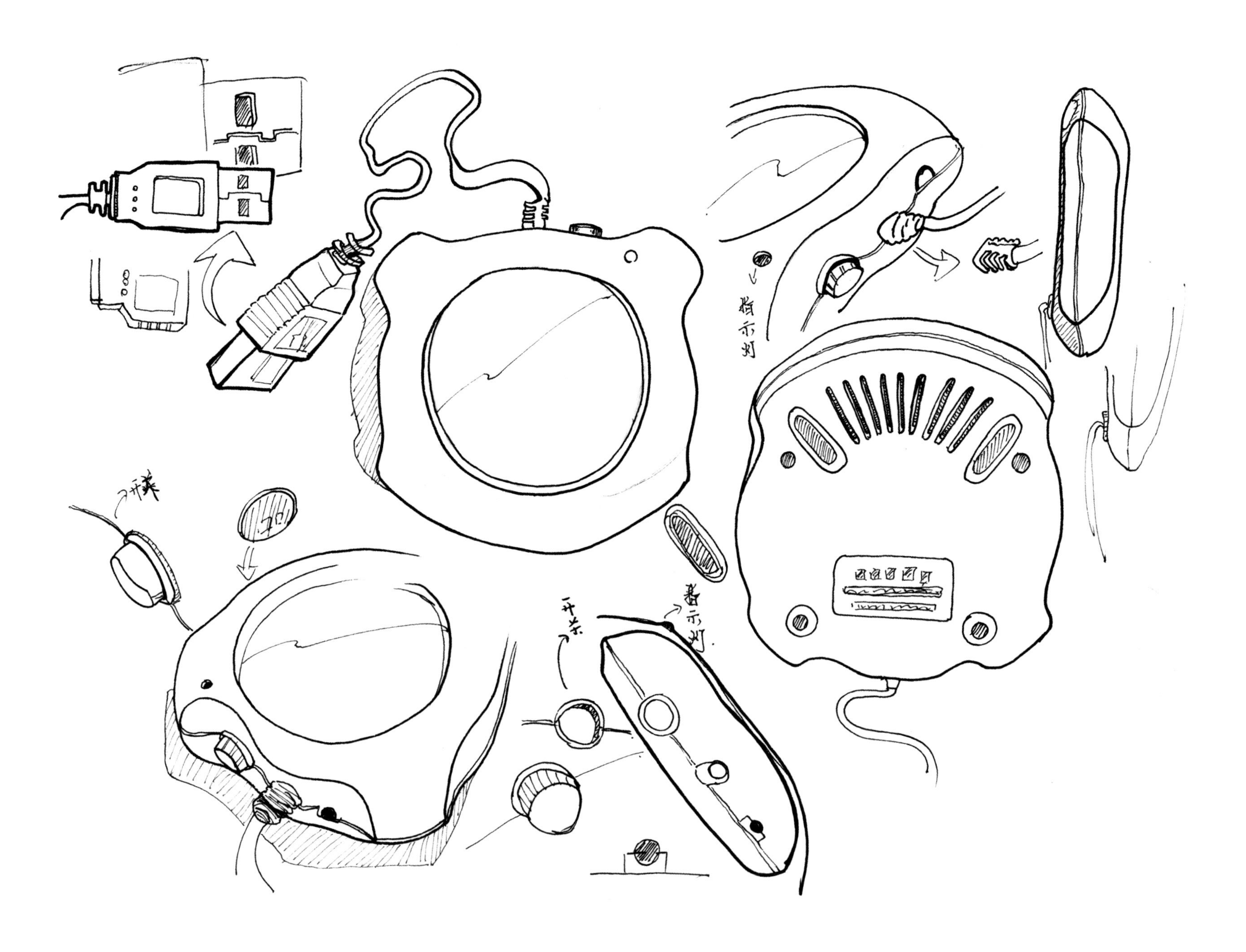
指示灯
开关
开关
指示灯

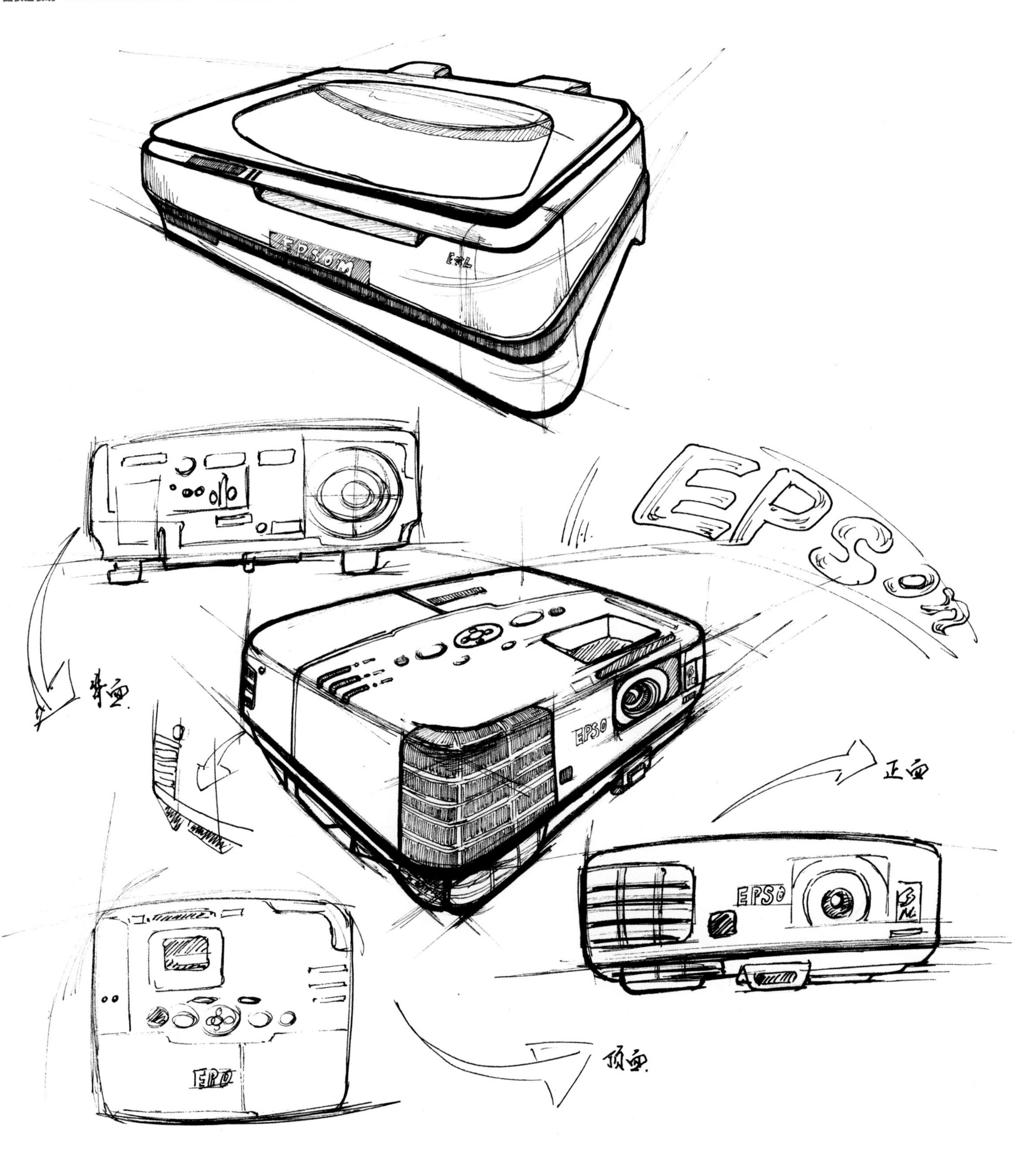
EPSON
正面
顶面

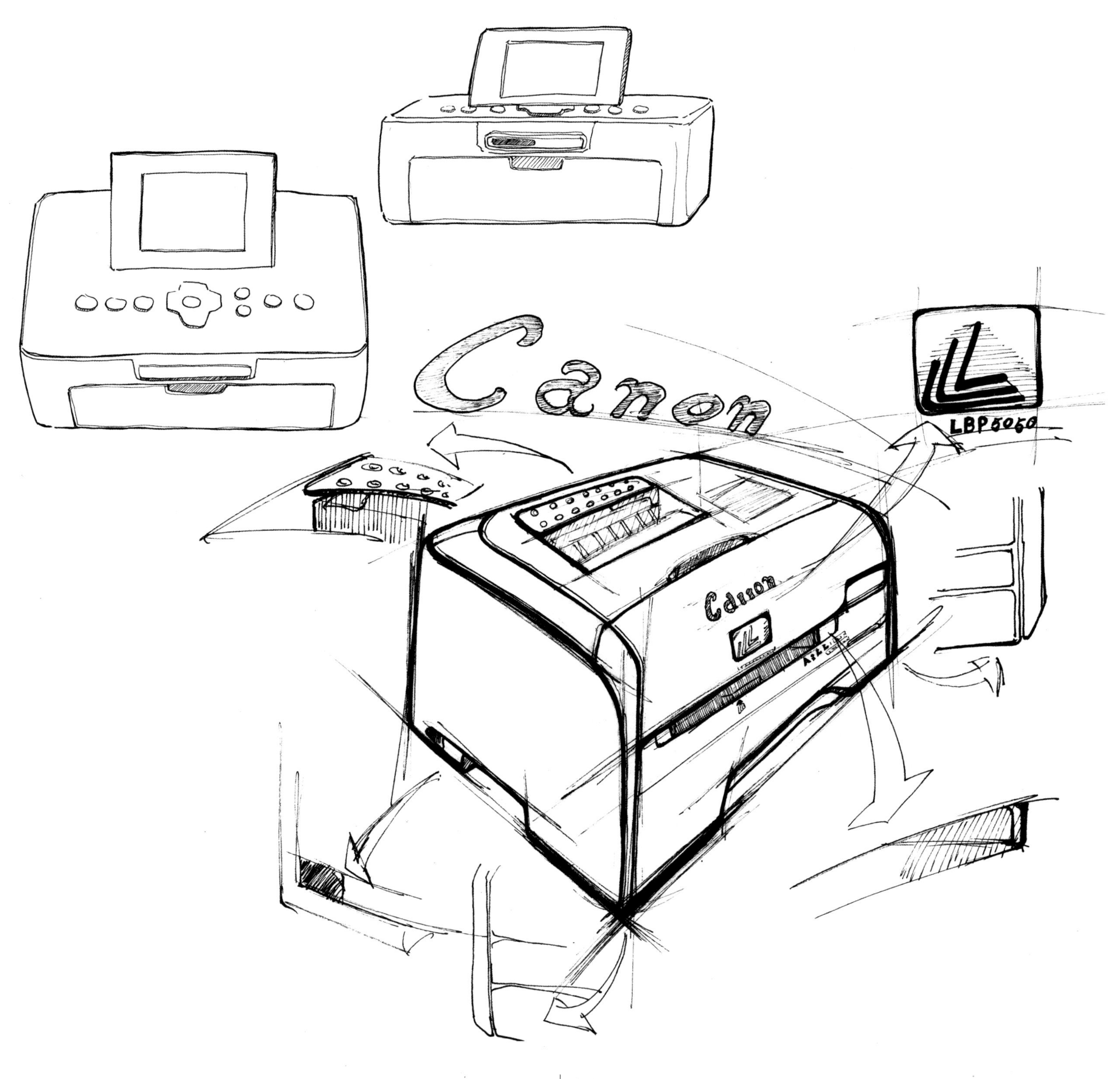
Canon
LBP5050
Canon

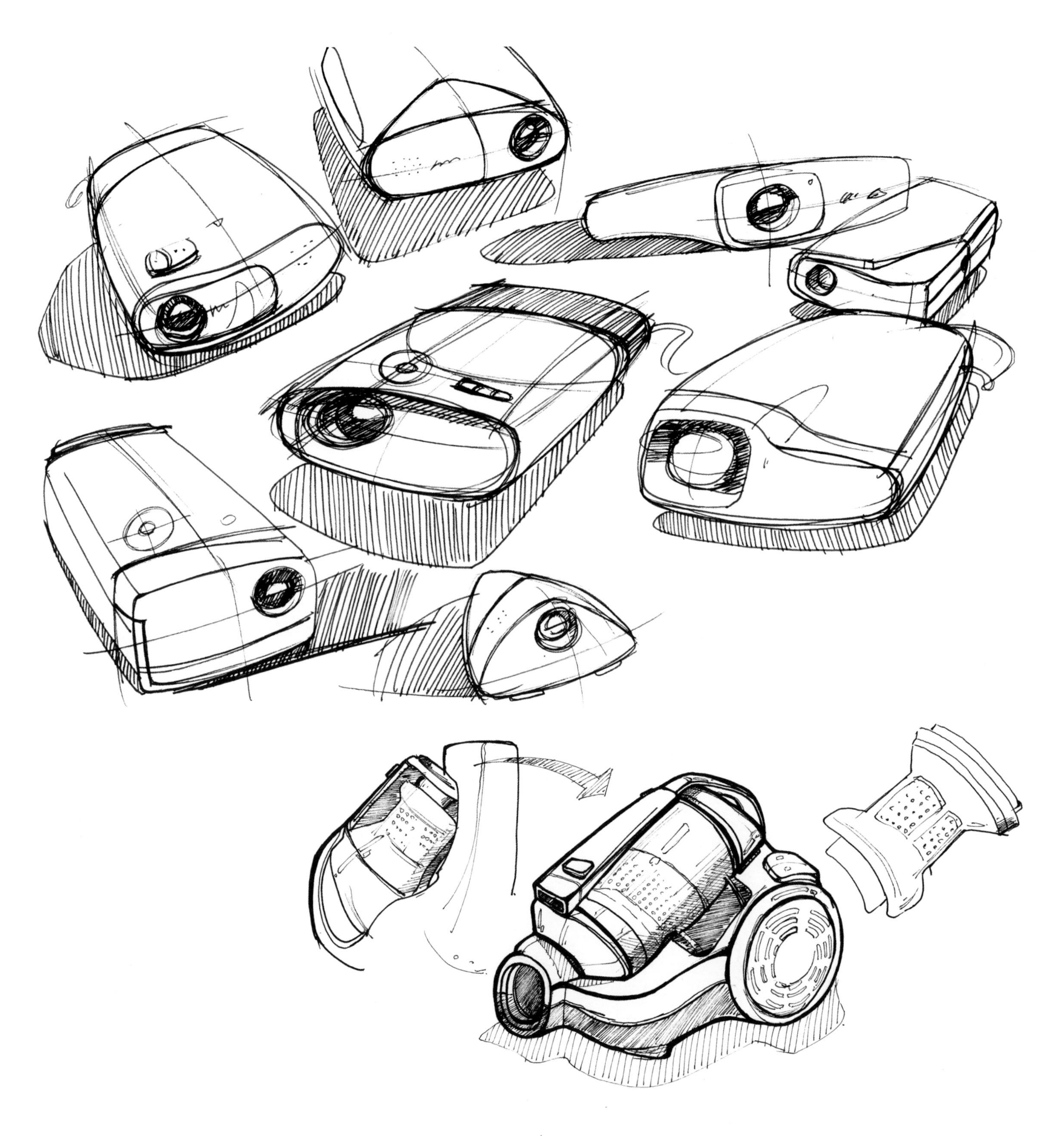

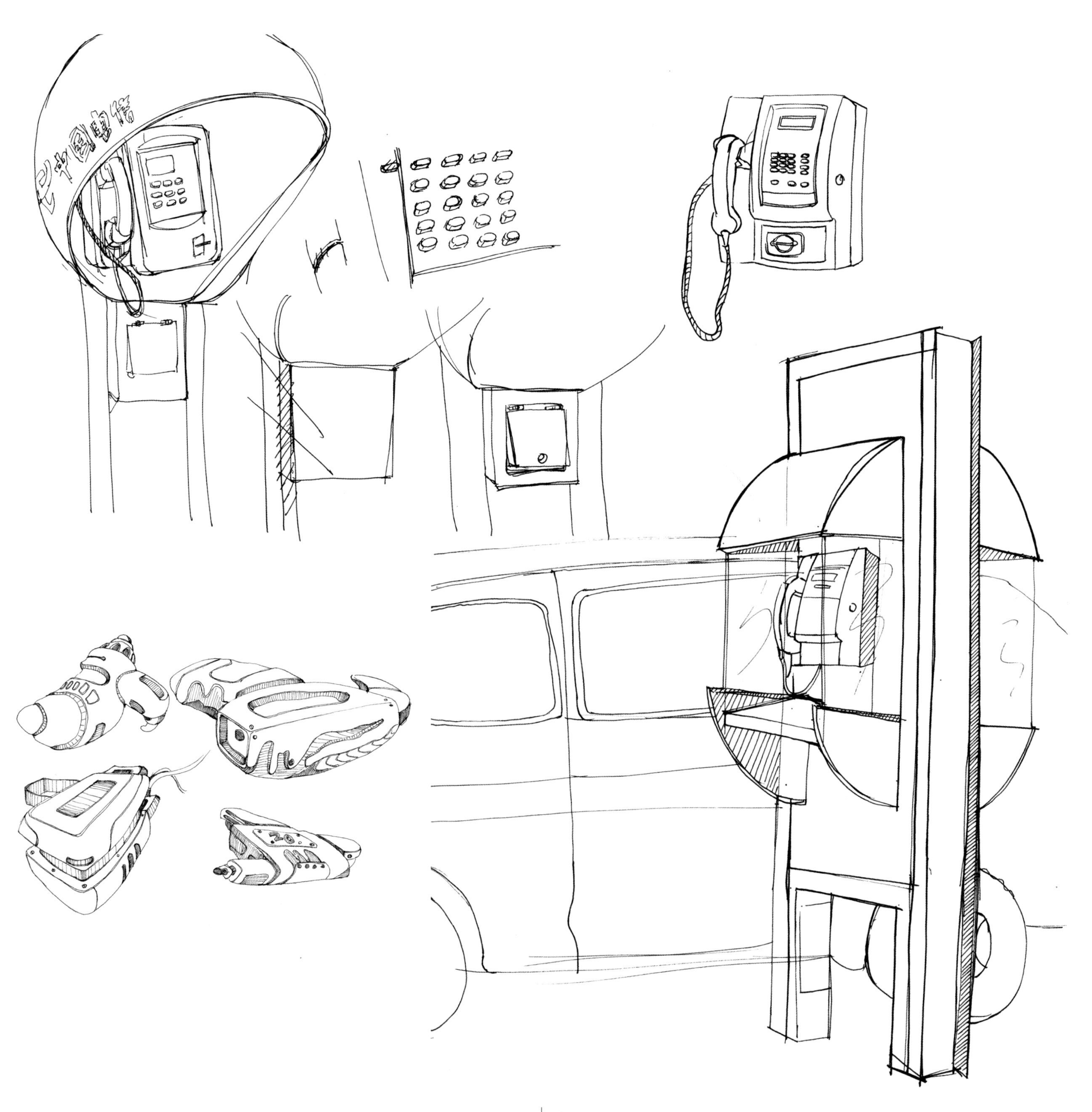
中国电信

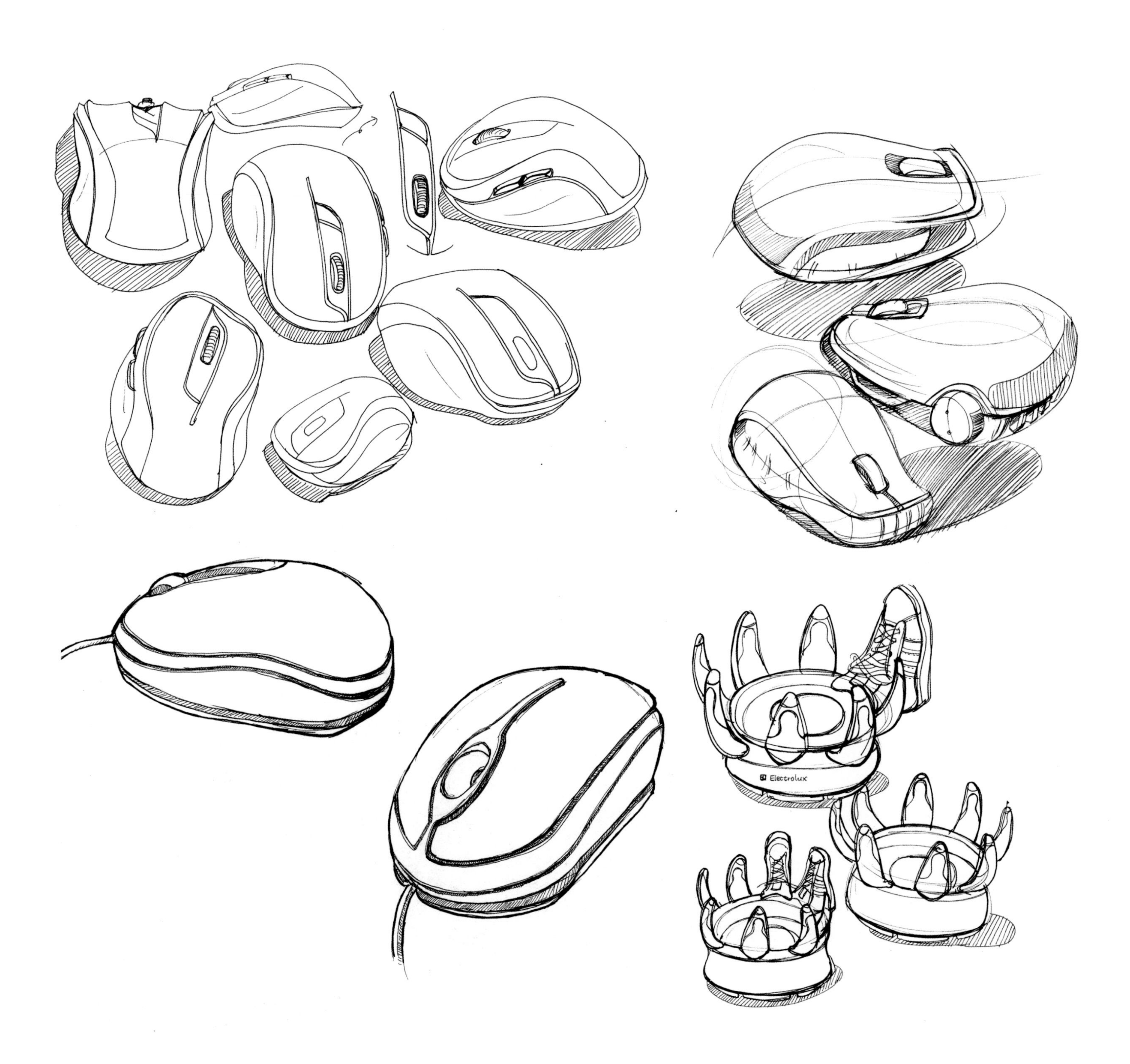
Electrolux

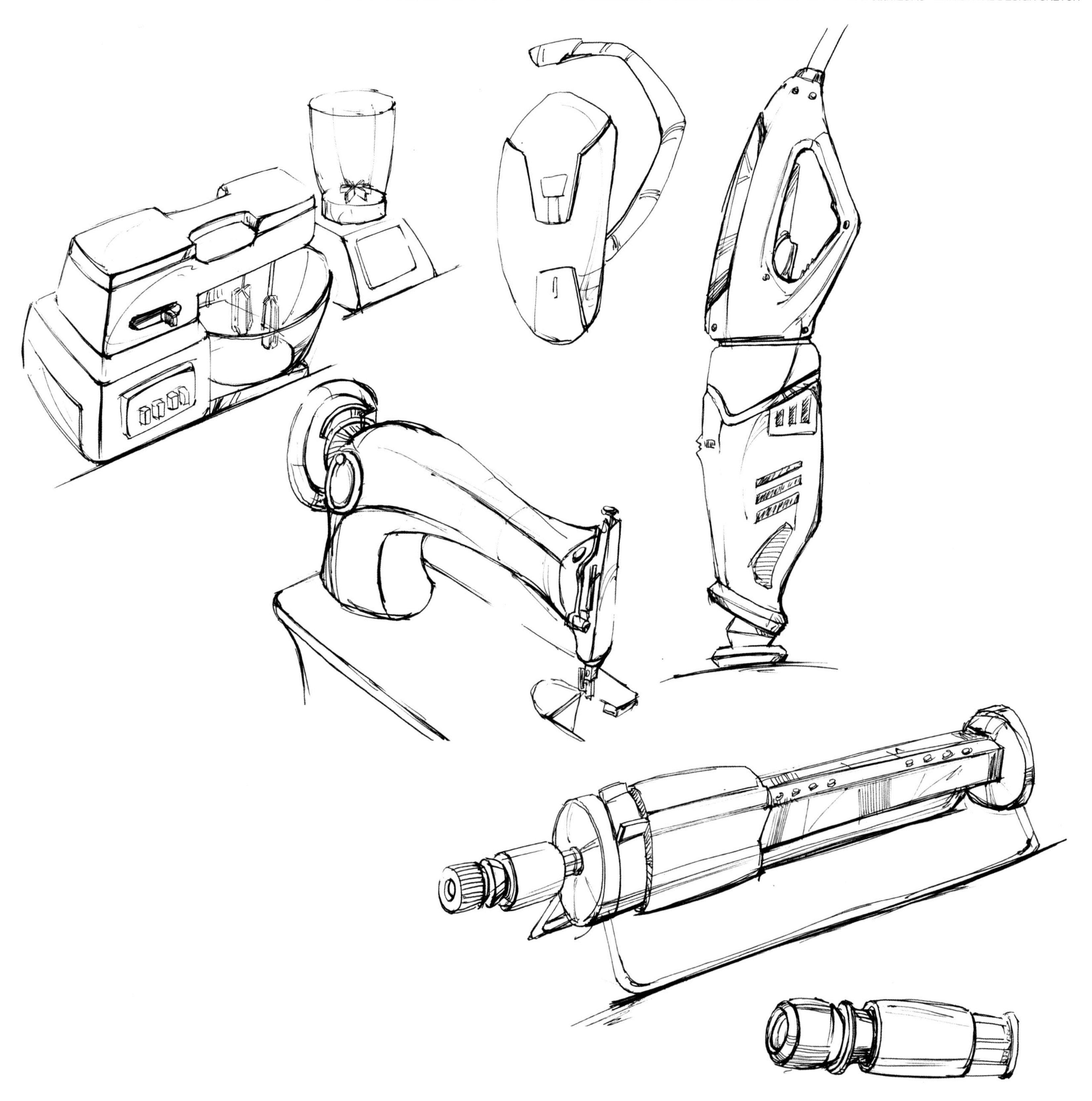

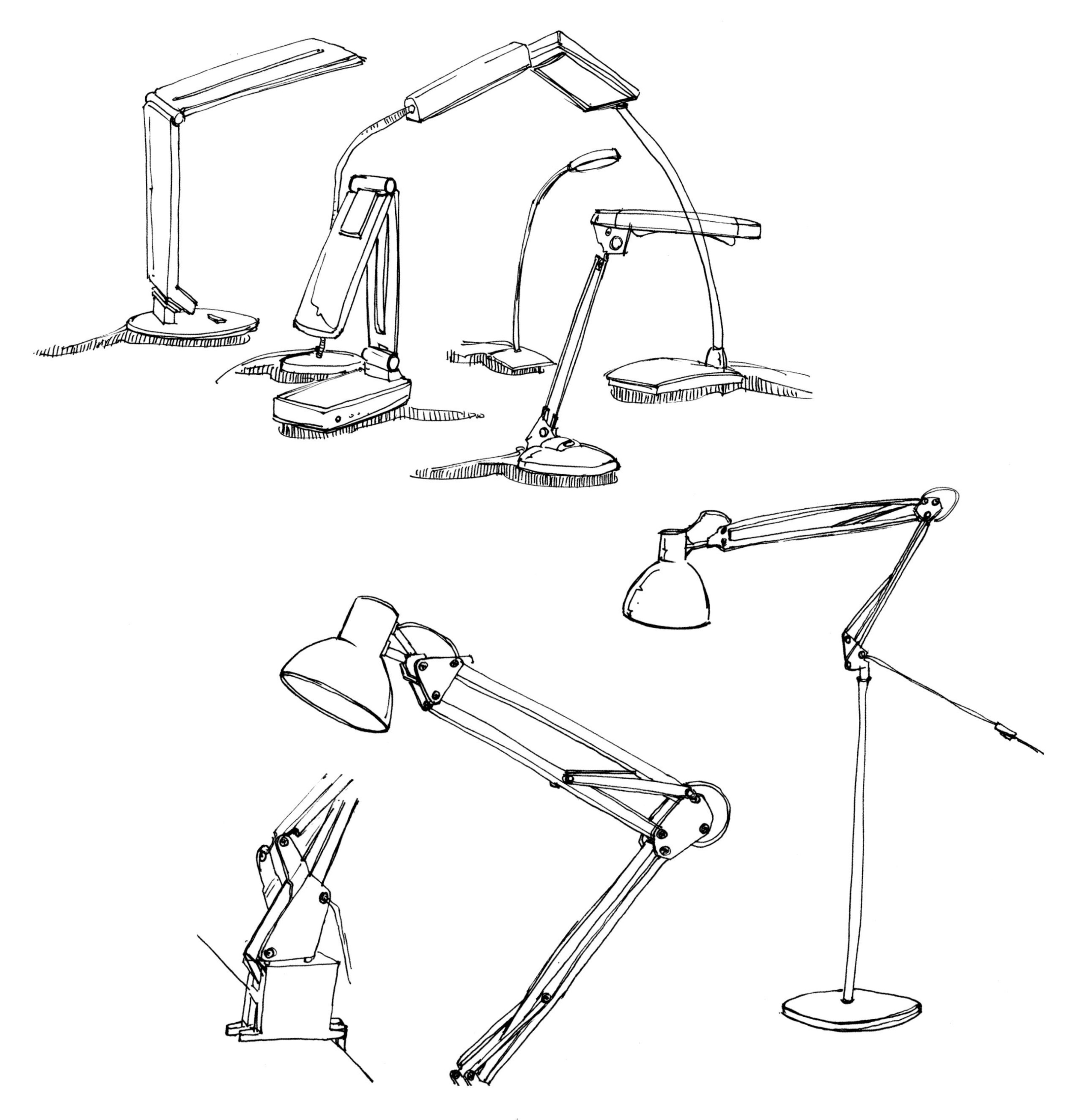

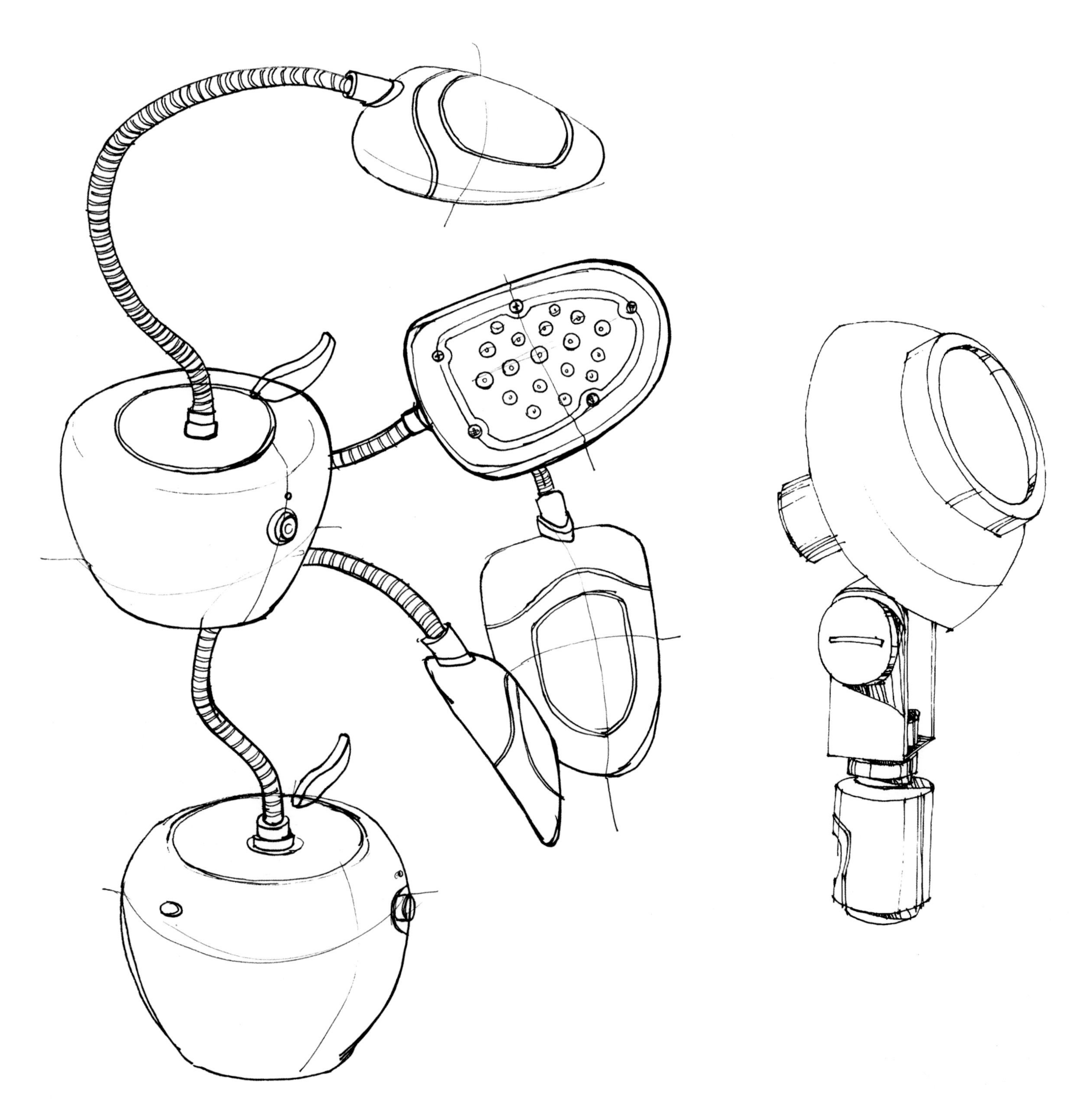

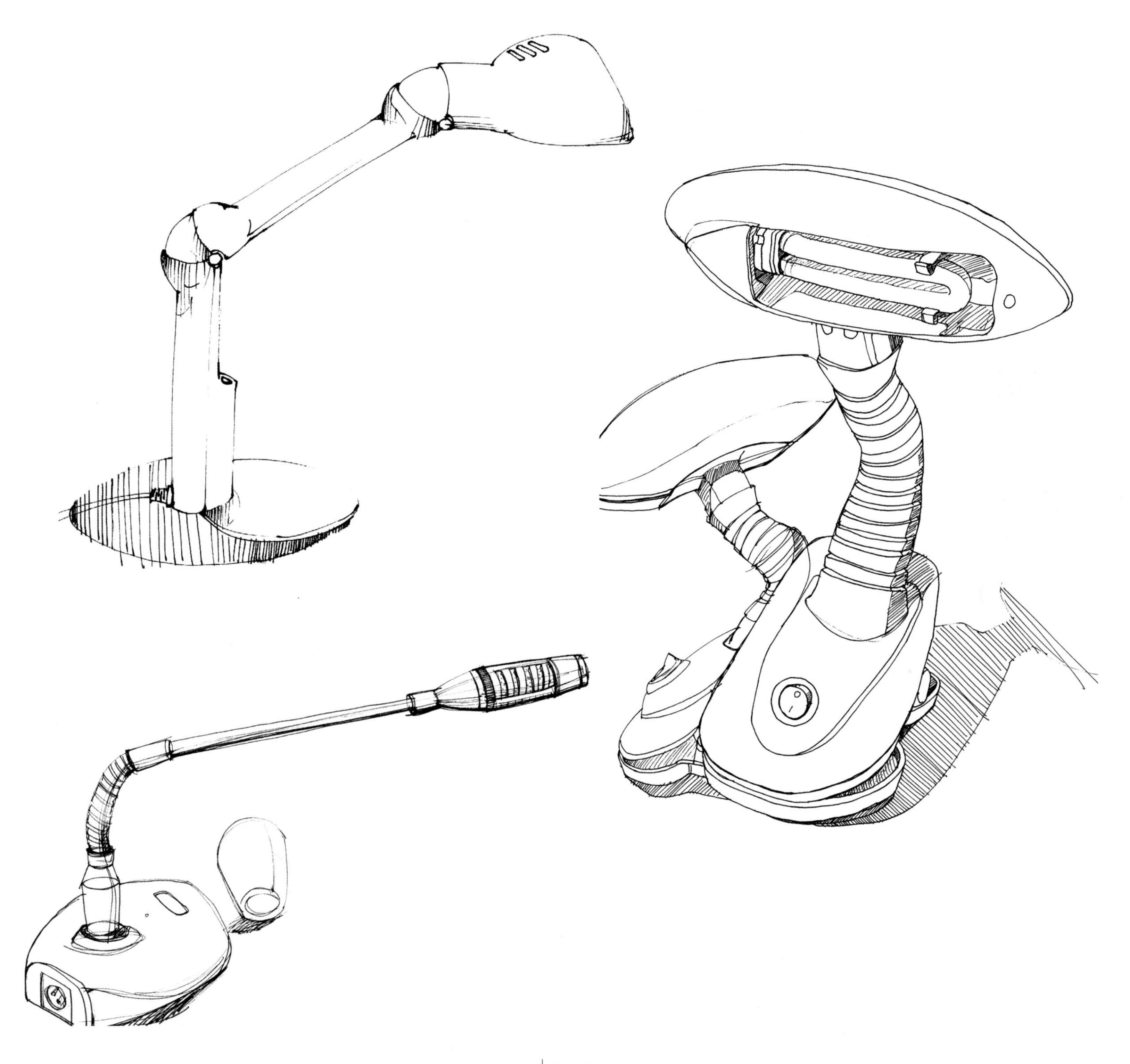

N
N

AIR

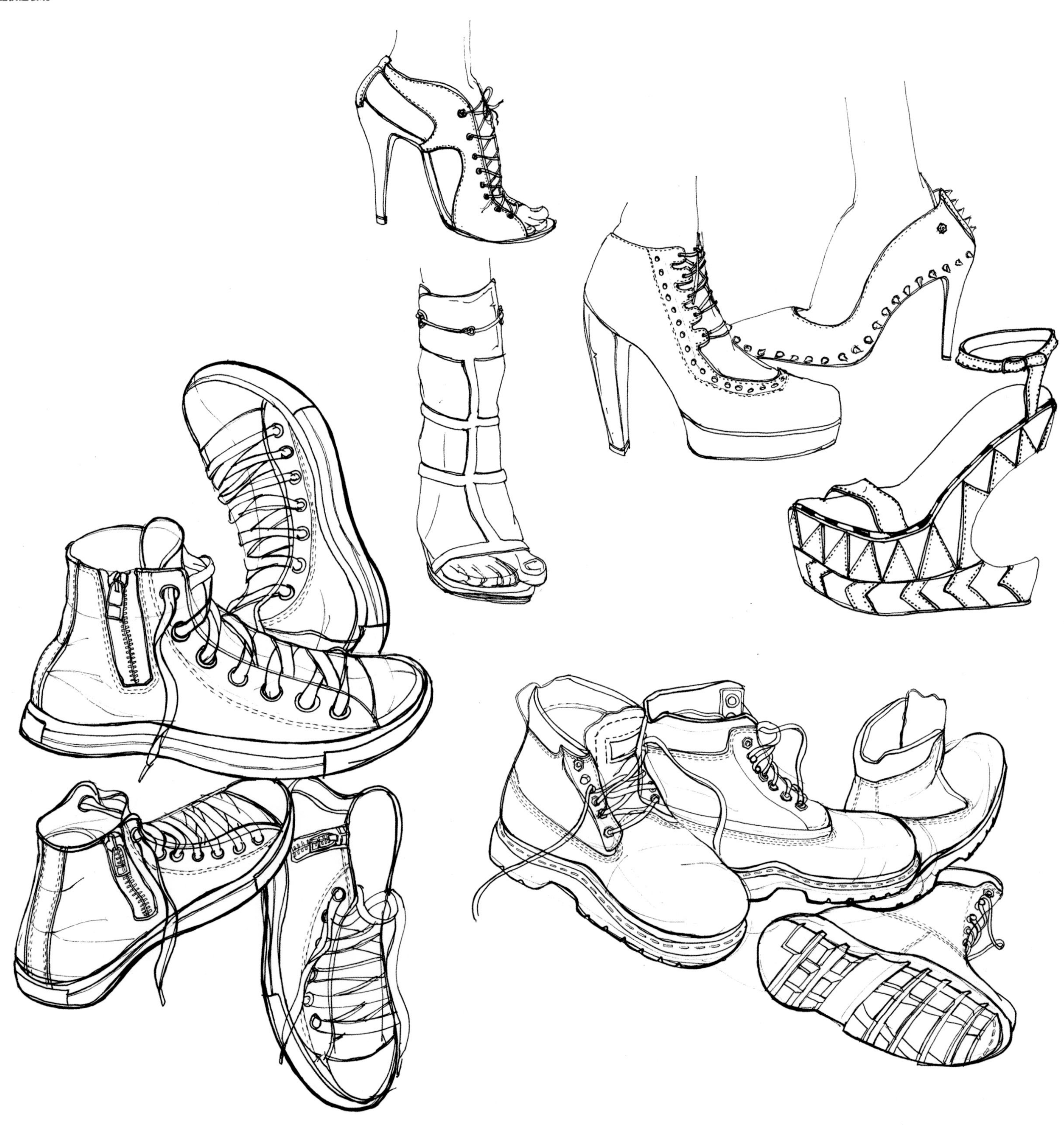

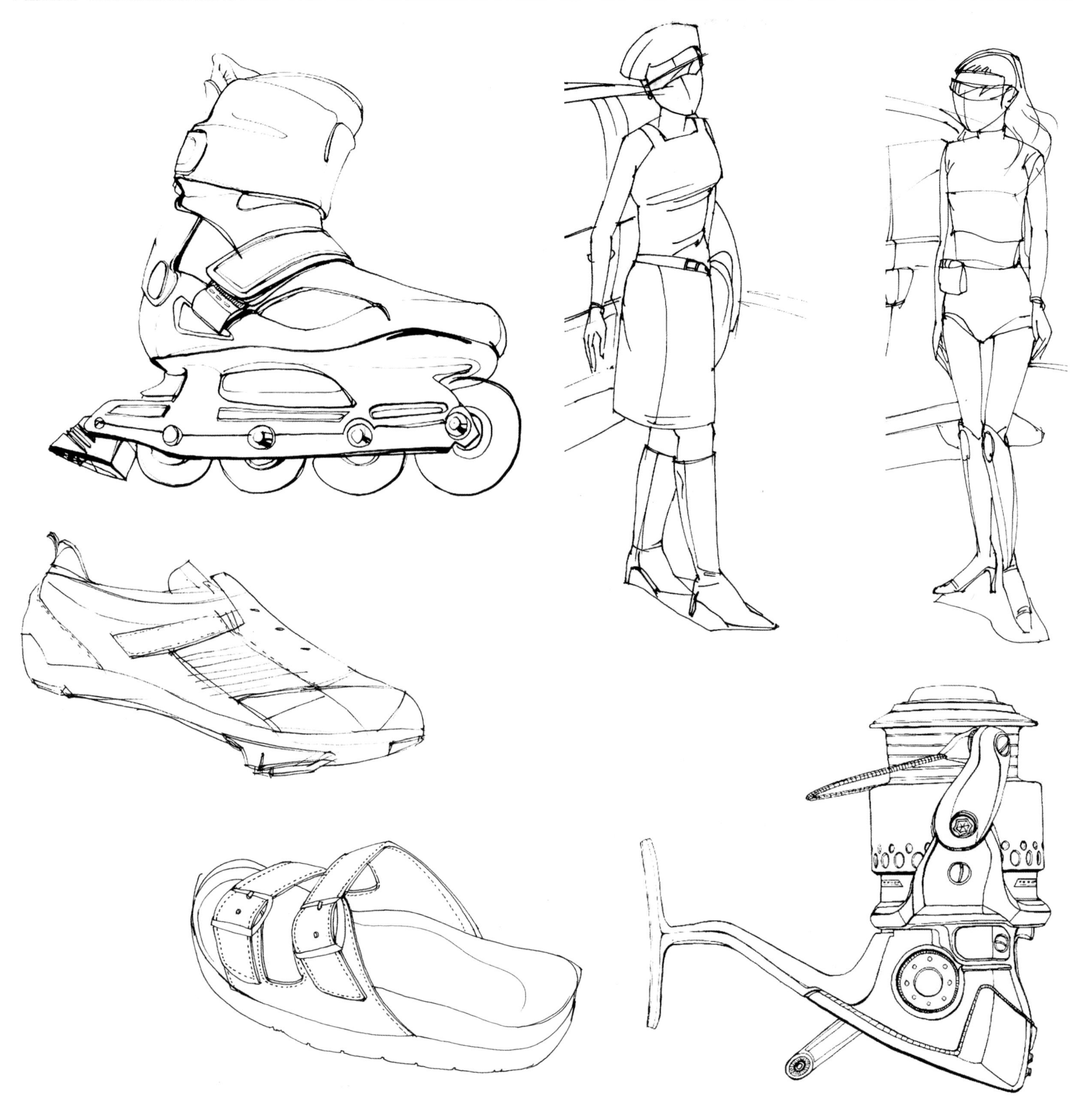

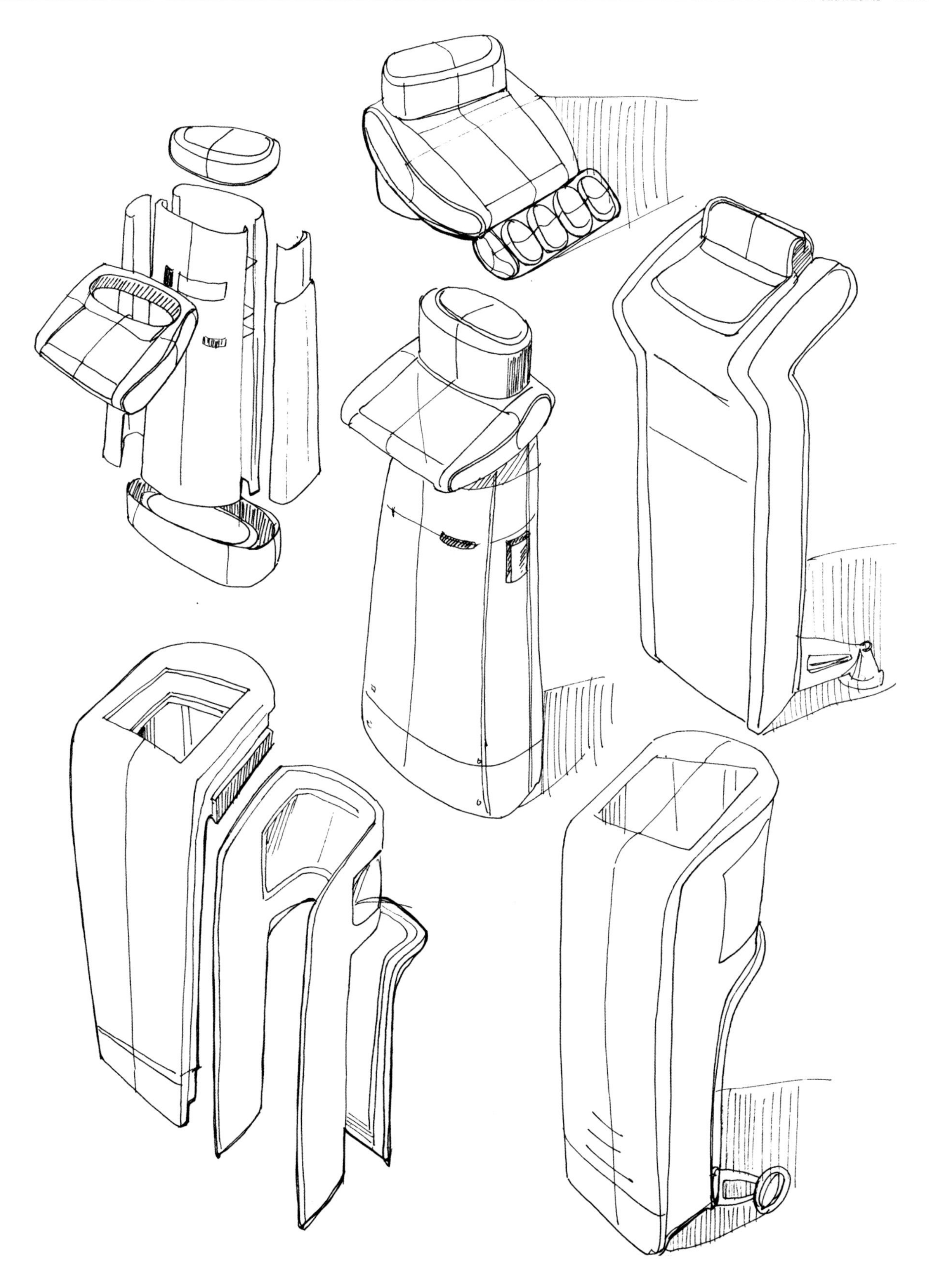

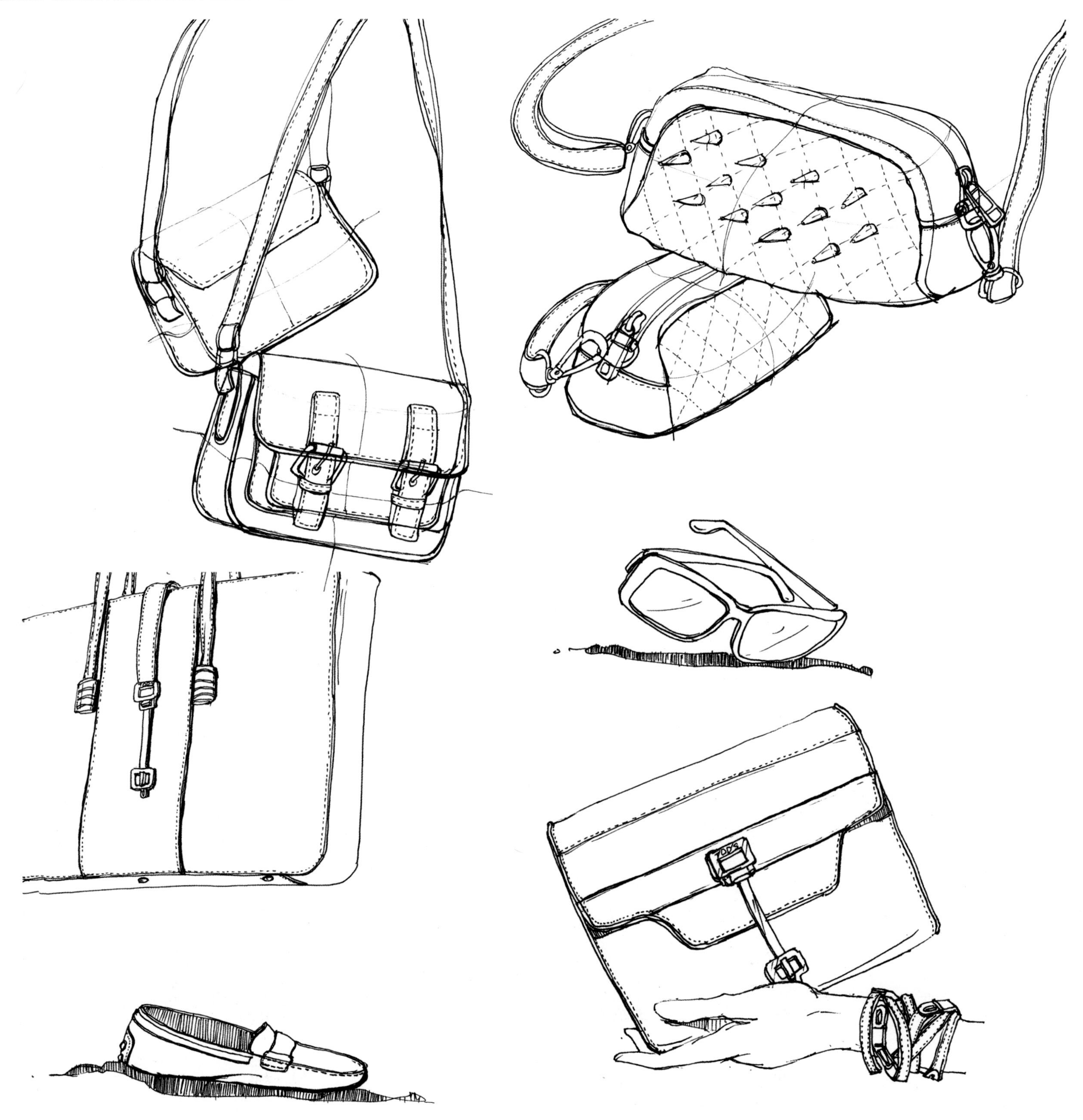

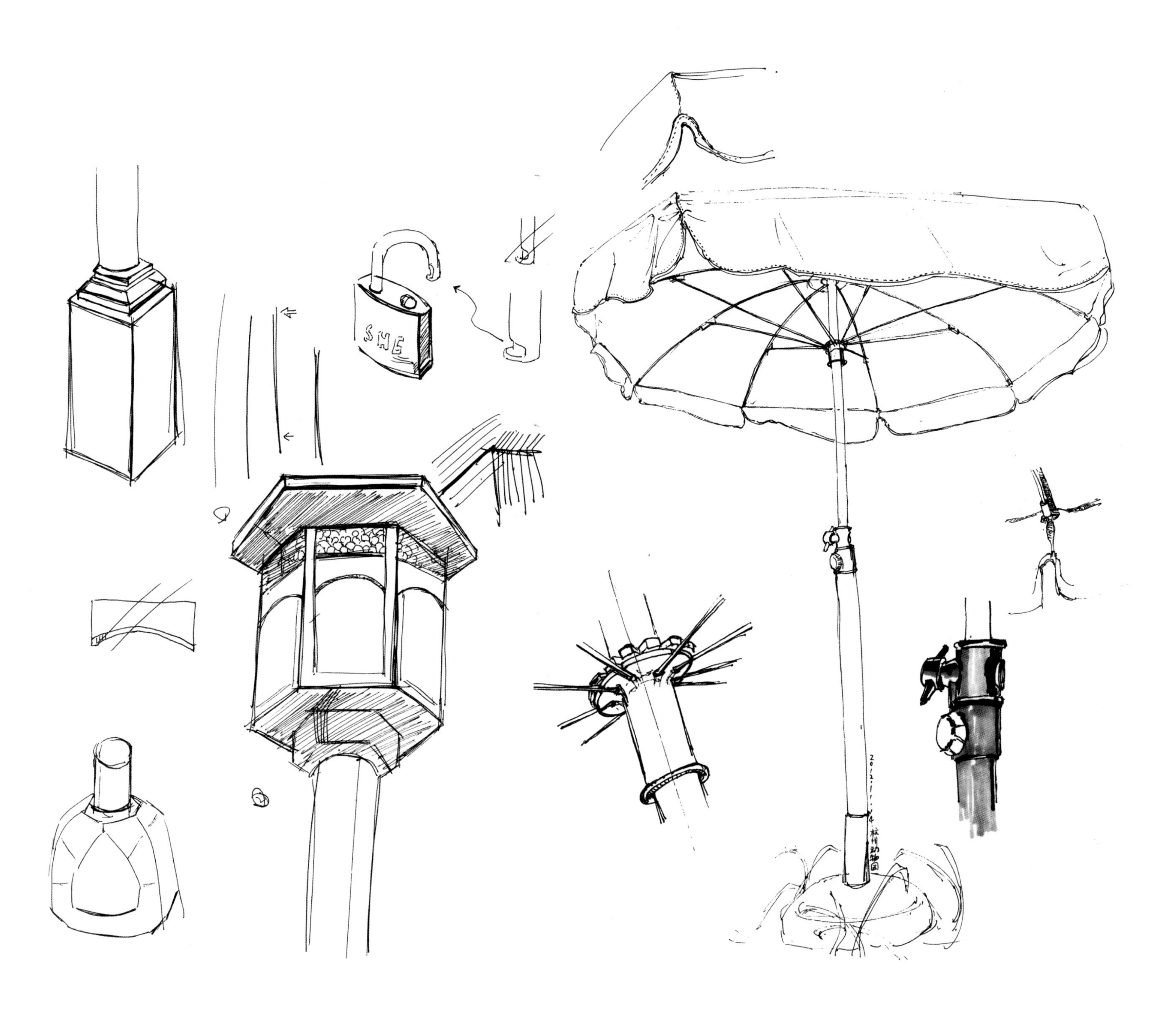
SHE
2012.11.4.杭州动物园

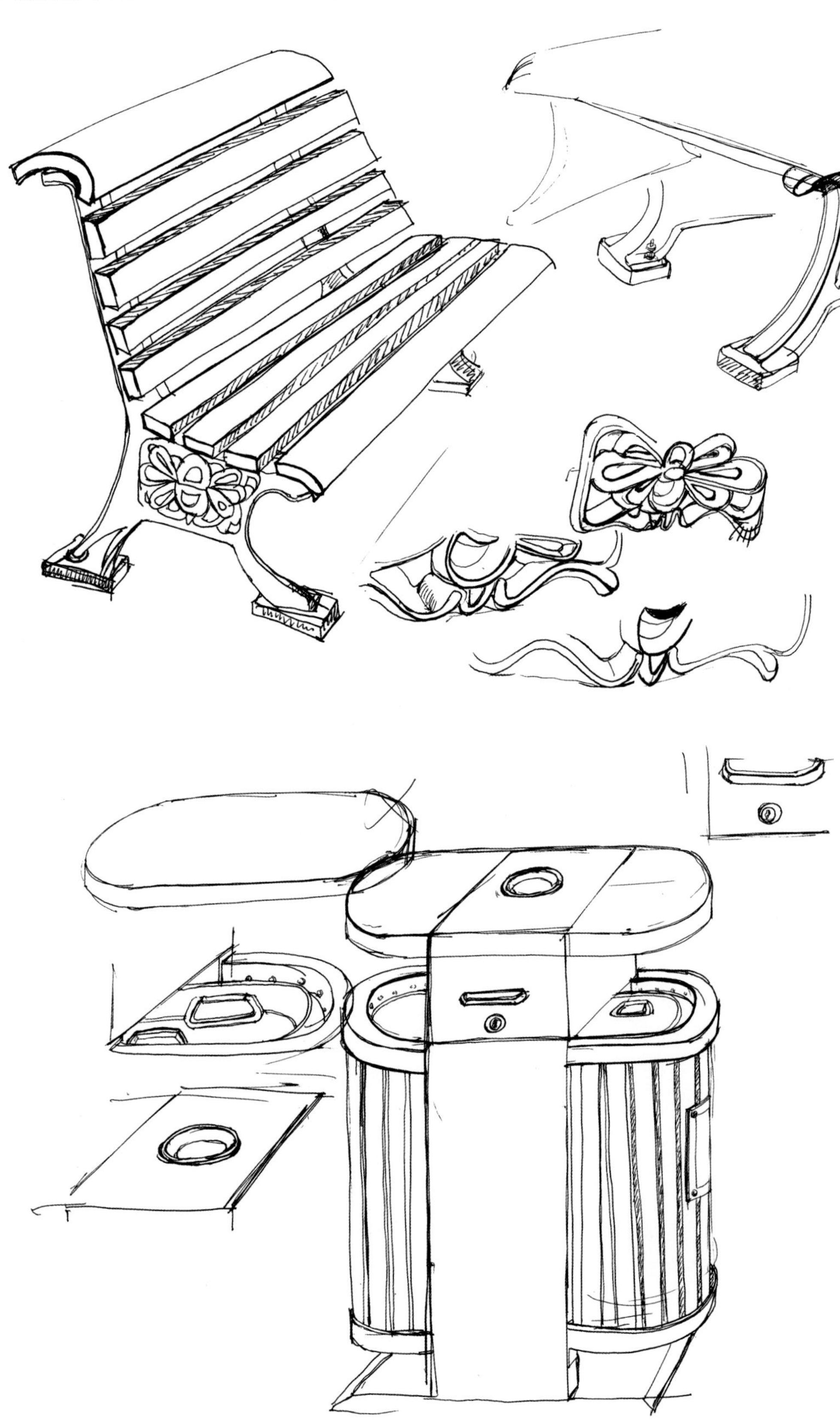

2012.10.31 中山公园

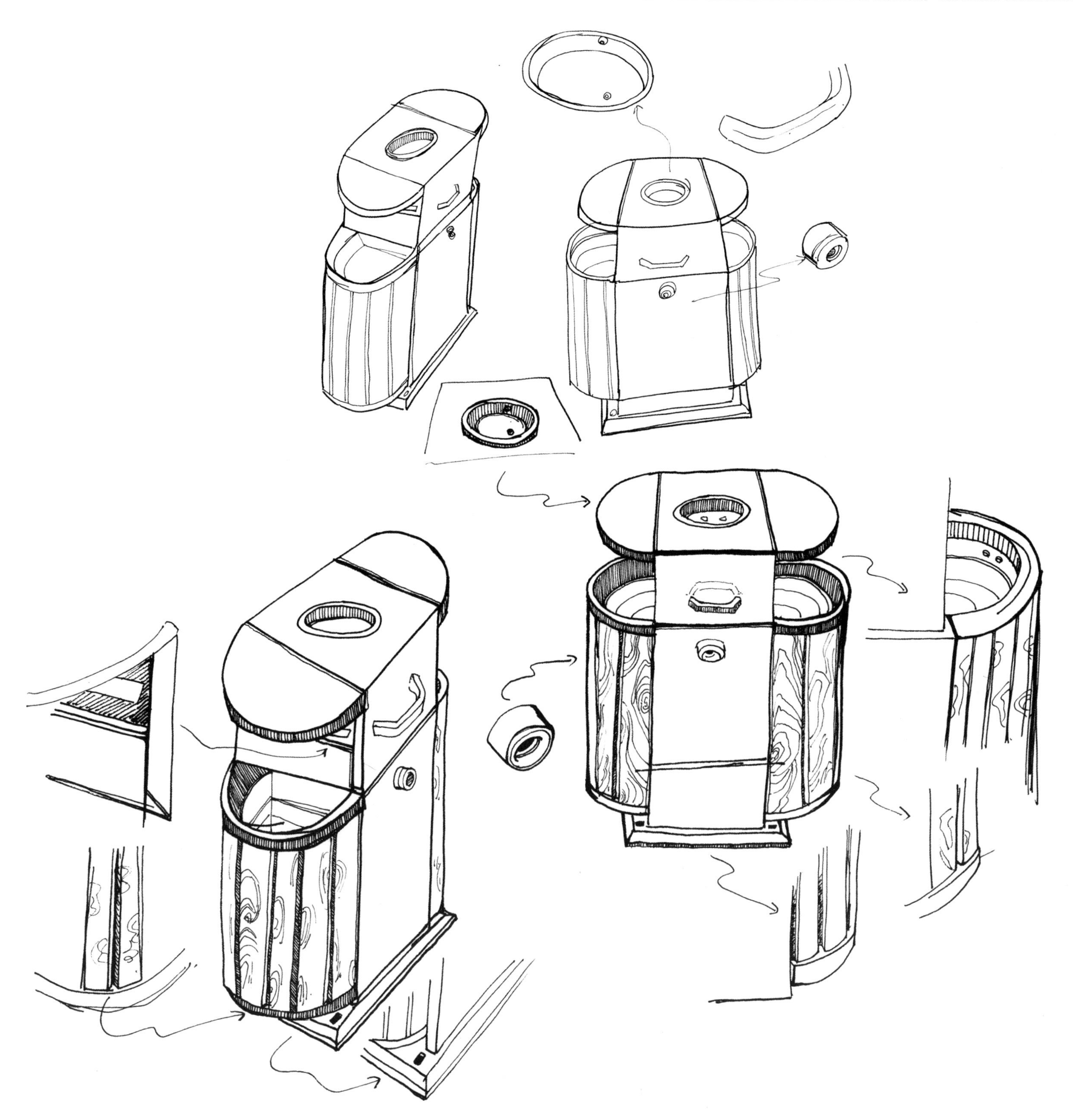

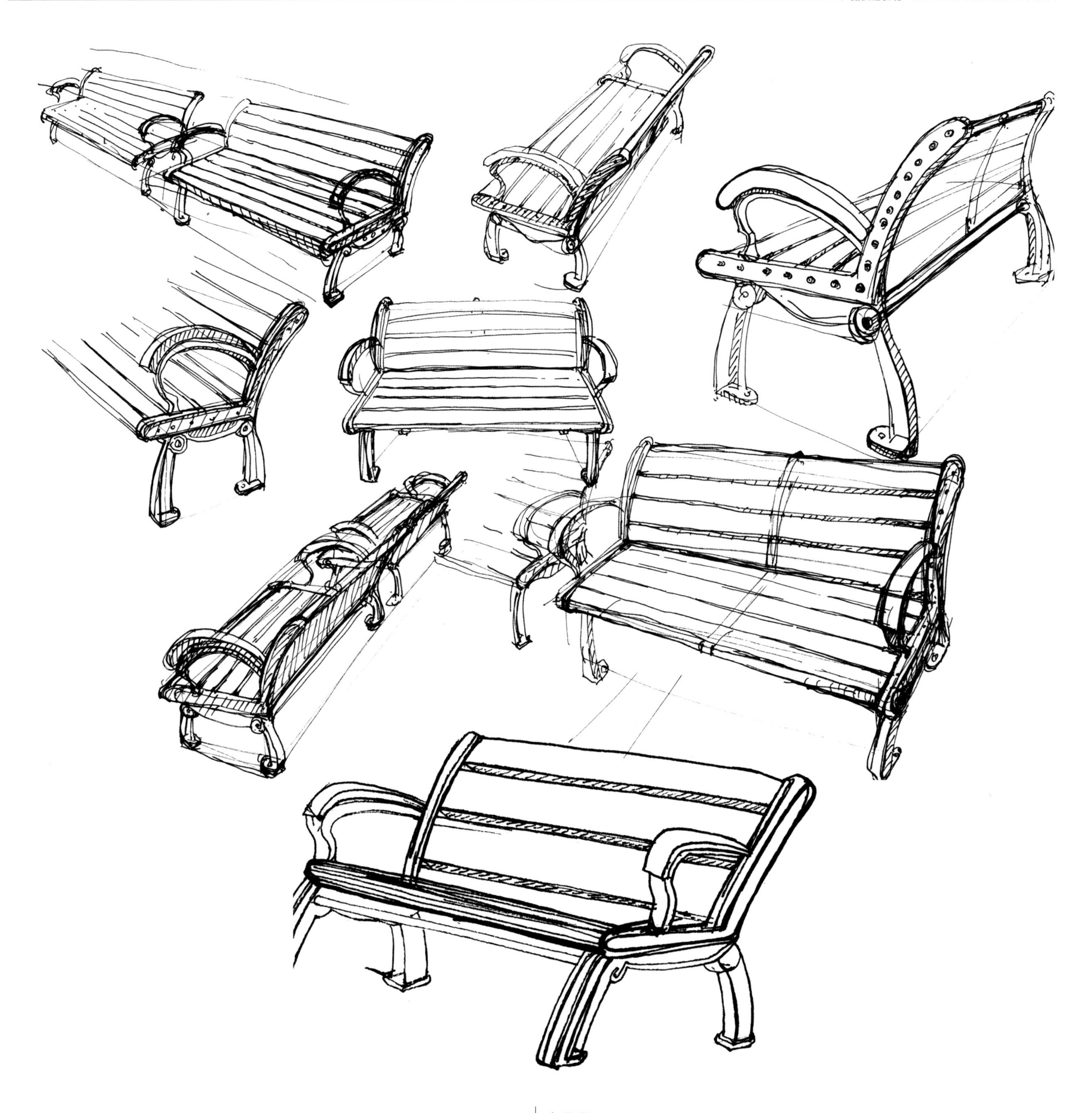

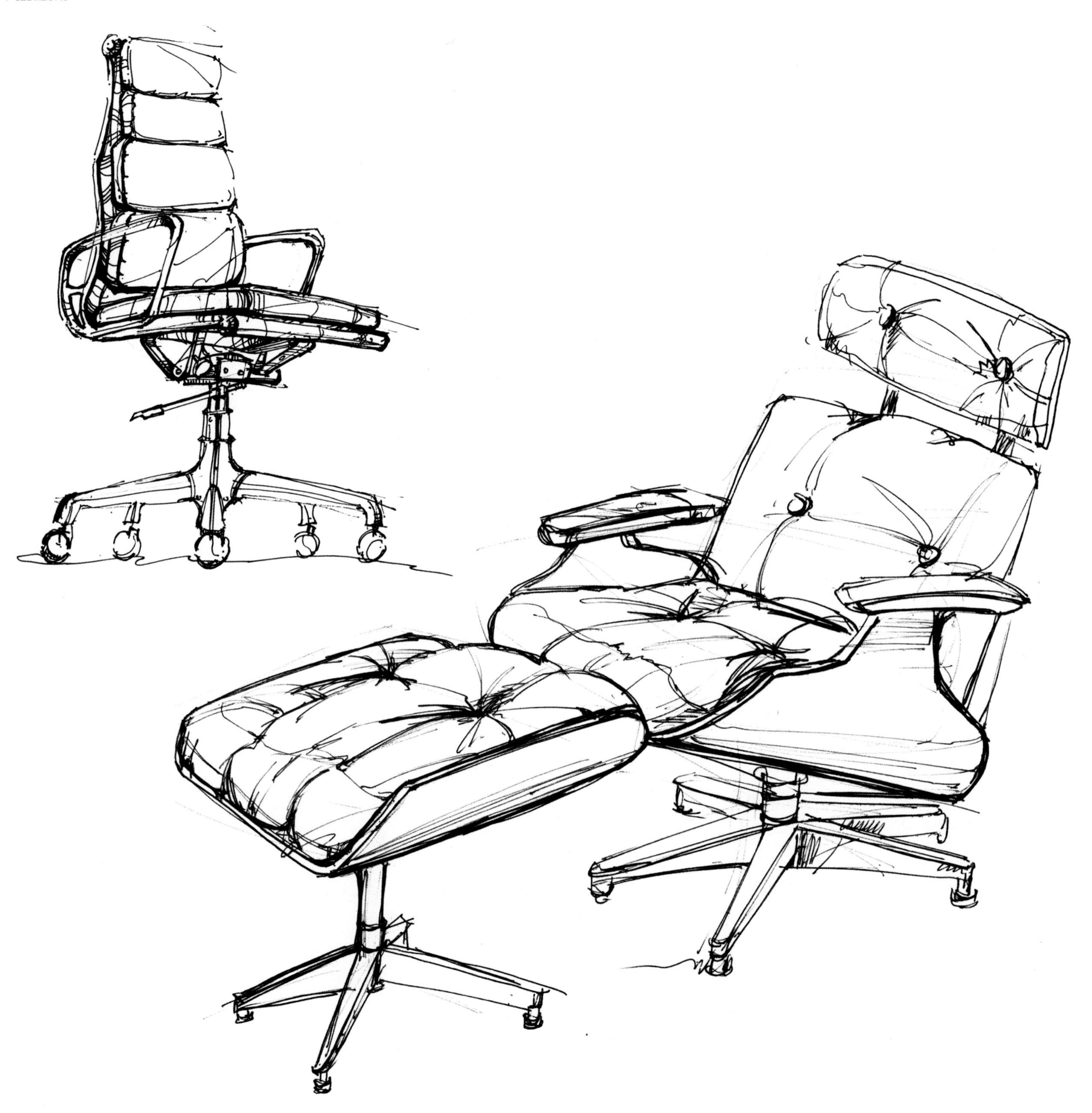

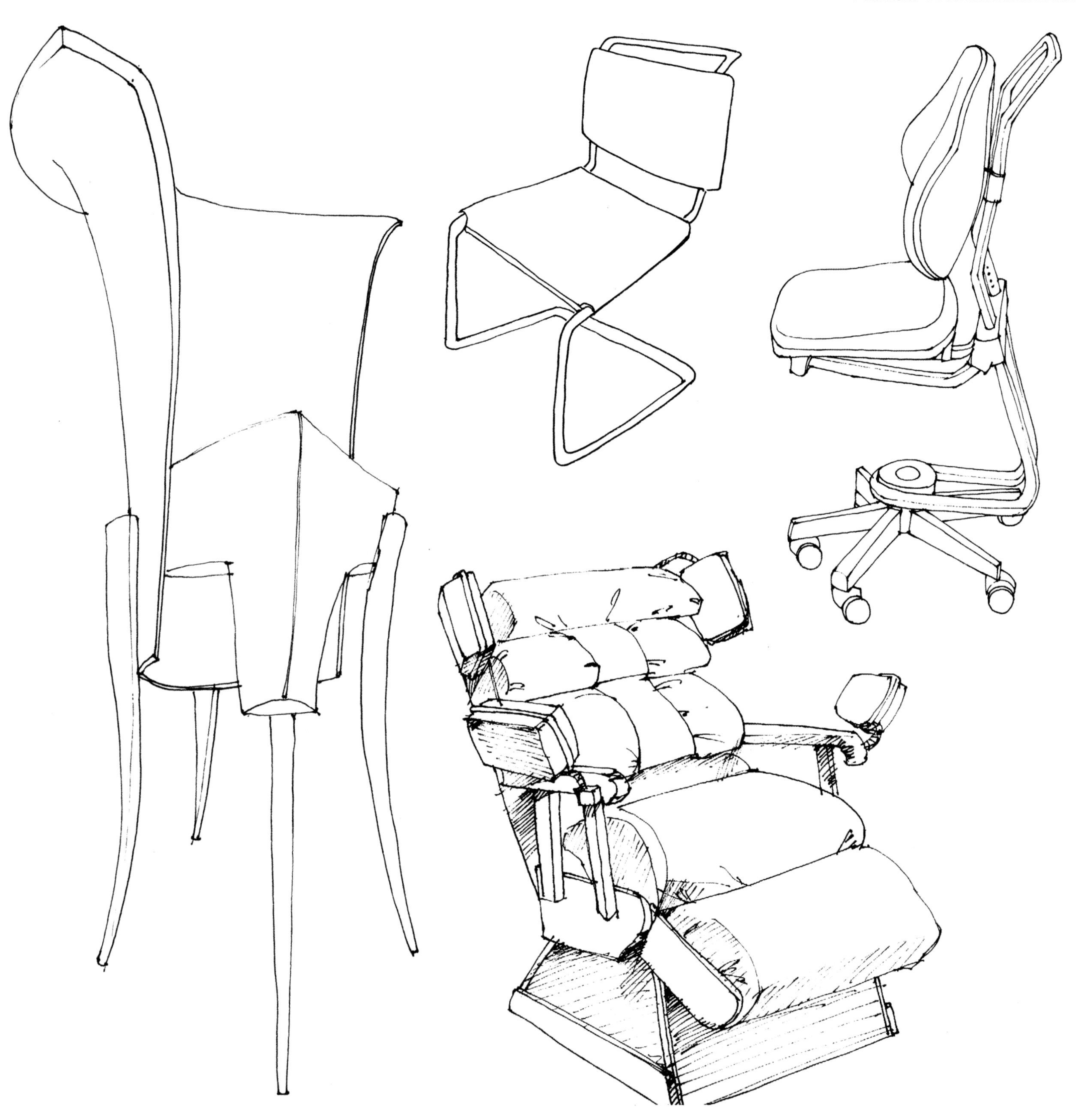

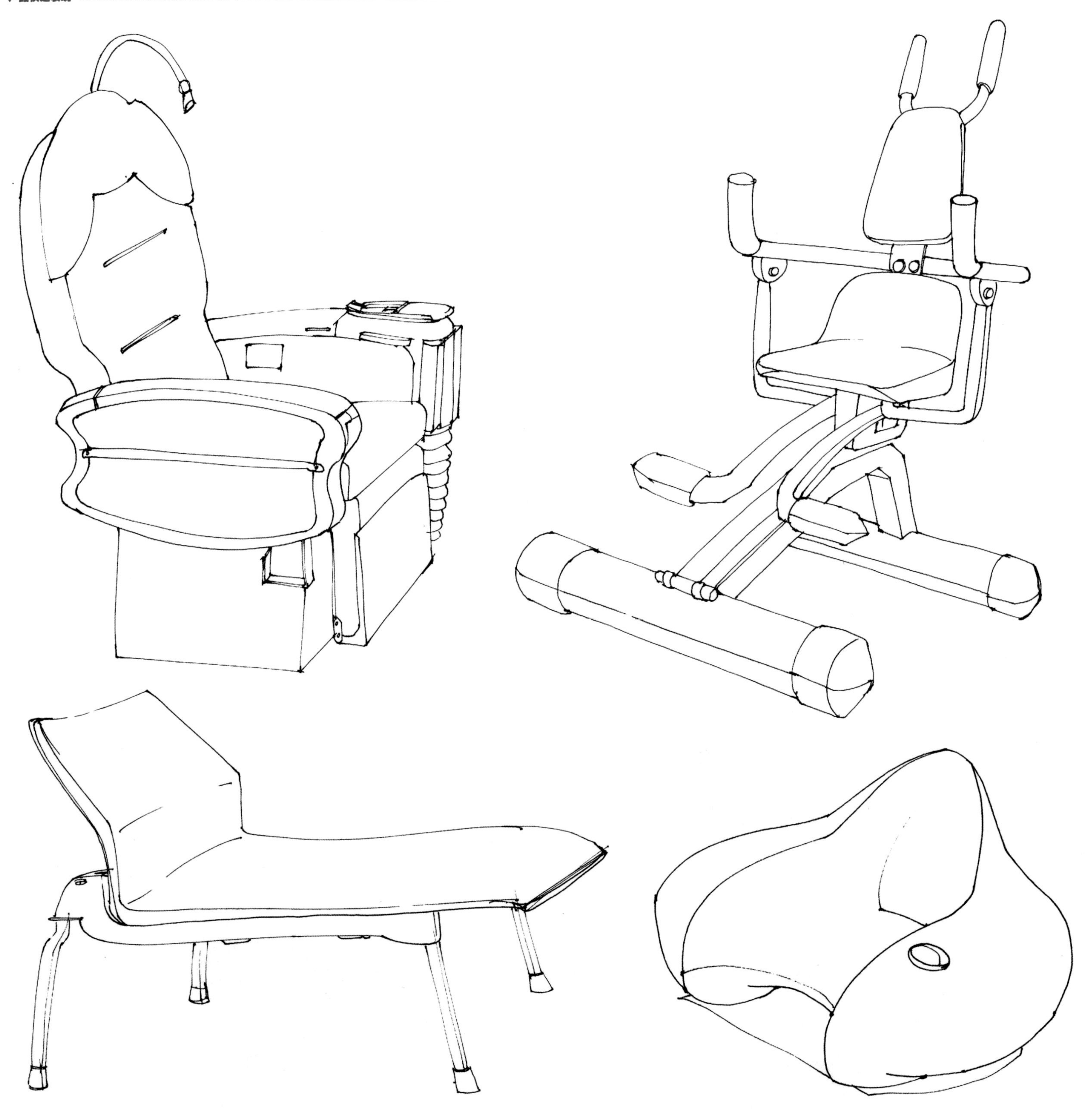

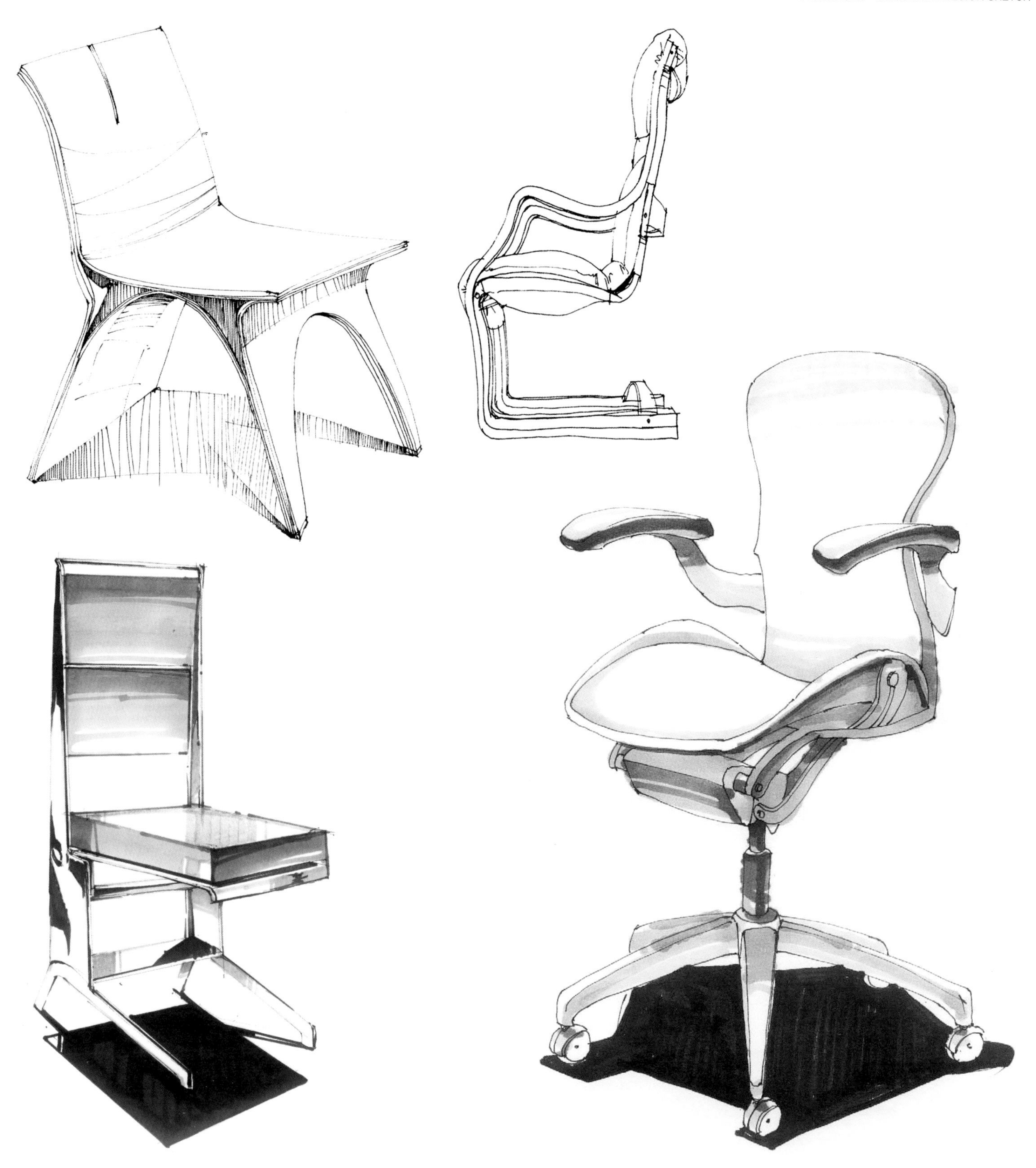

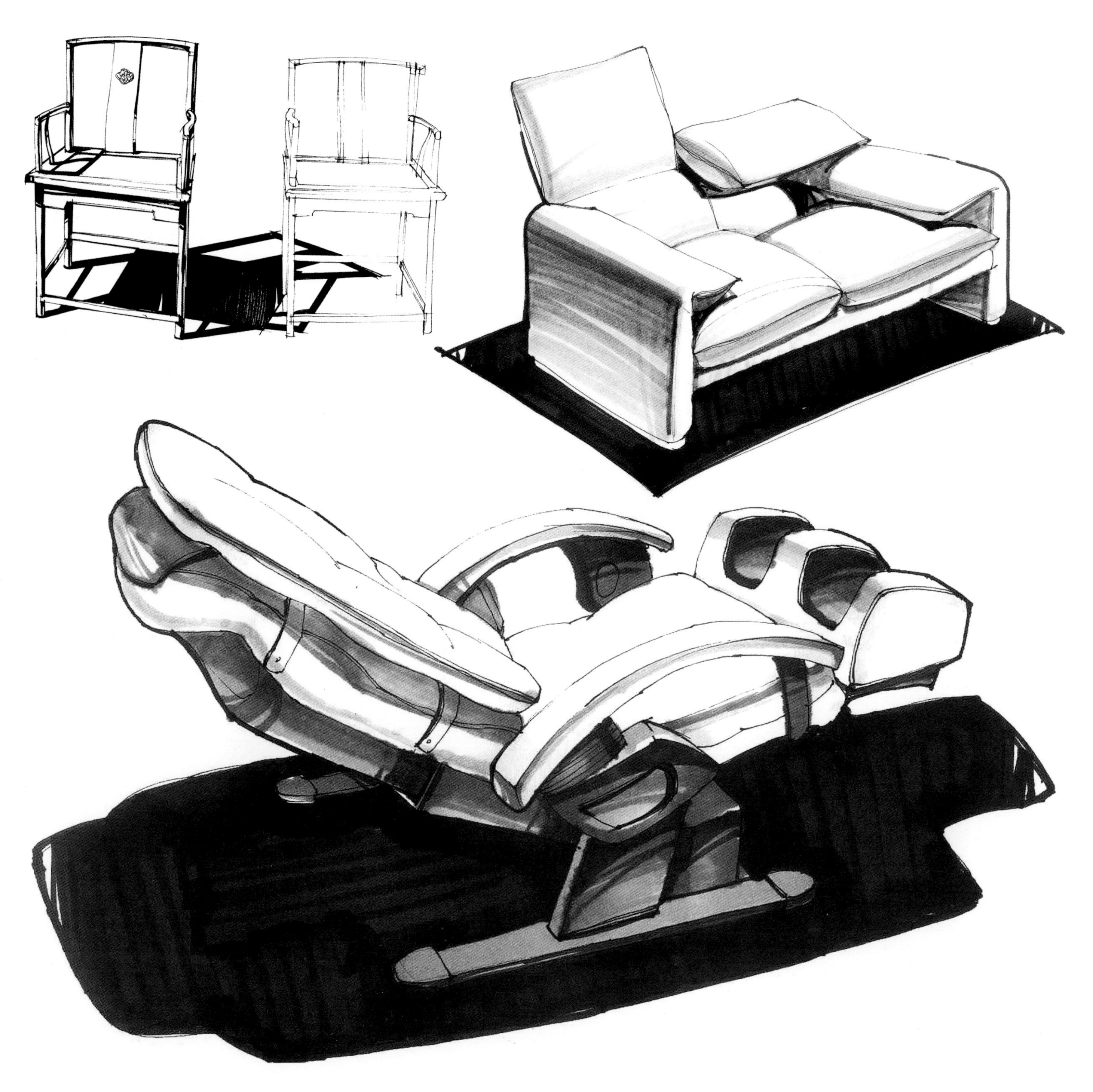

Little frie
She-cow
BALM
止痛膏

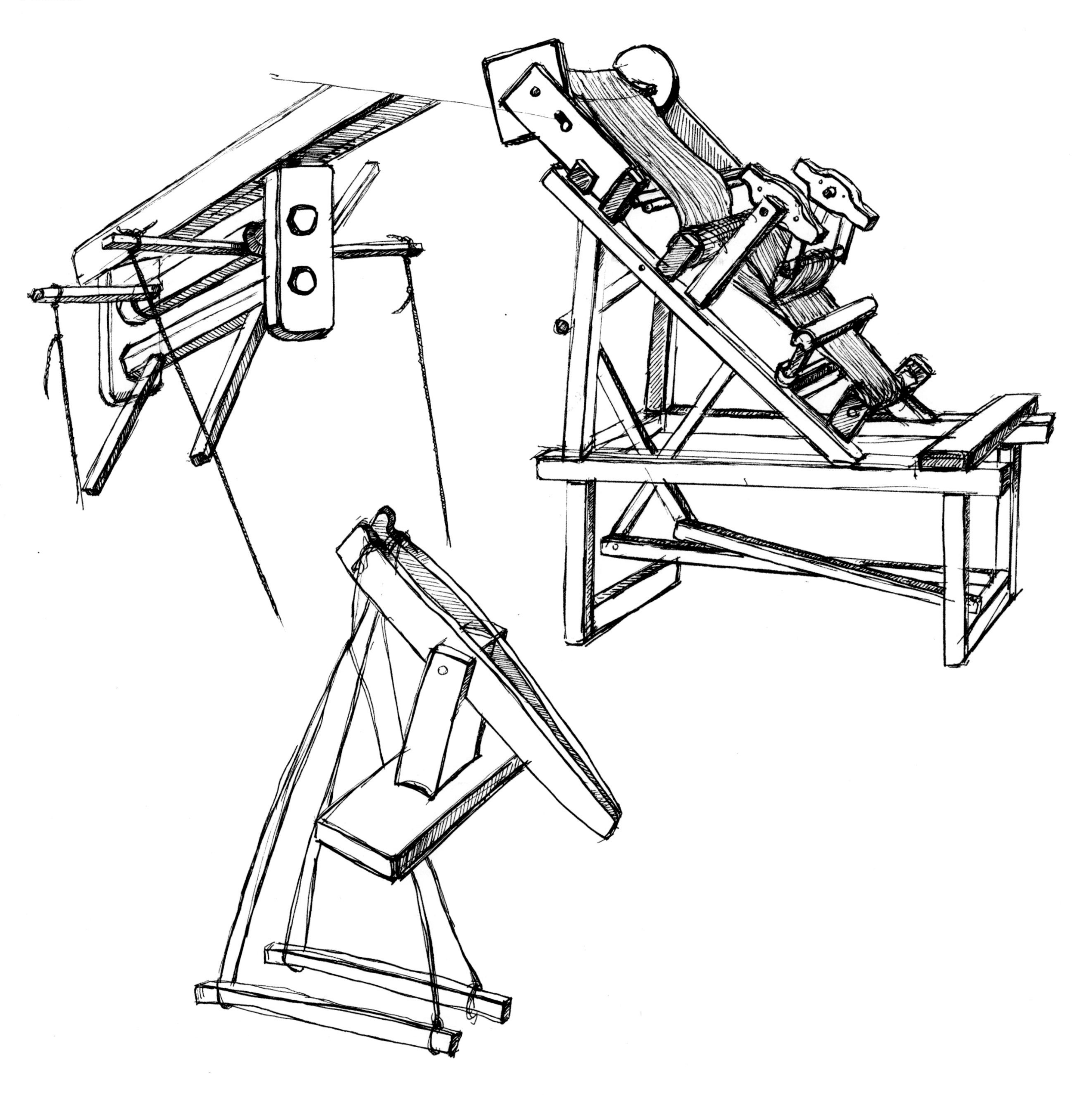

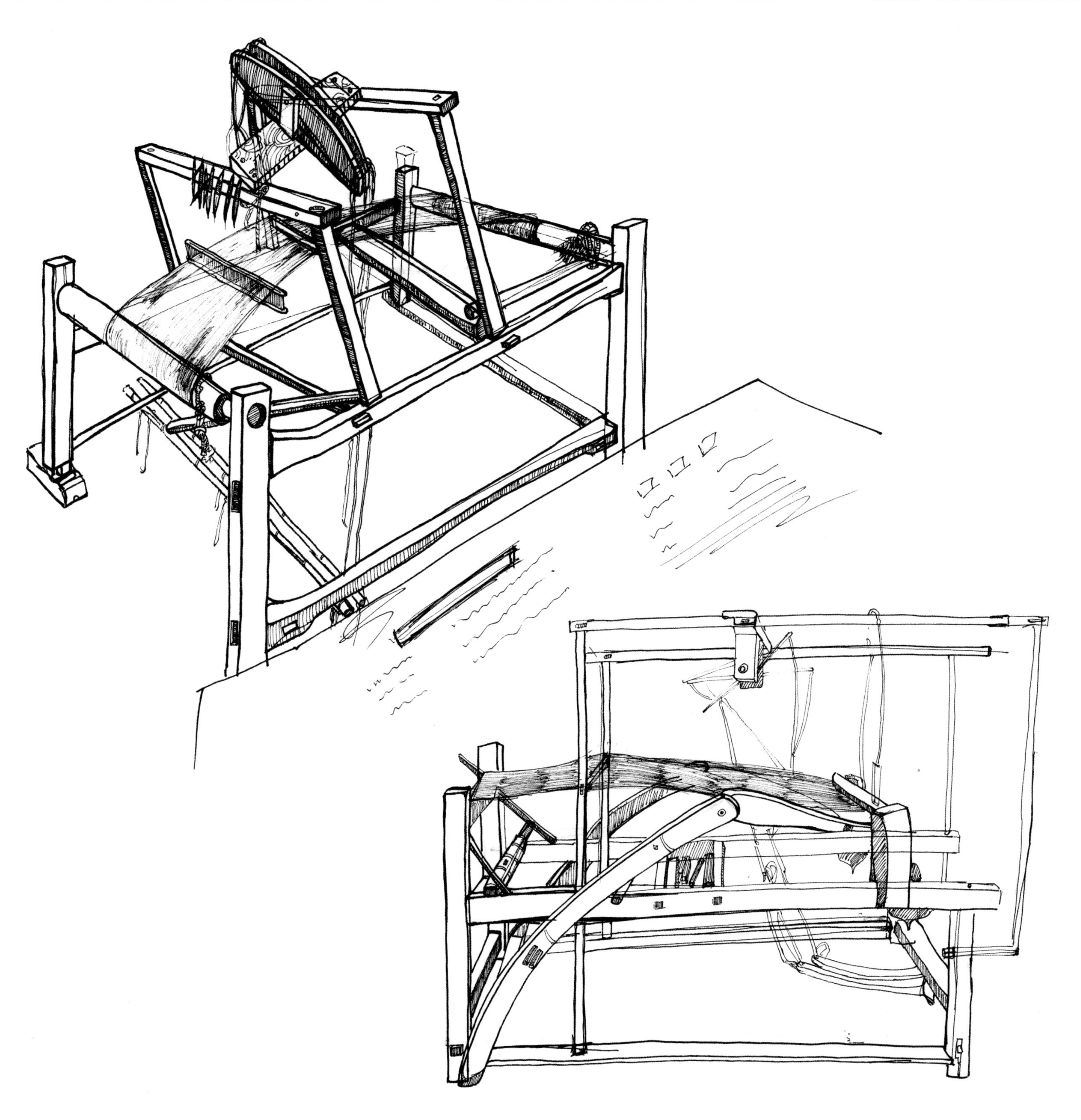

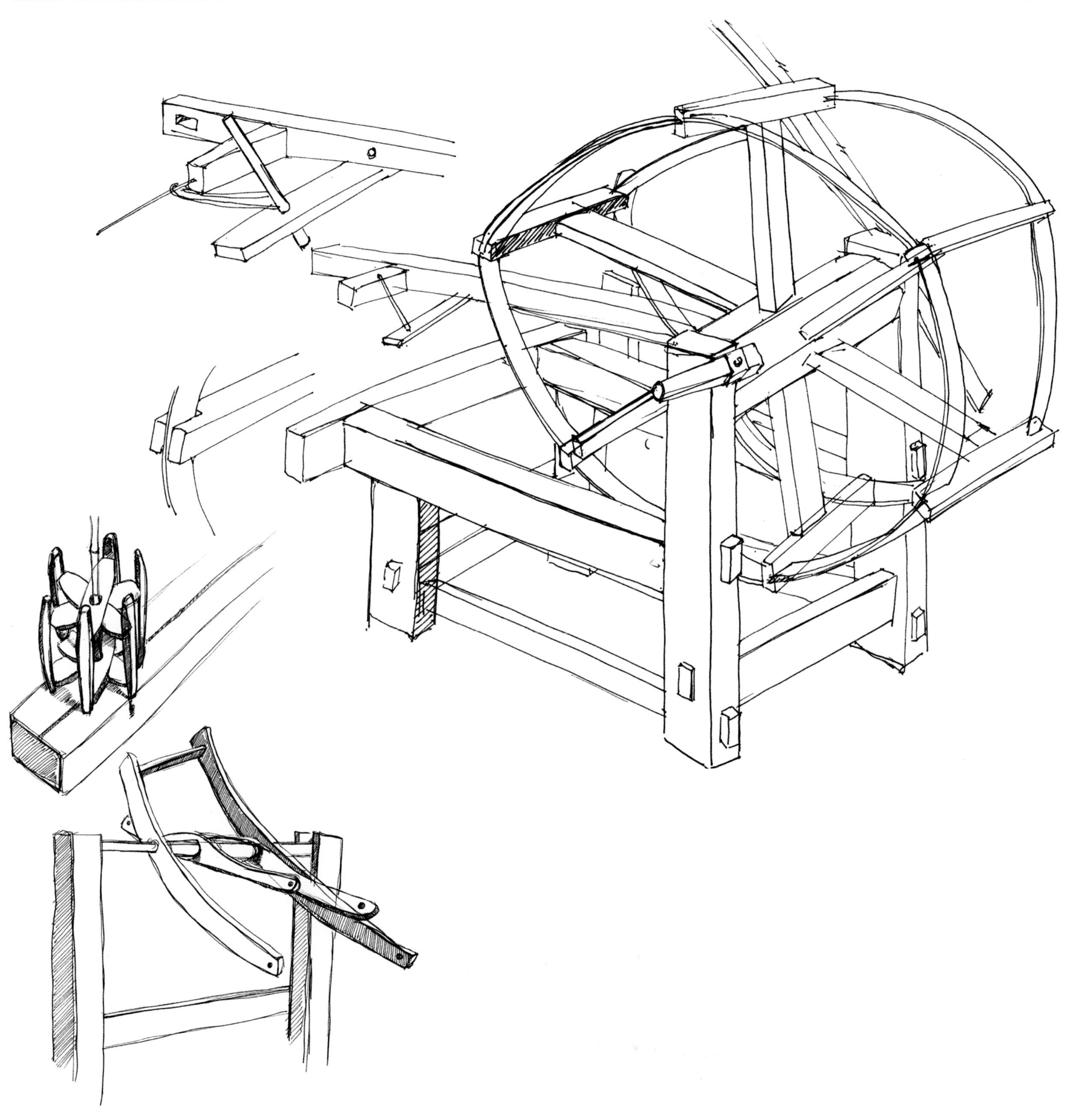

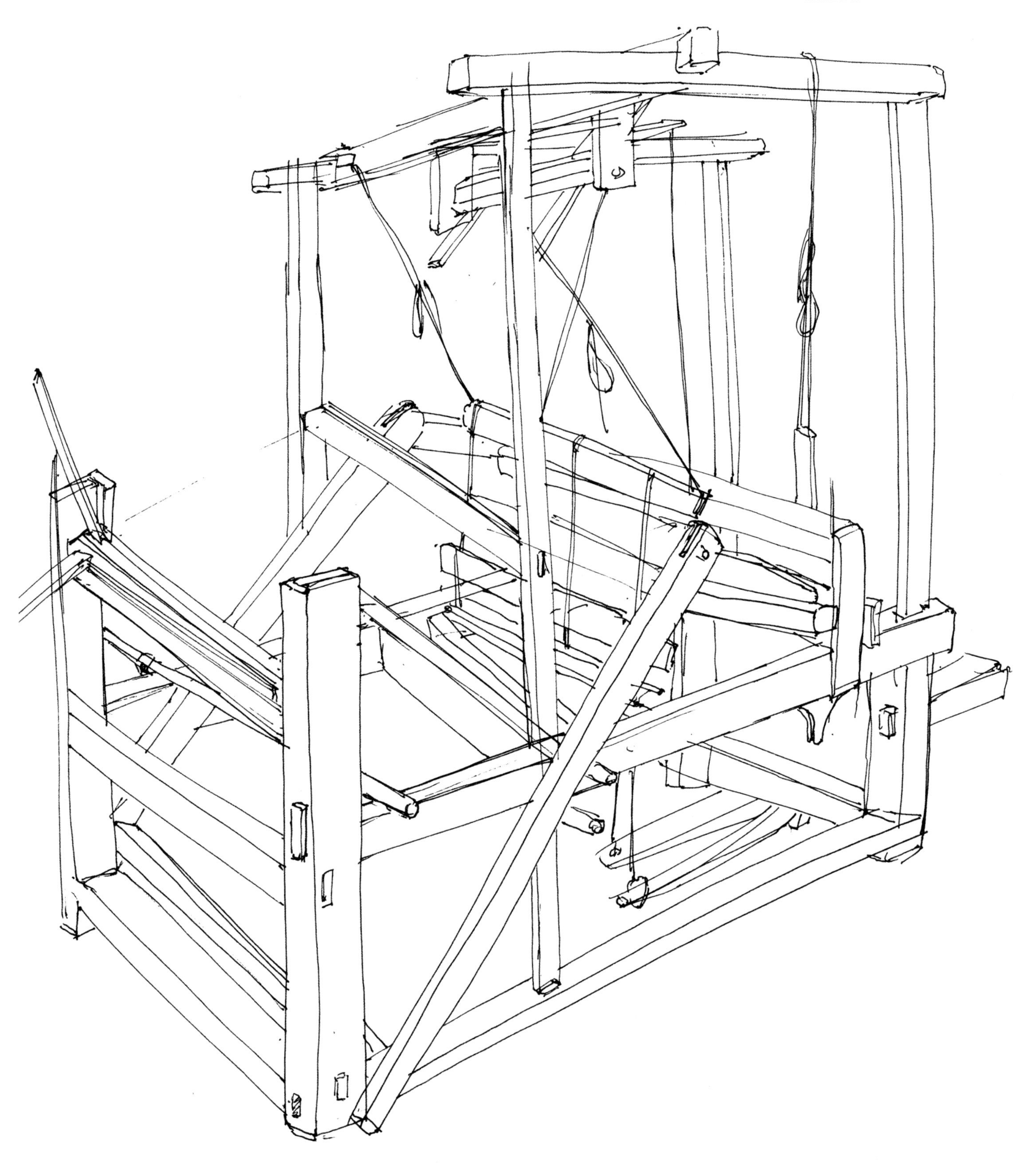

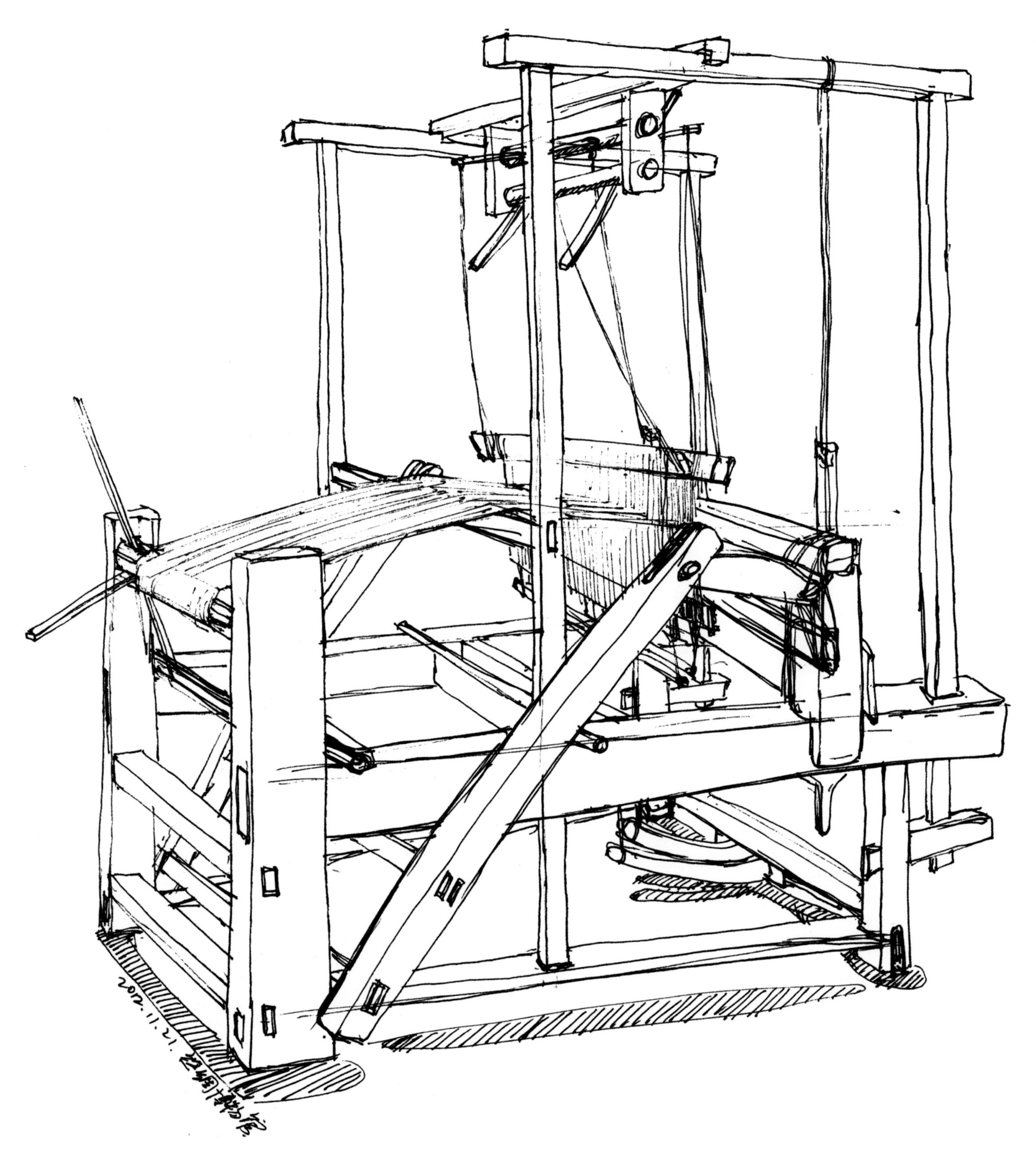

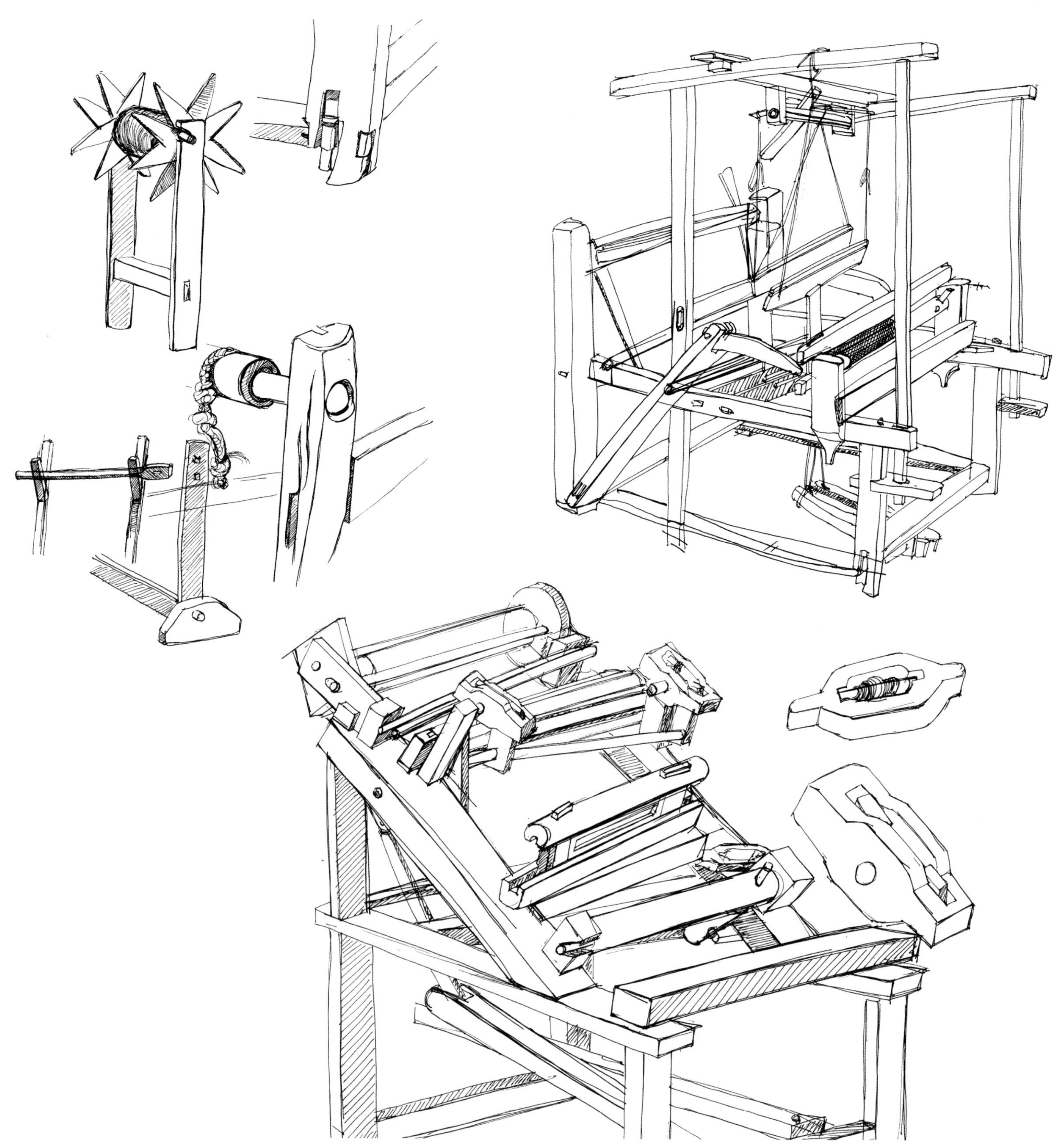

HOLD

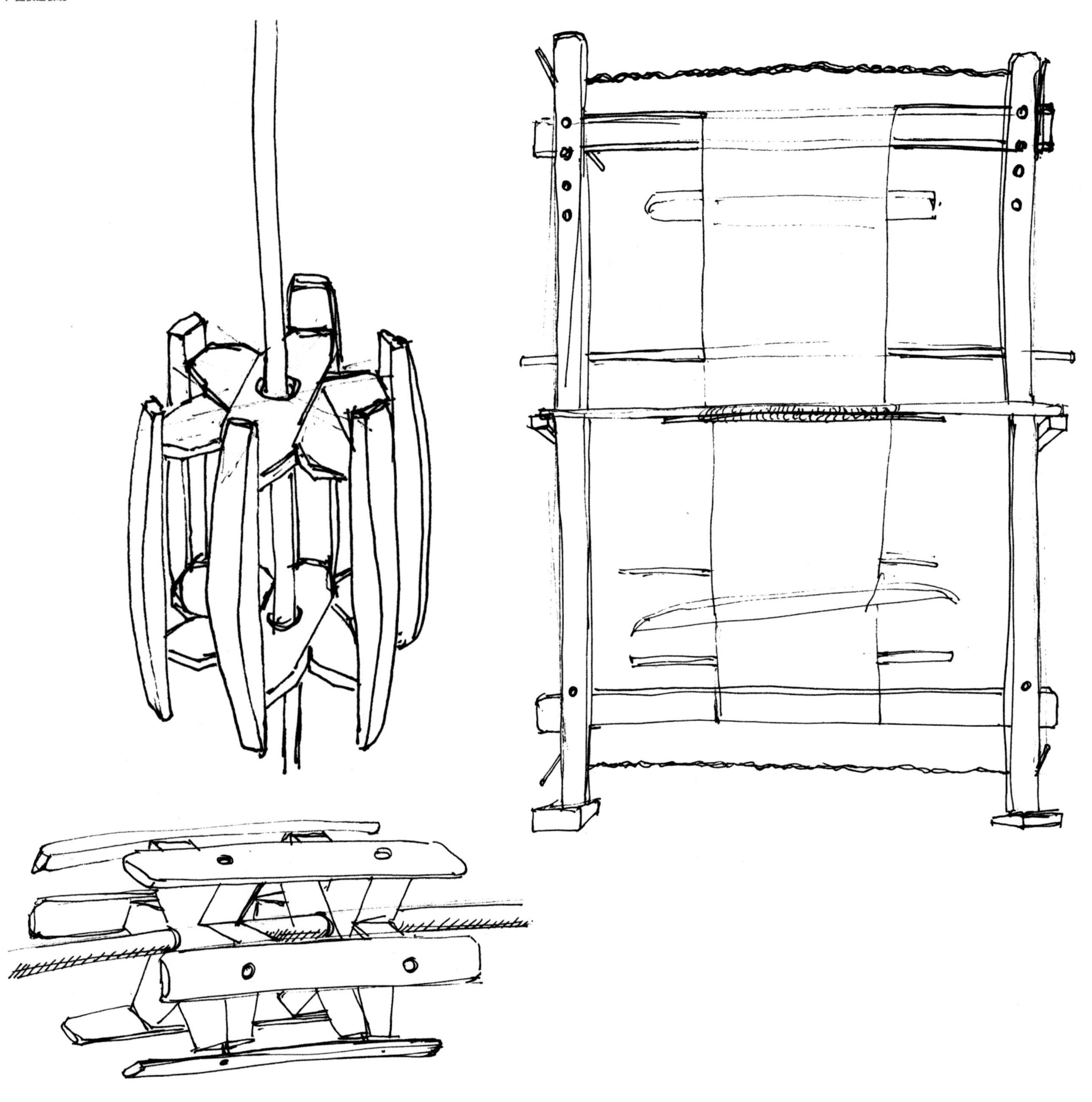

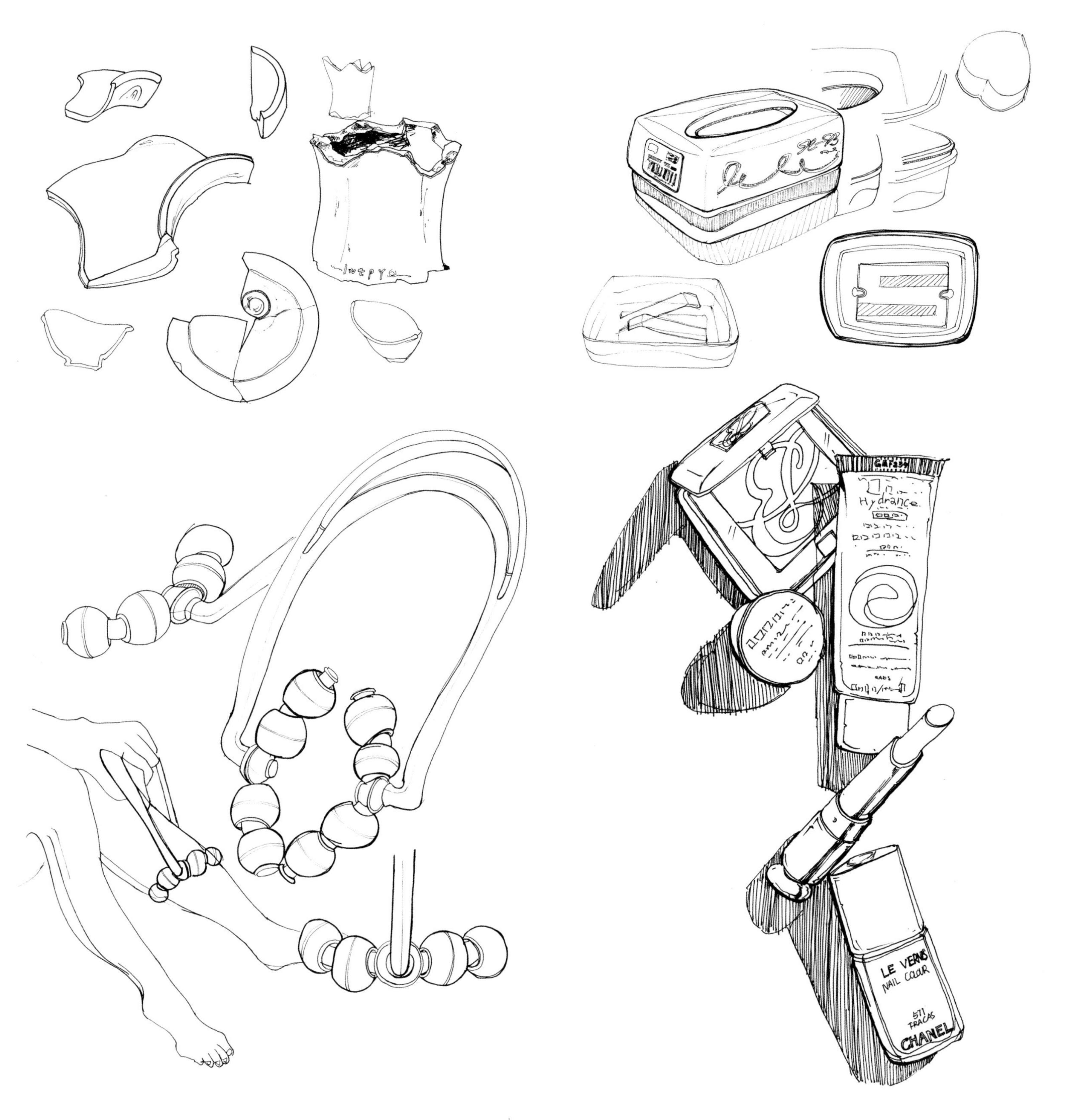
Hydrance
LE VERNIS
NAIL COLOR
571
FRACAS
CHANEL

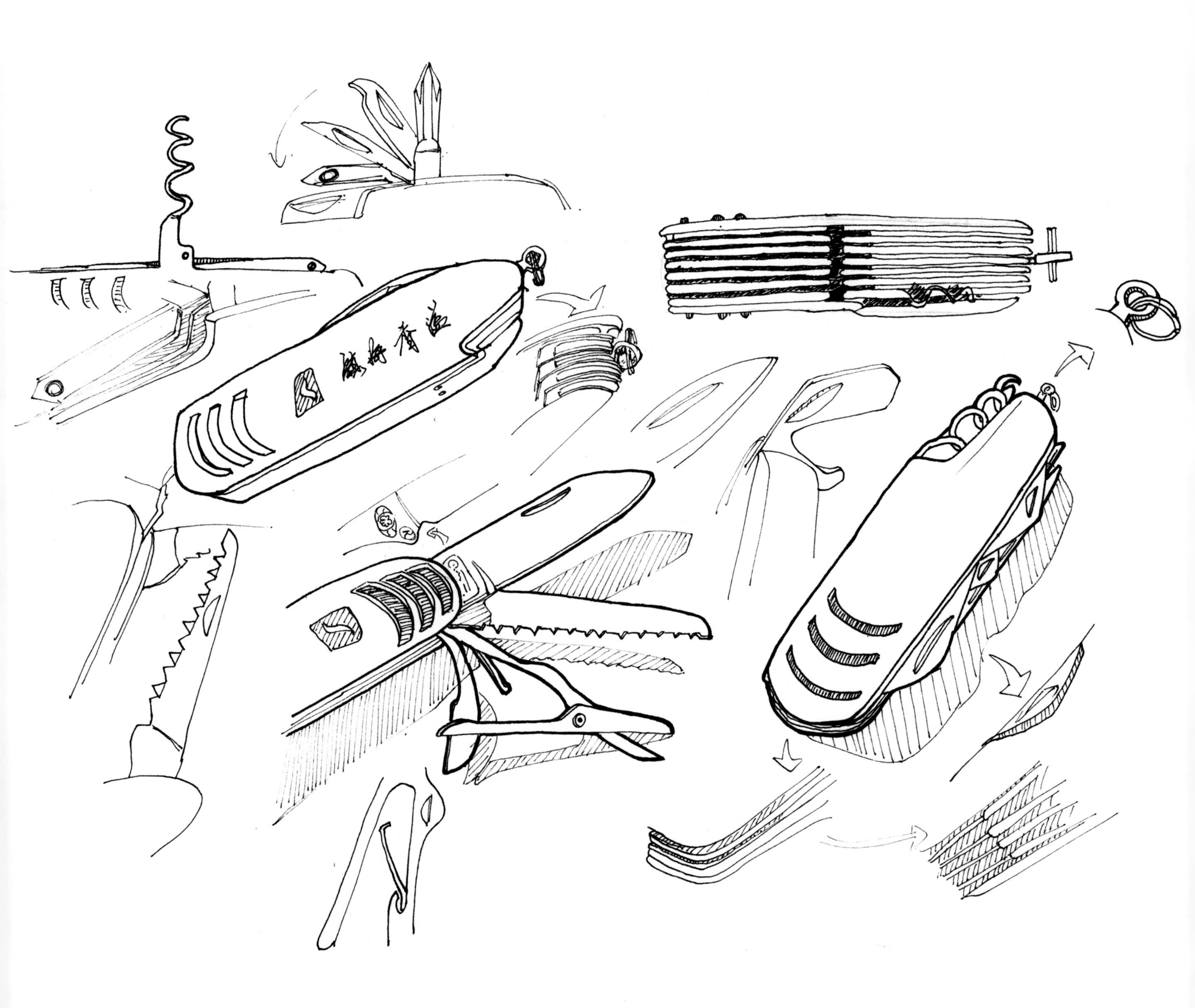

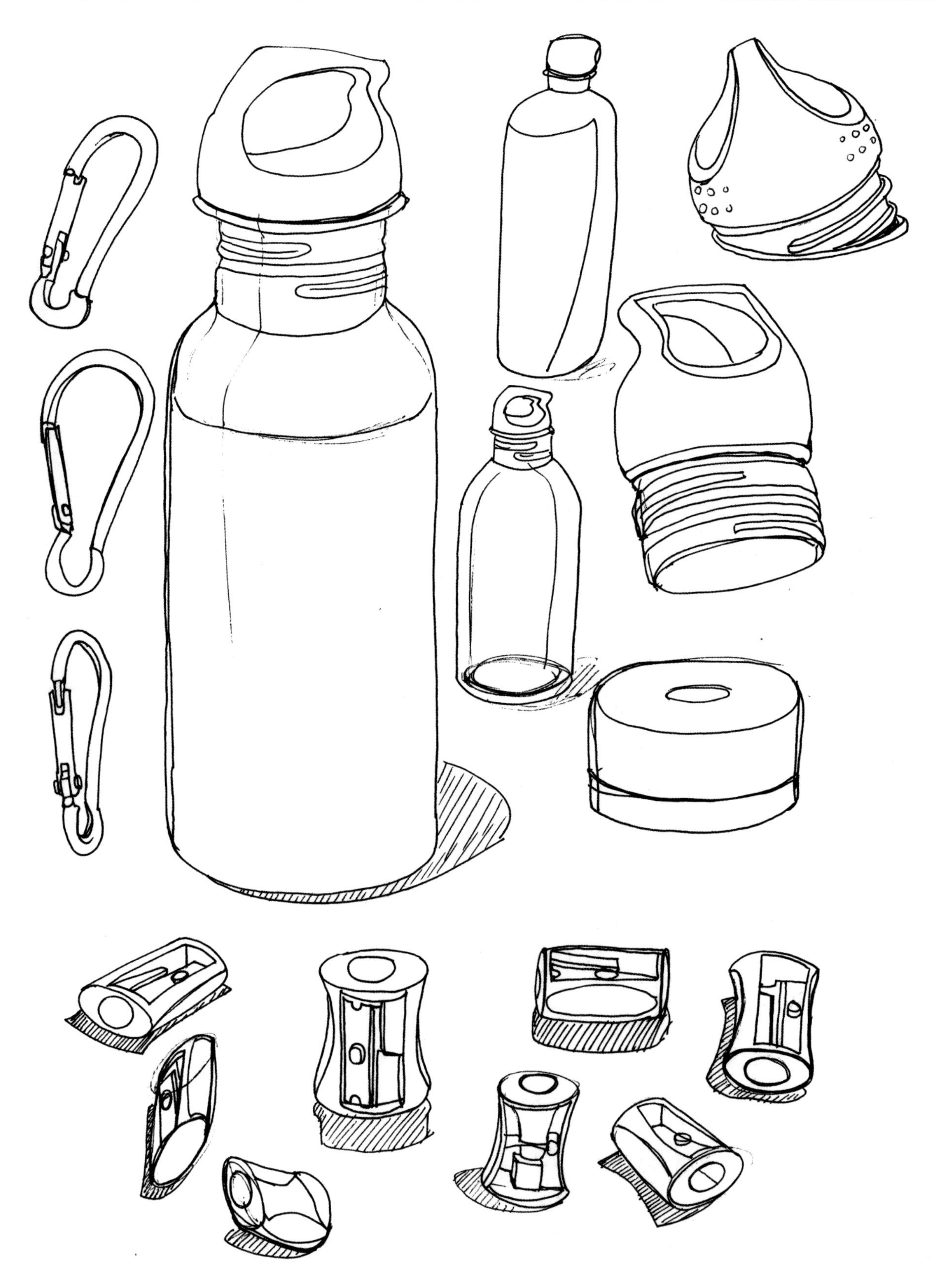

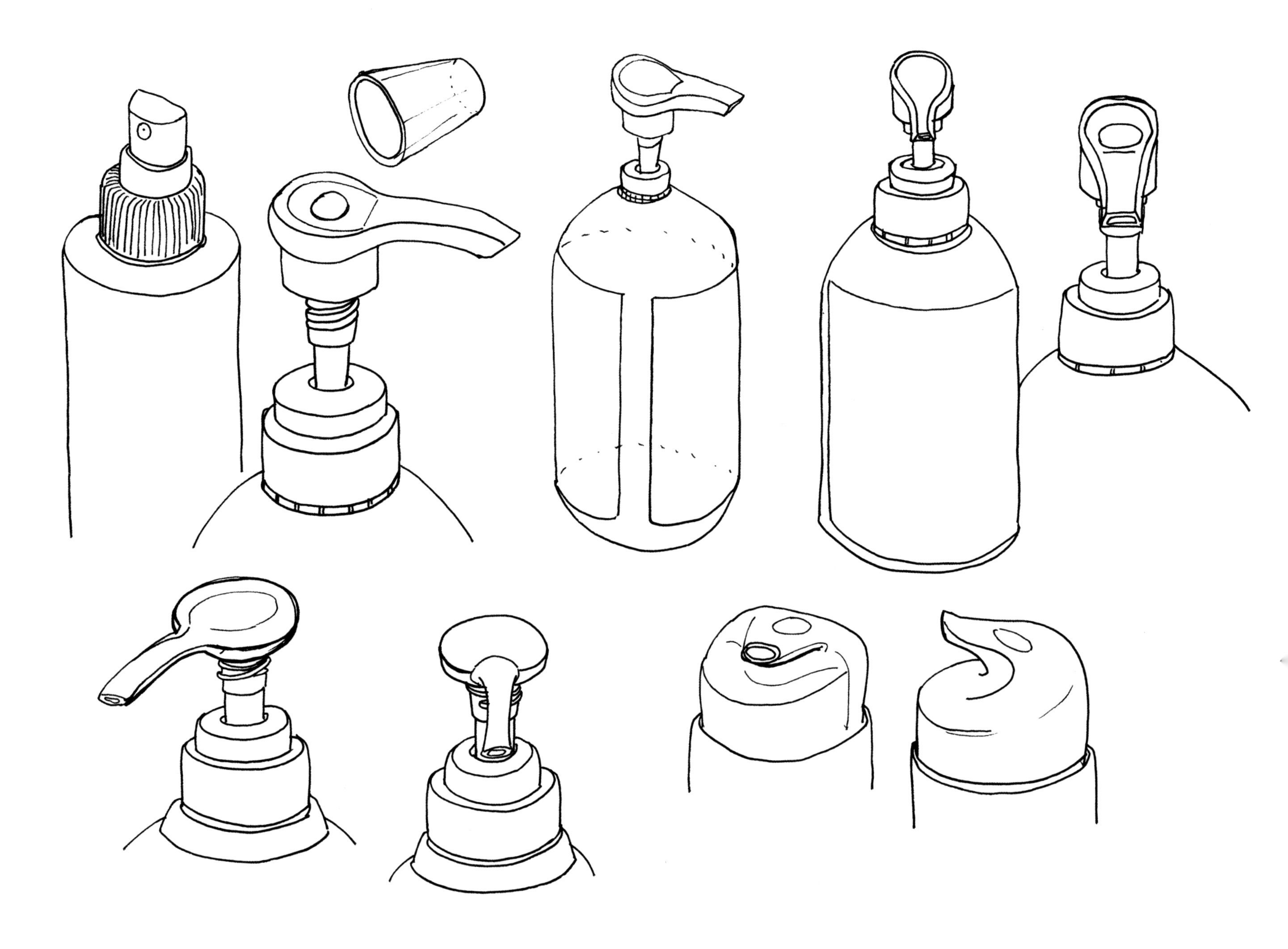

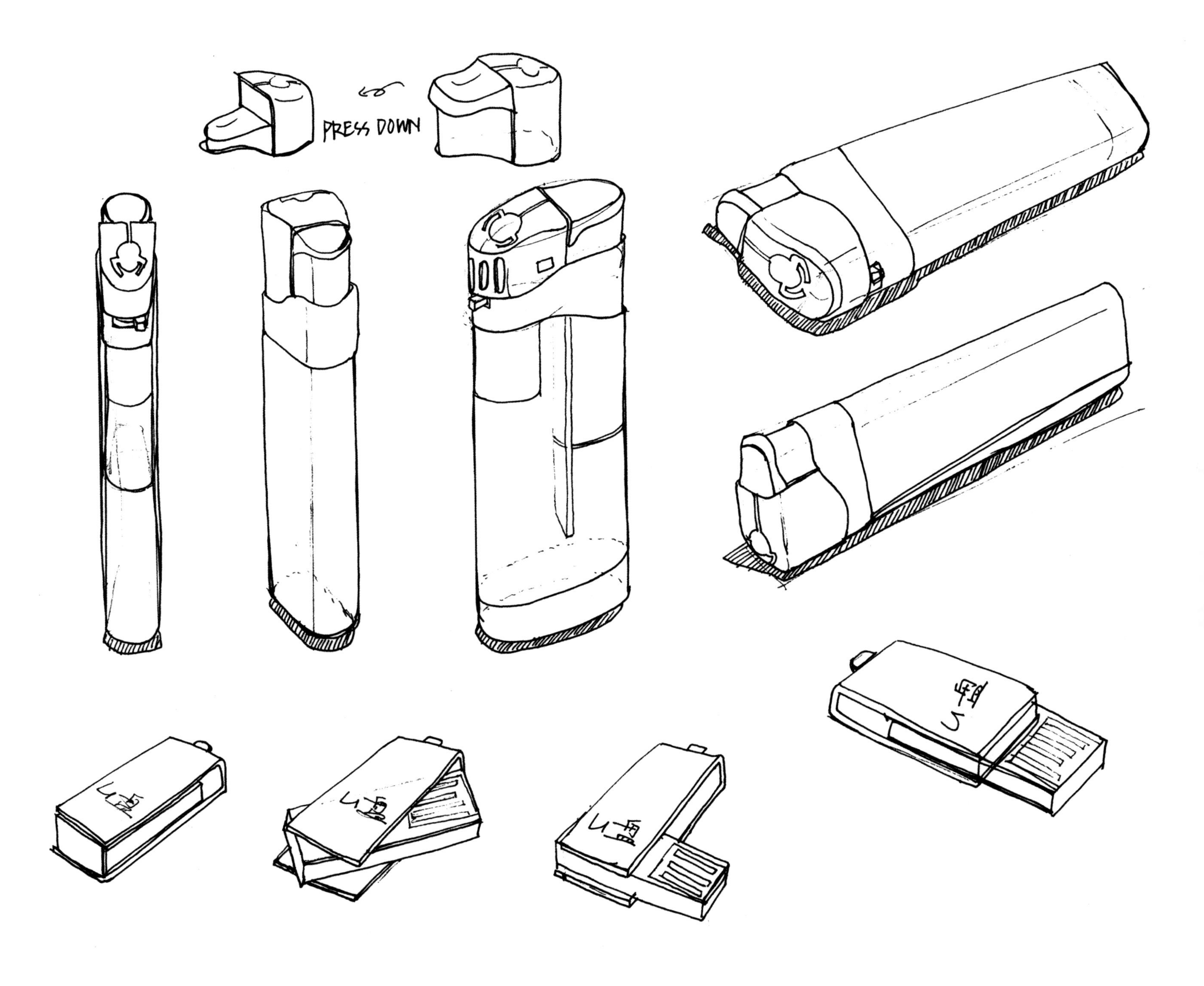
PRESS DOWN
U盘
U盘
U盘
U盘

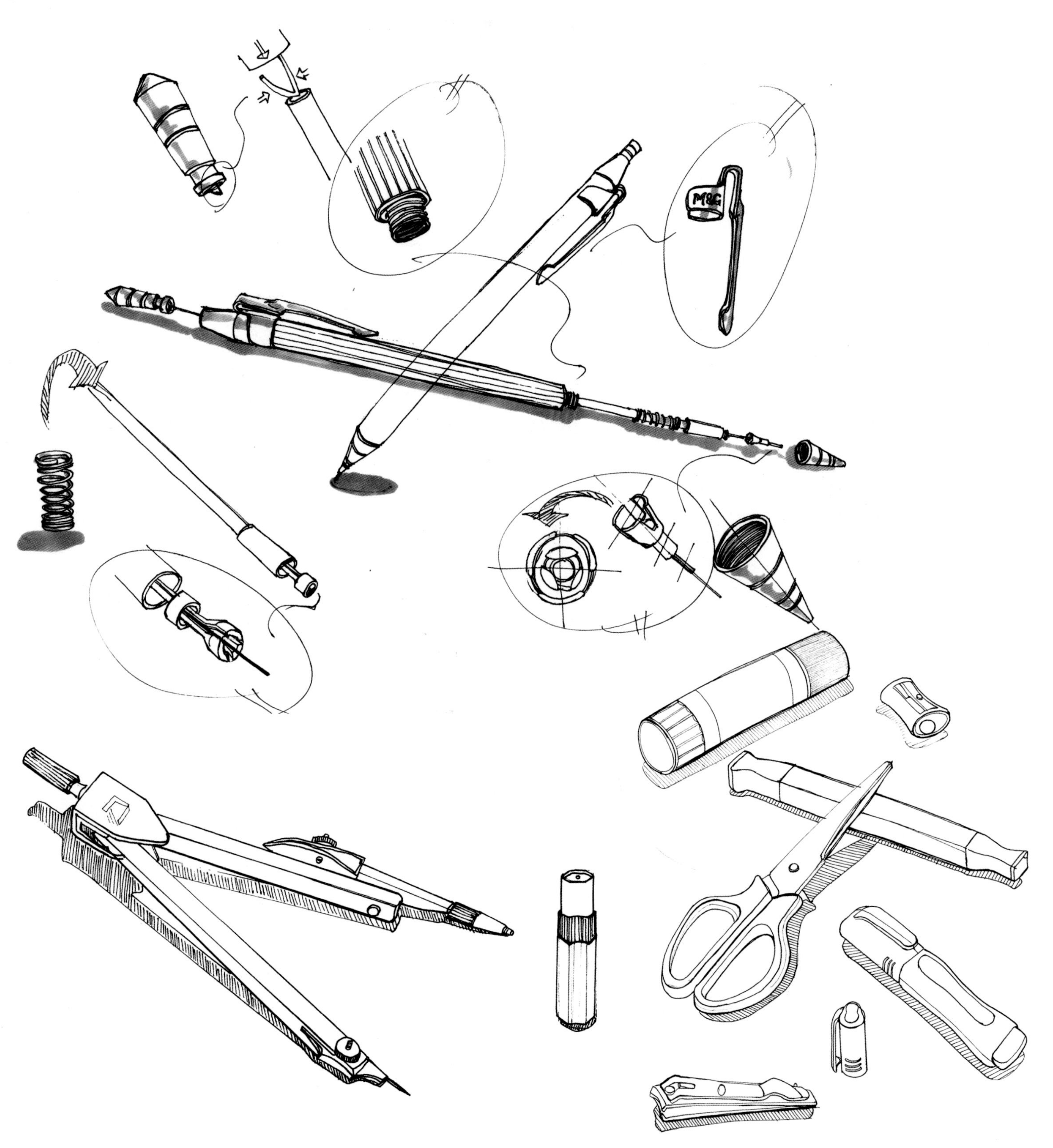
M&G

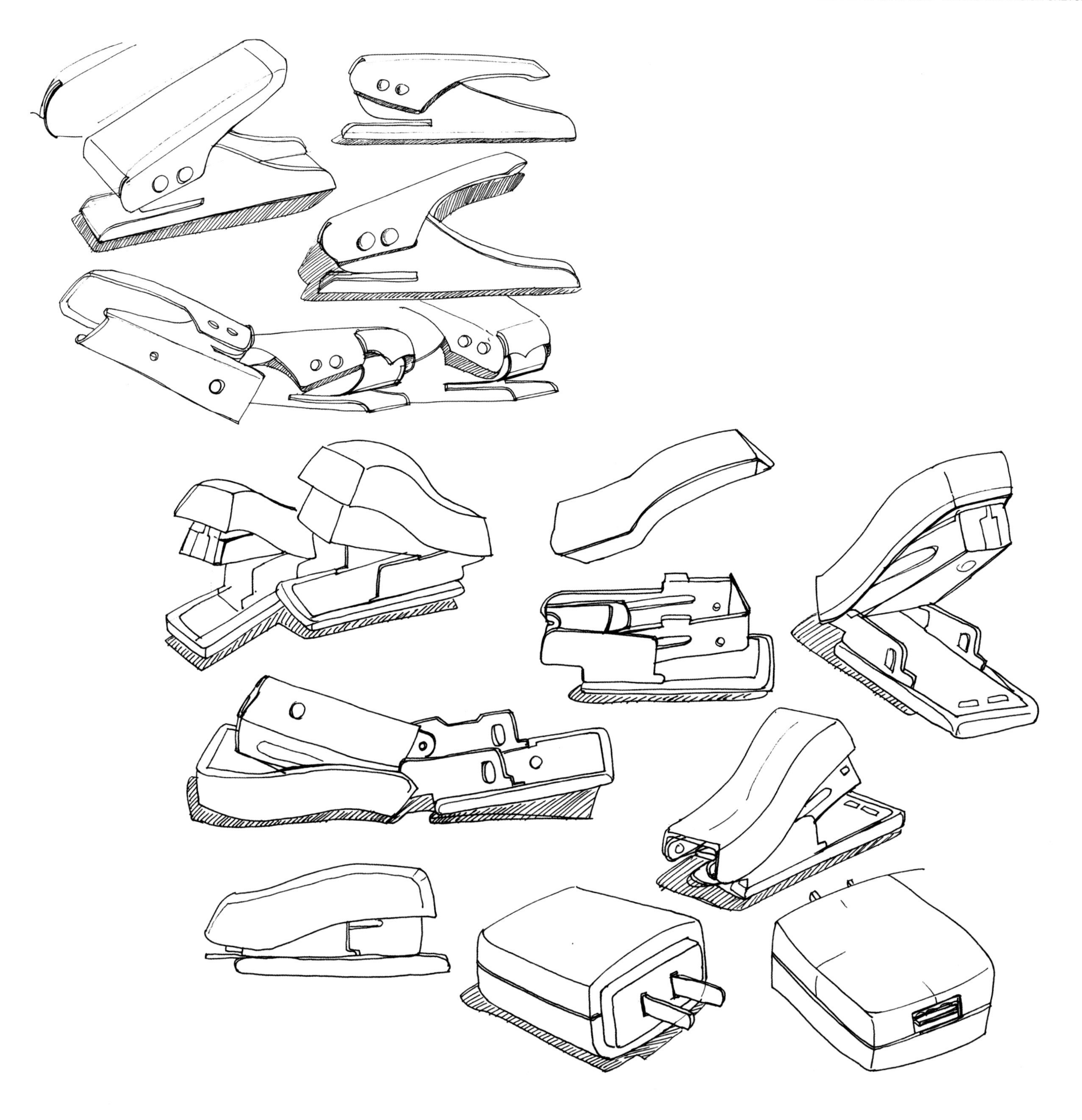

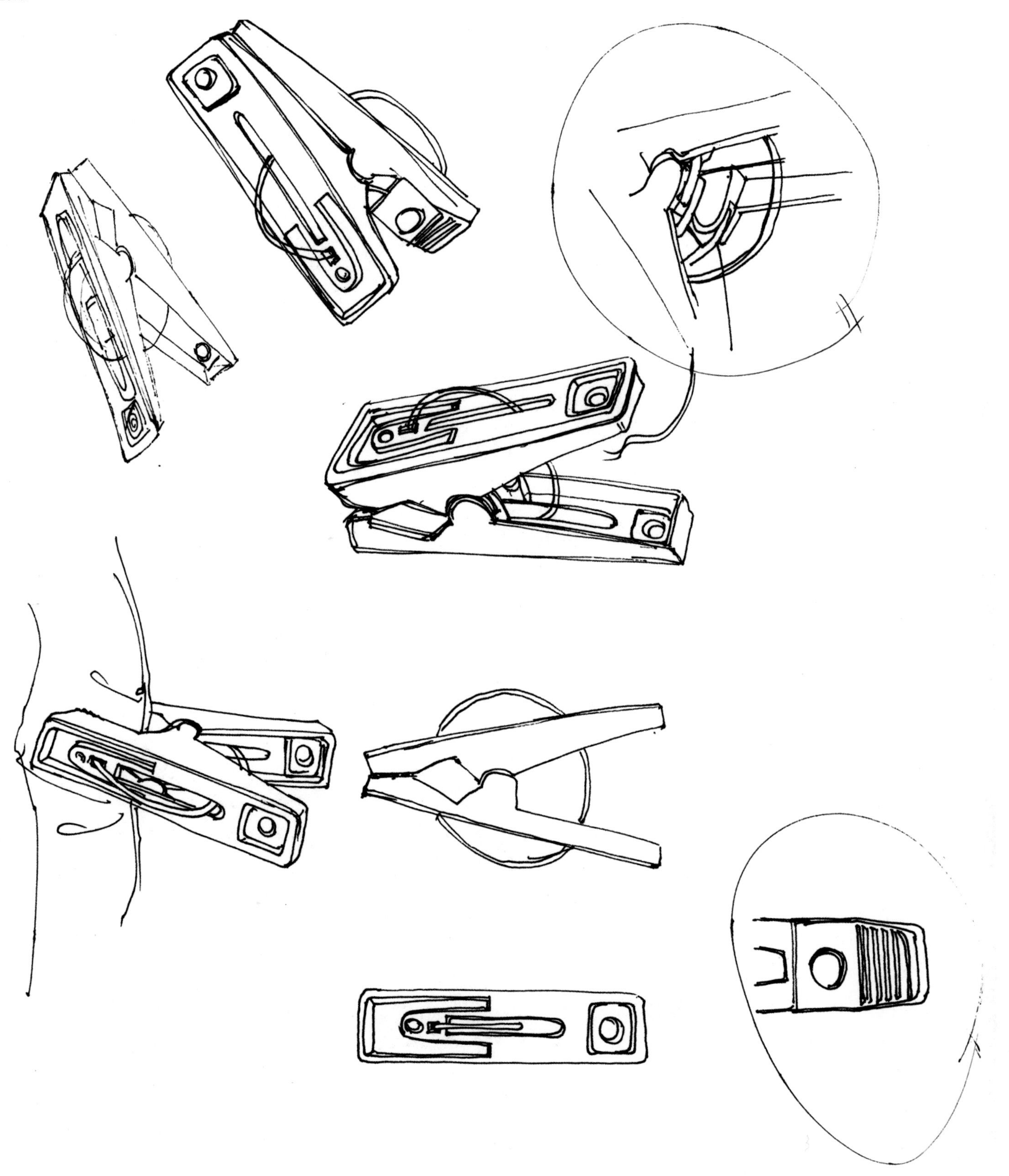

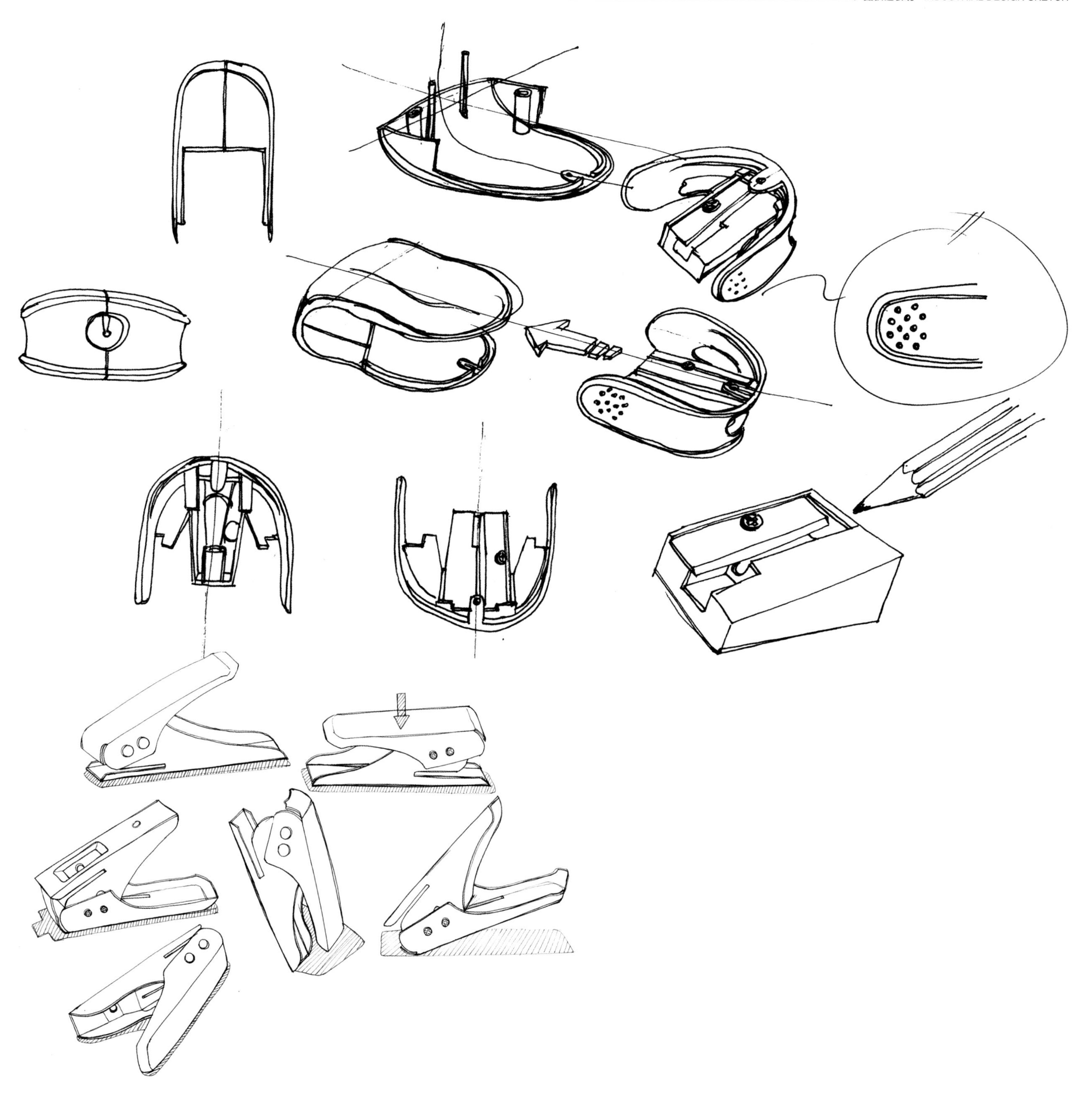

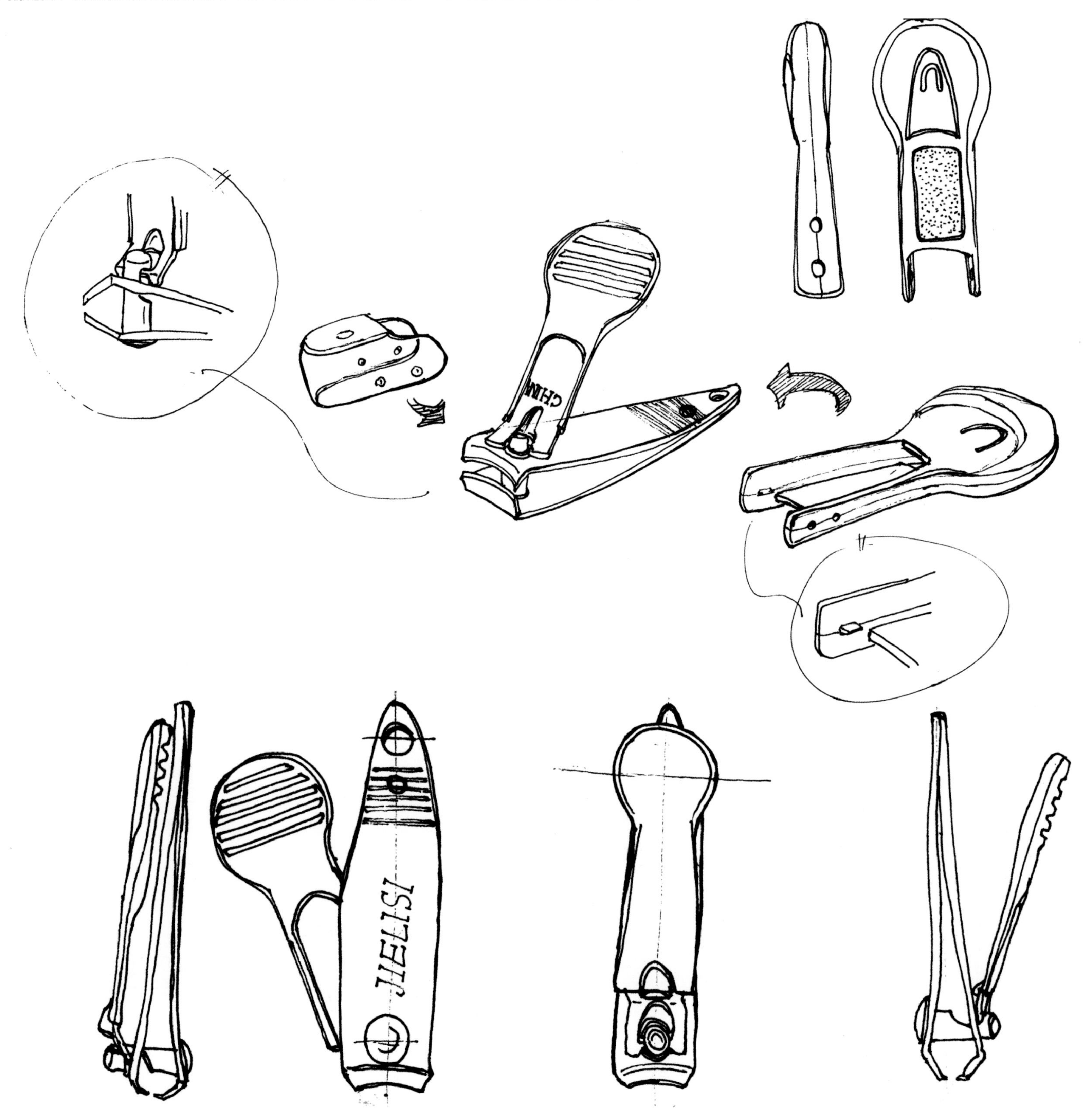
CHIM
JIELISI

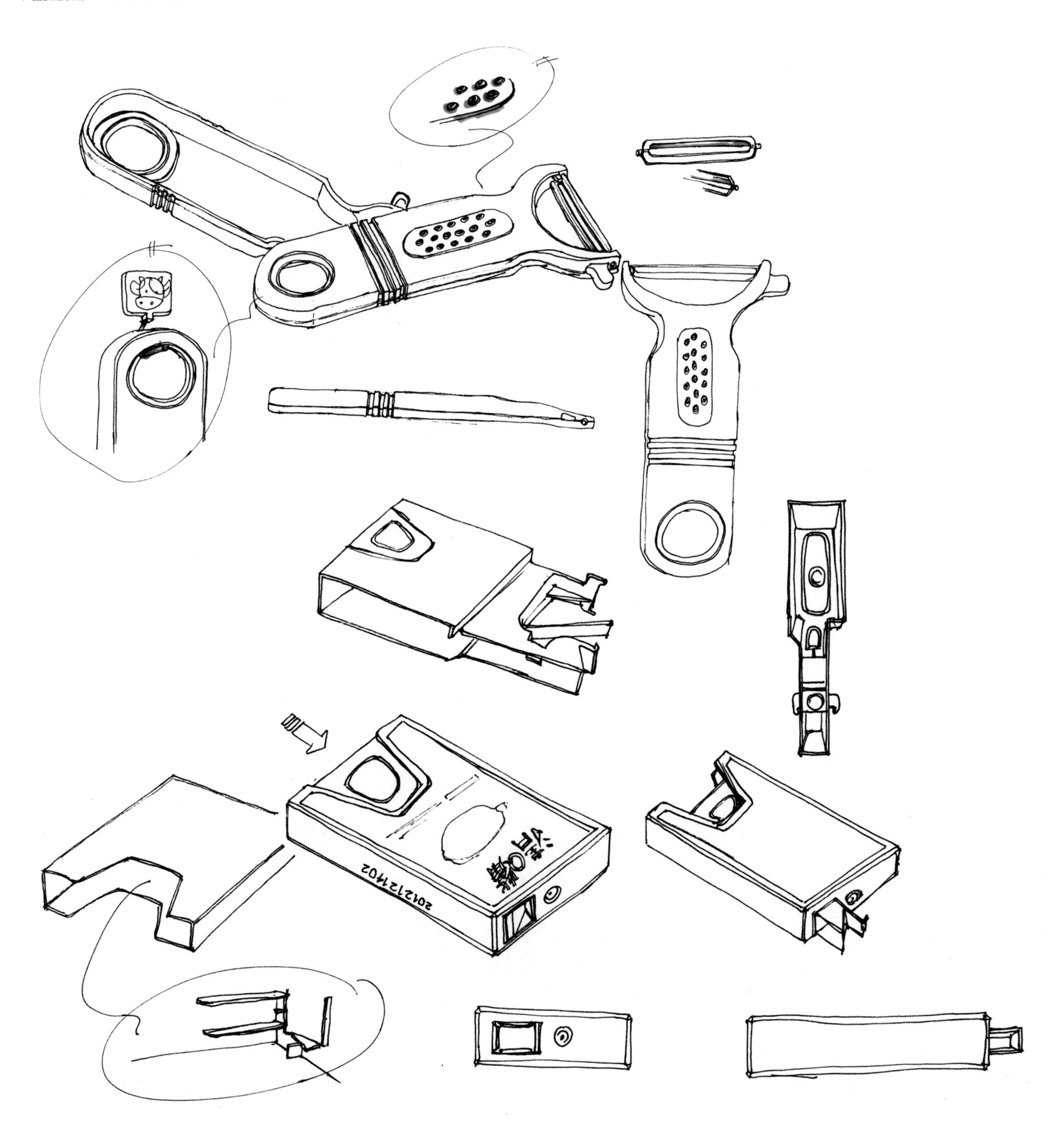
2012121402

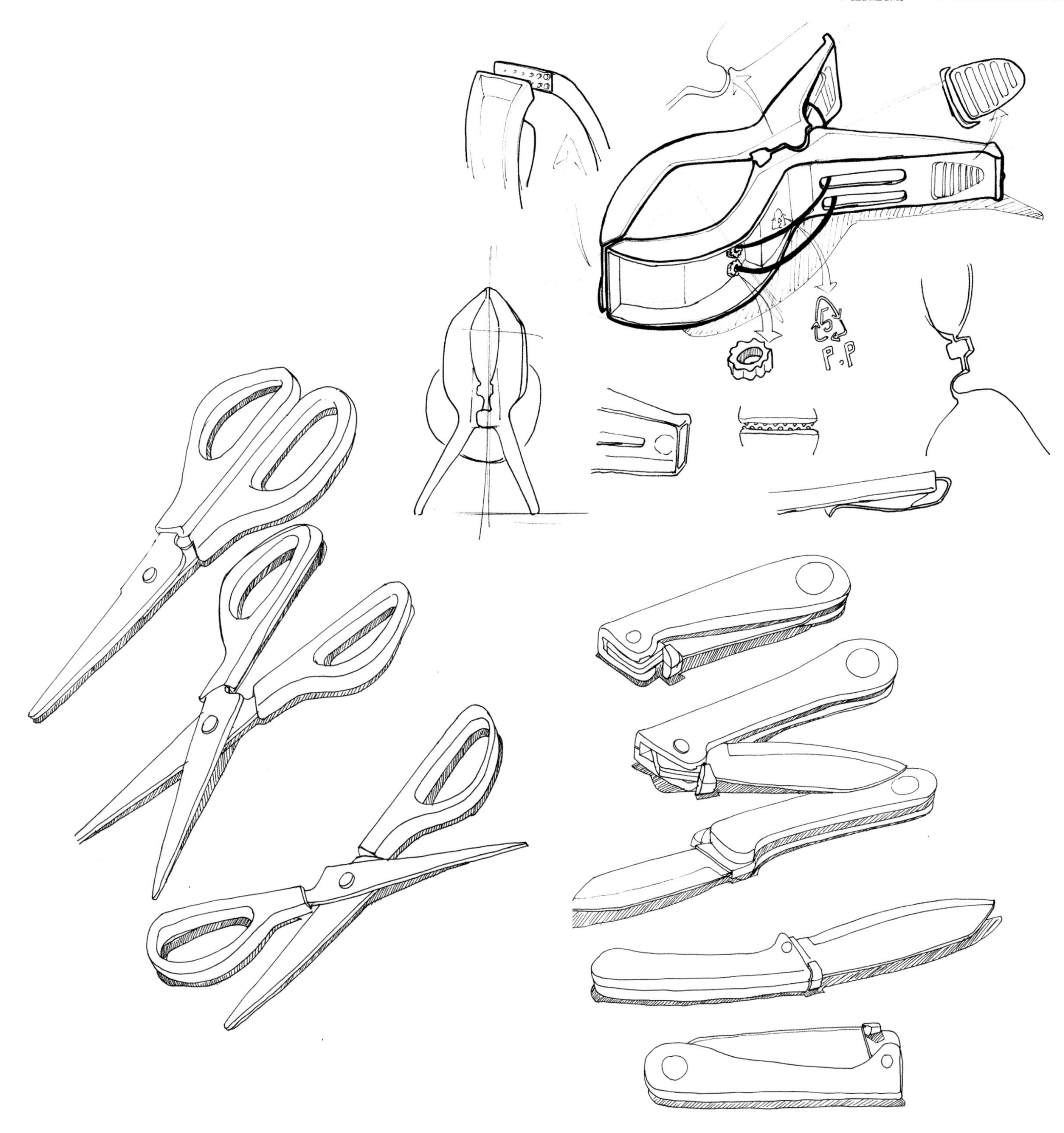
5
P.P

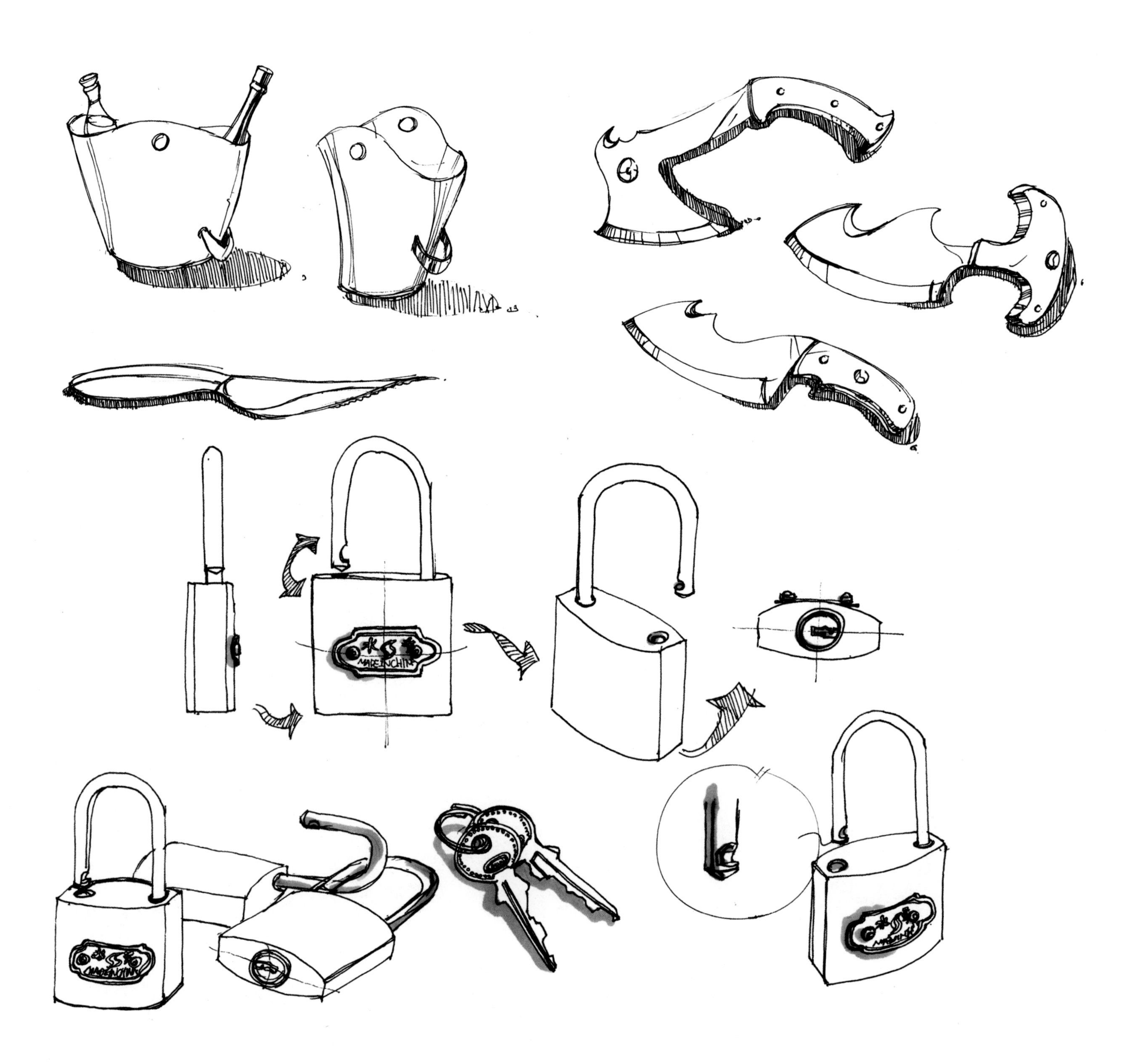

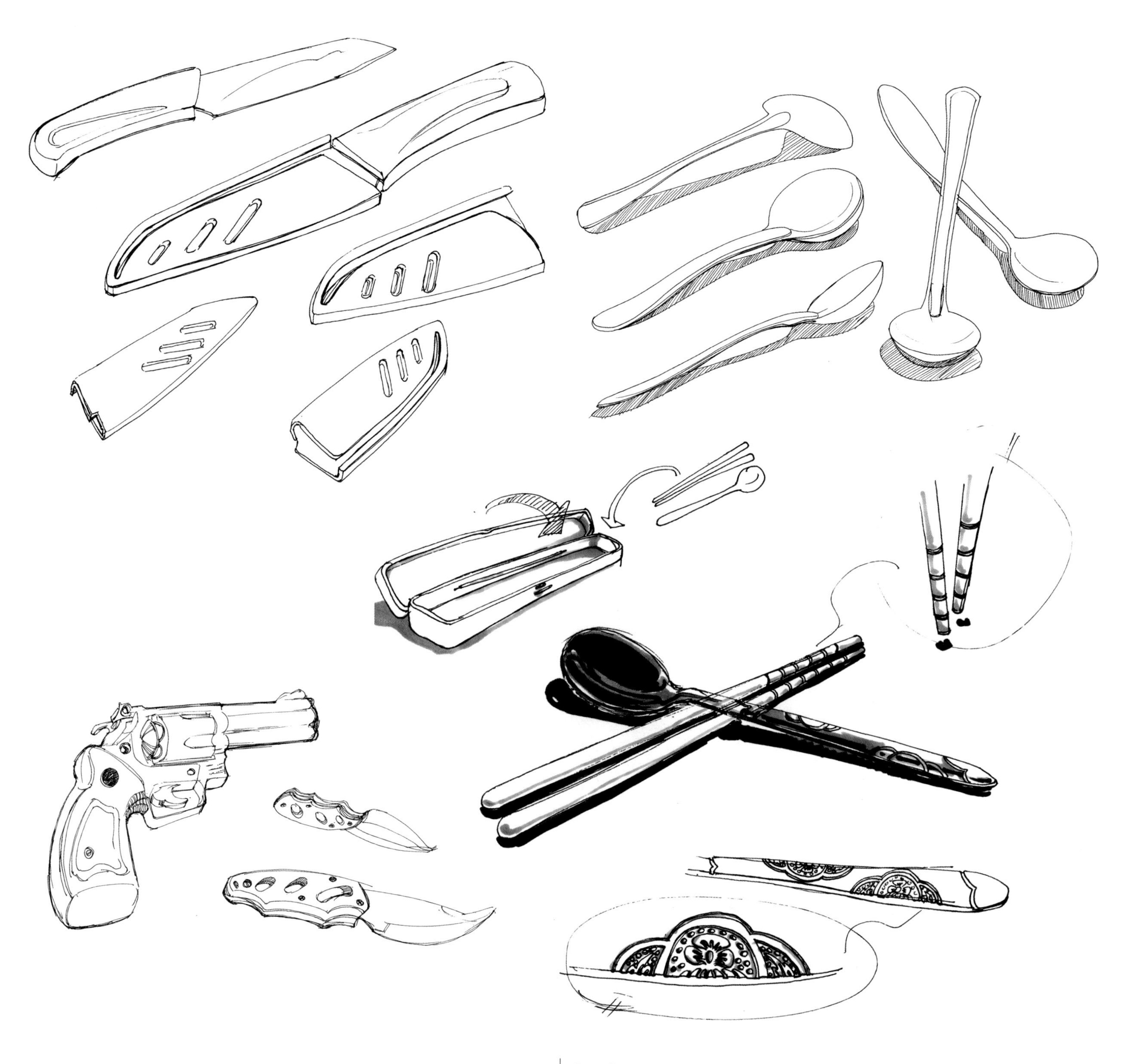

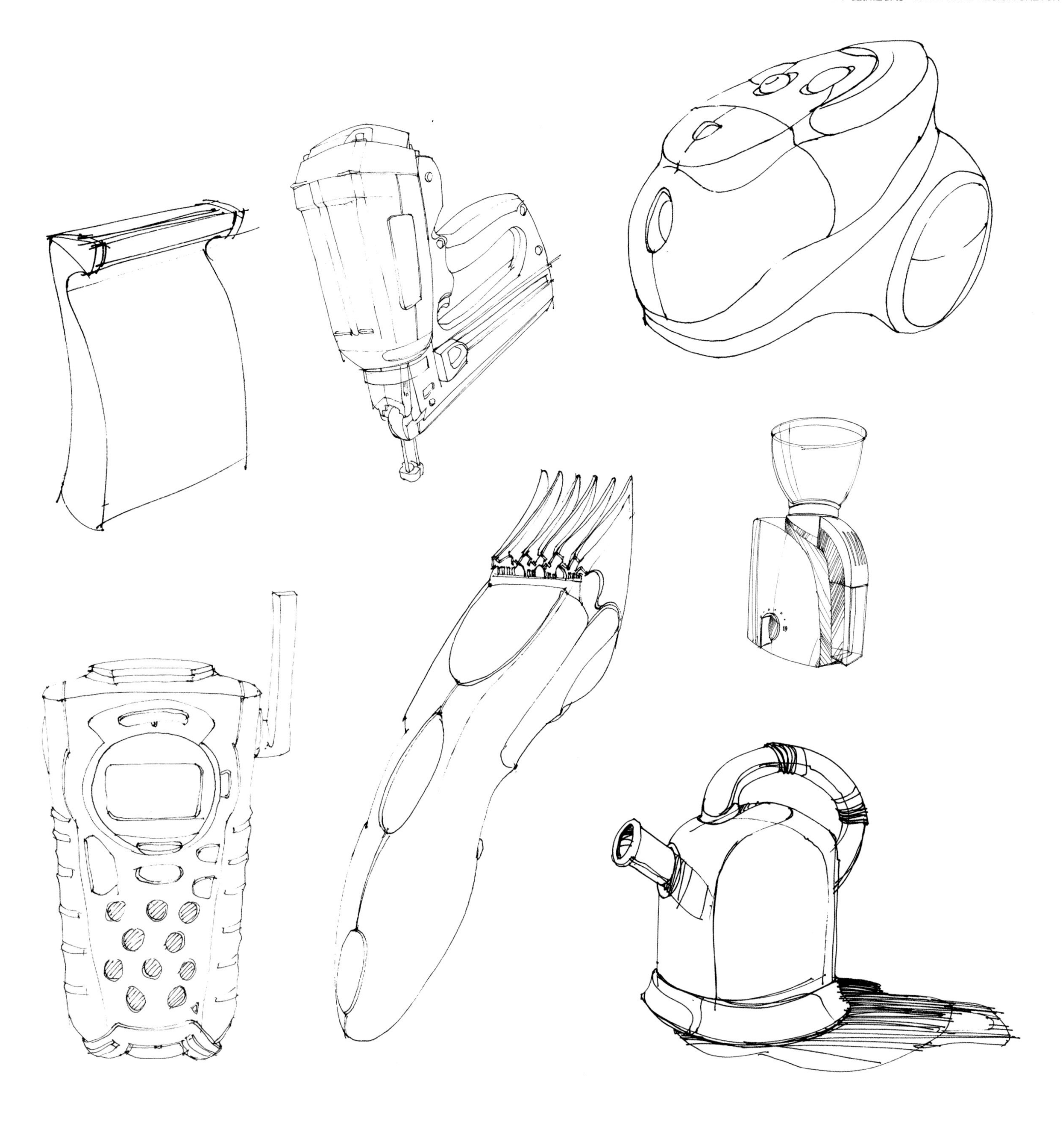

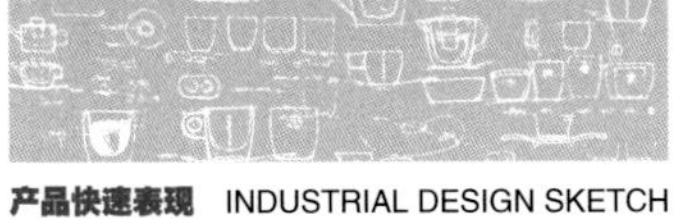

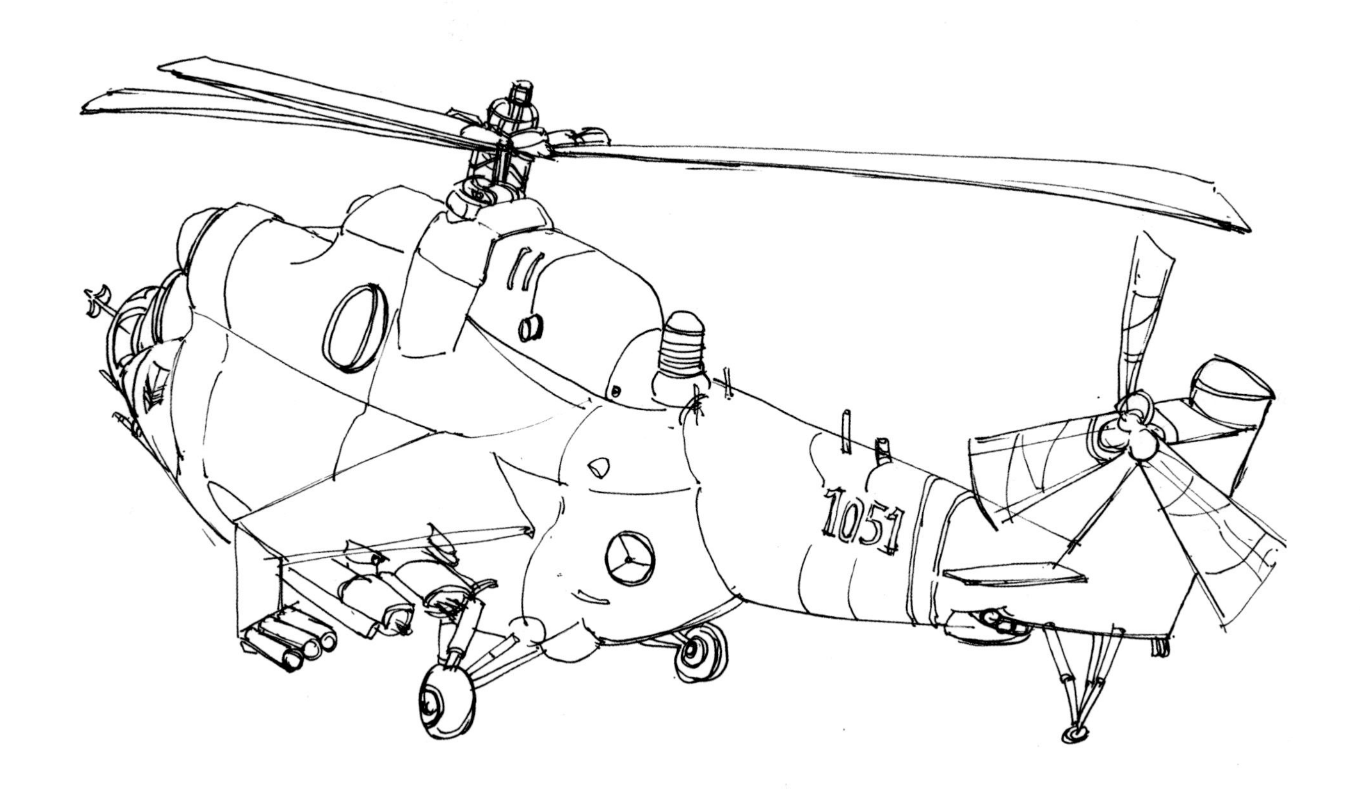
1051

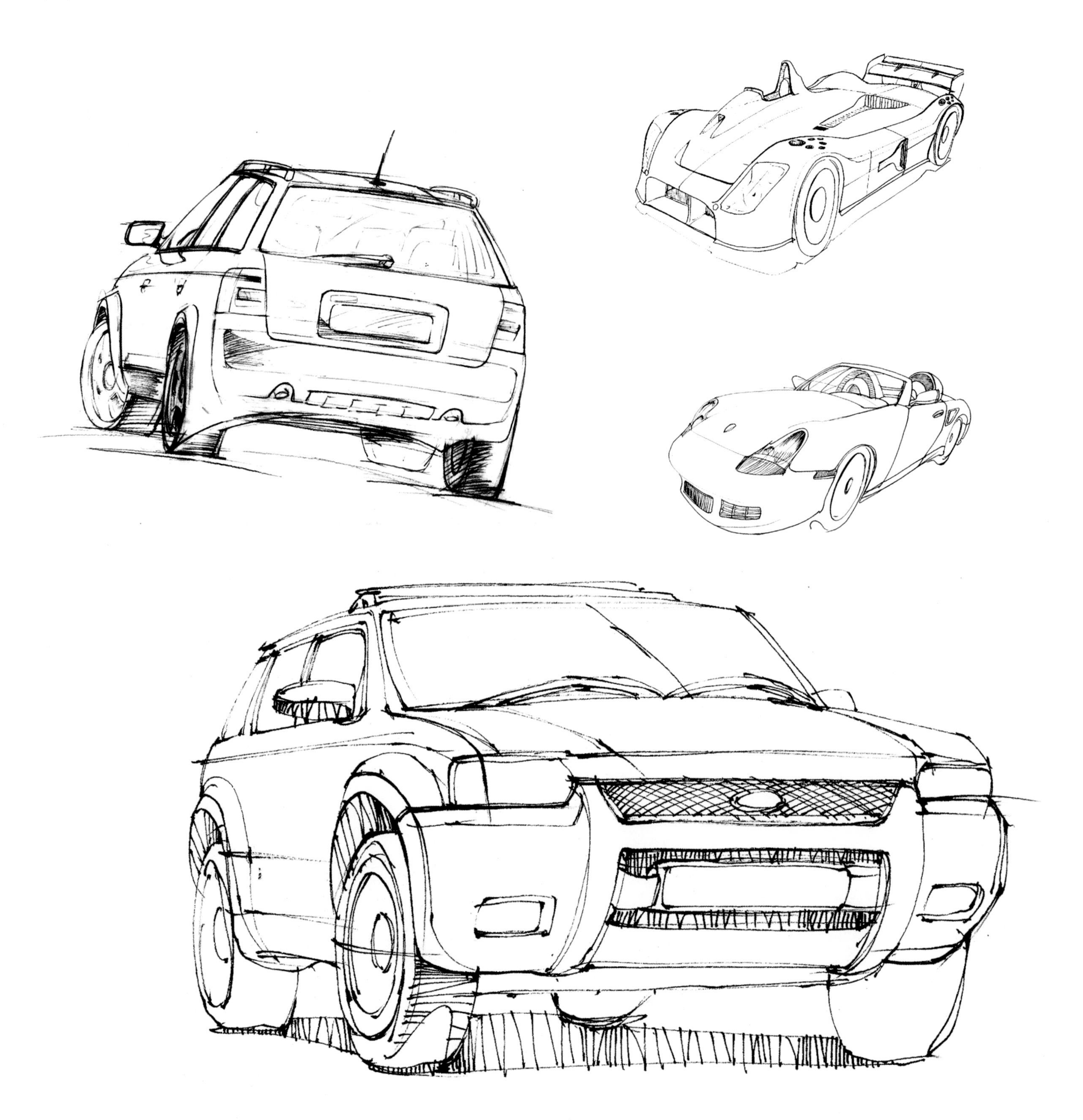

YAMAHA

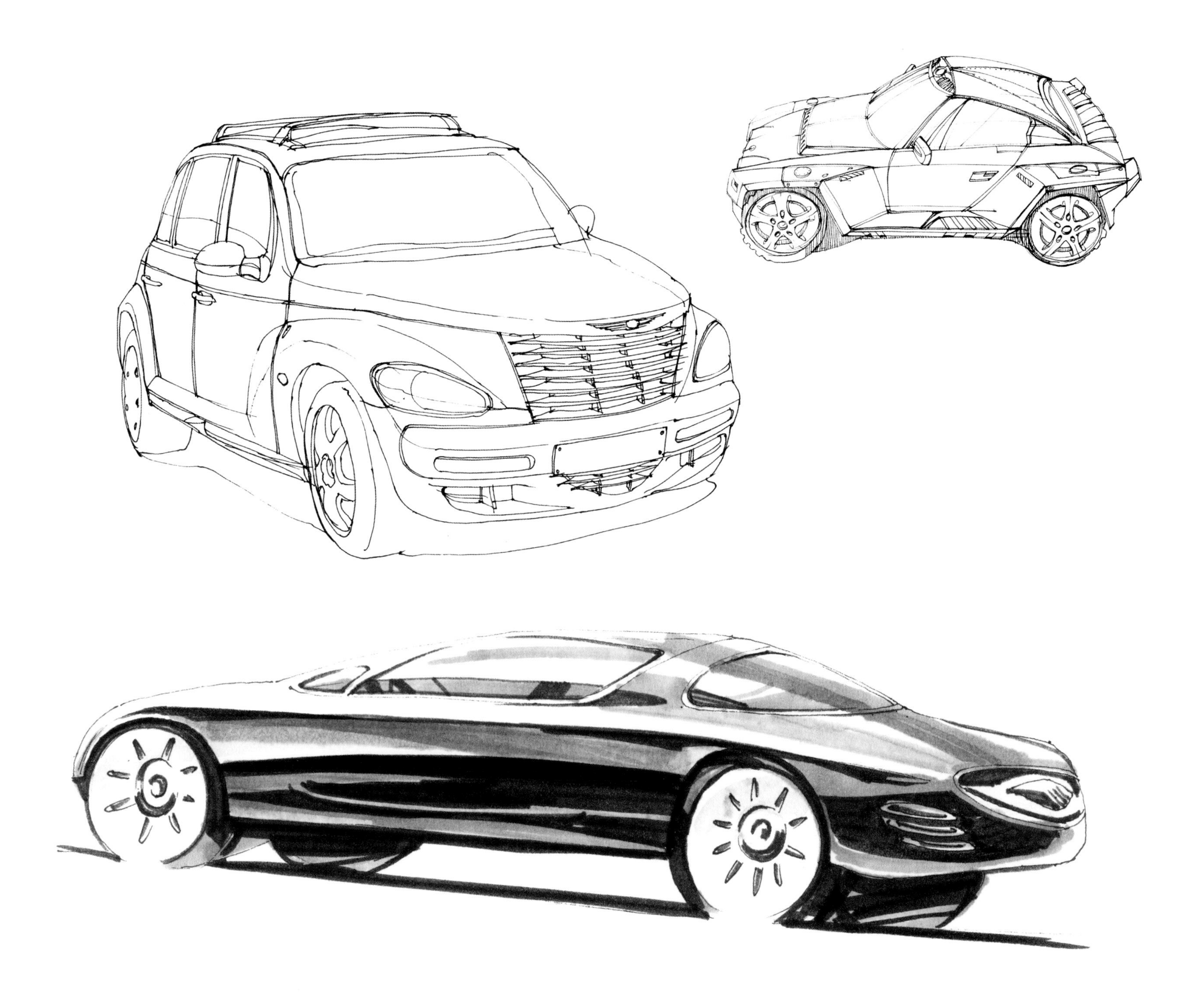

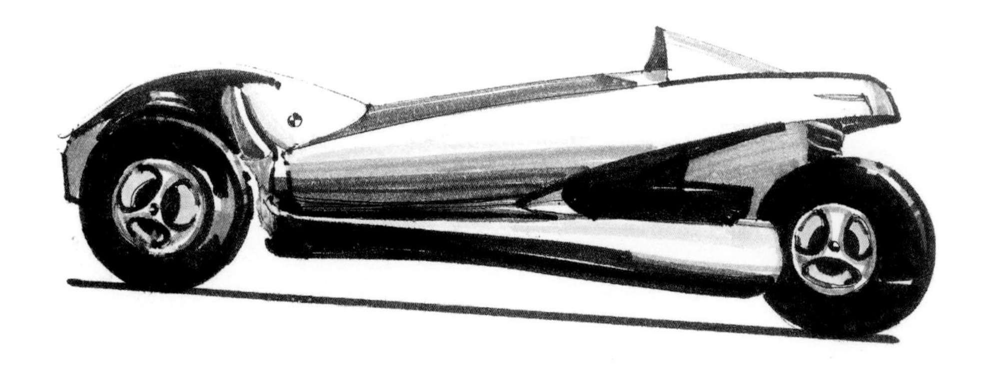

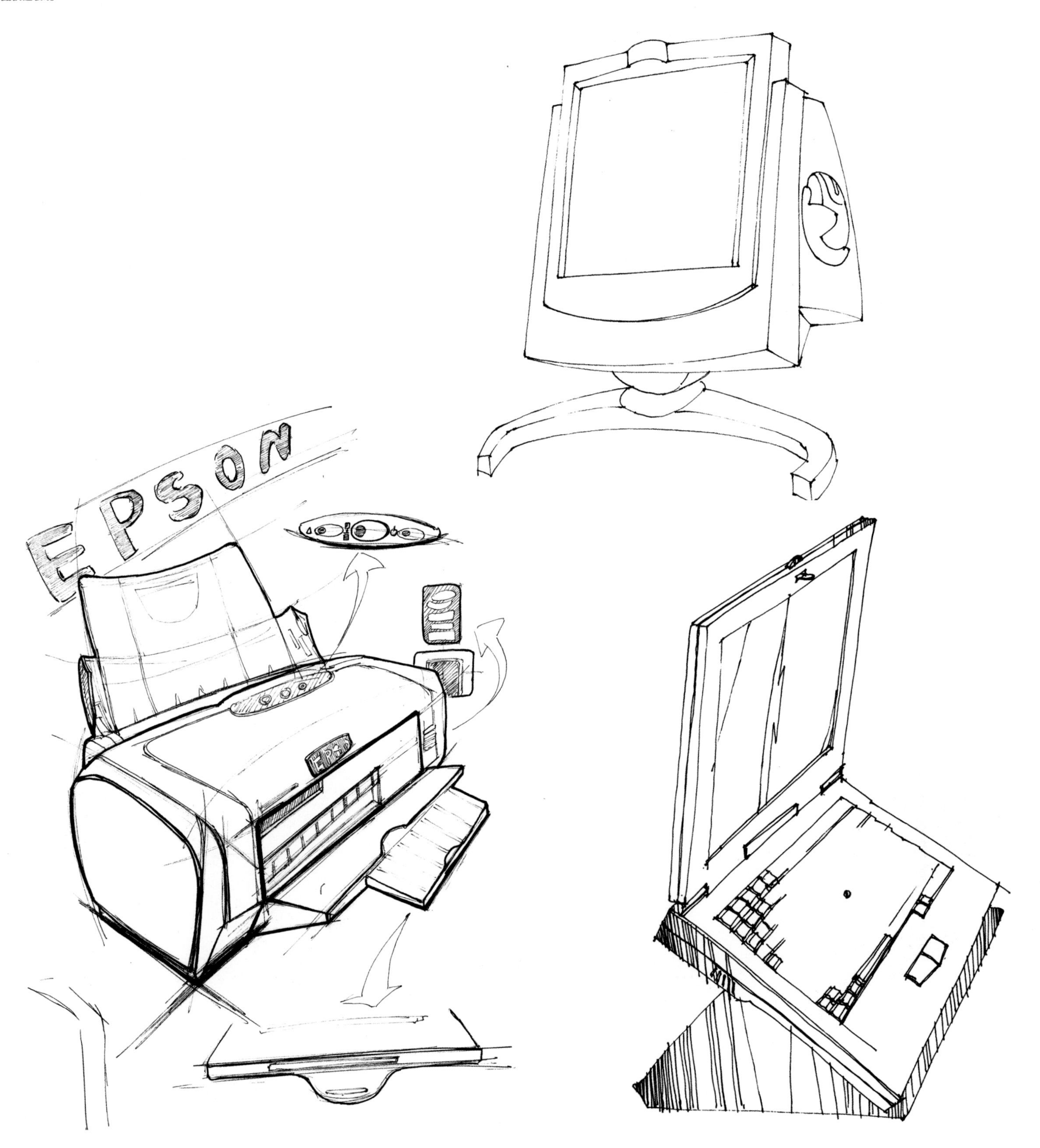
EPSON

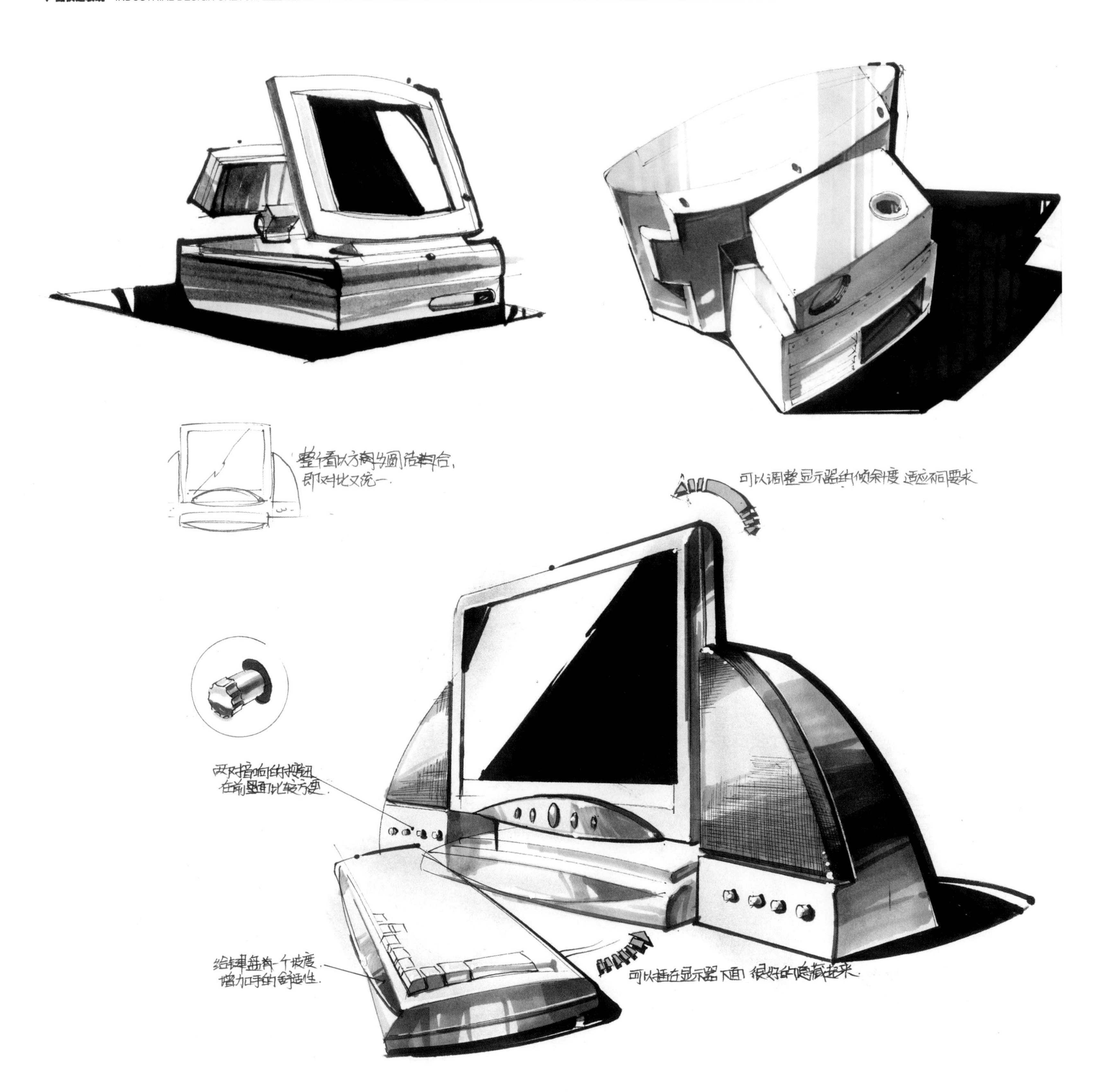
整个看以方形与圆结合，
即对比又统一.
可以调整显示器的倾斜度 适应不同要求
两只音响的按钮
在前面比较方便.
给键盘有一个坡度.
增加手的舒适性.
可以插在显示器下面 很好的隐藏起来.

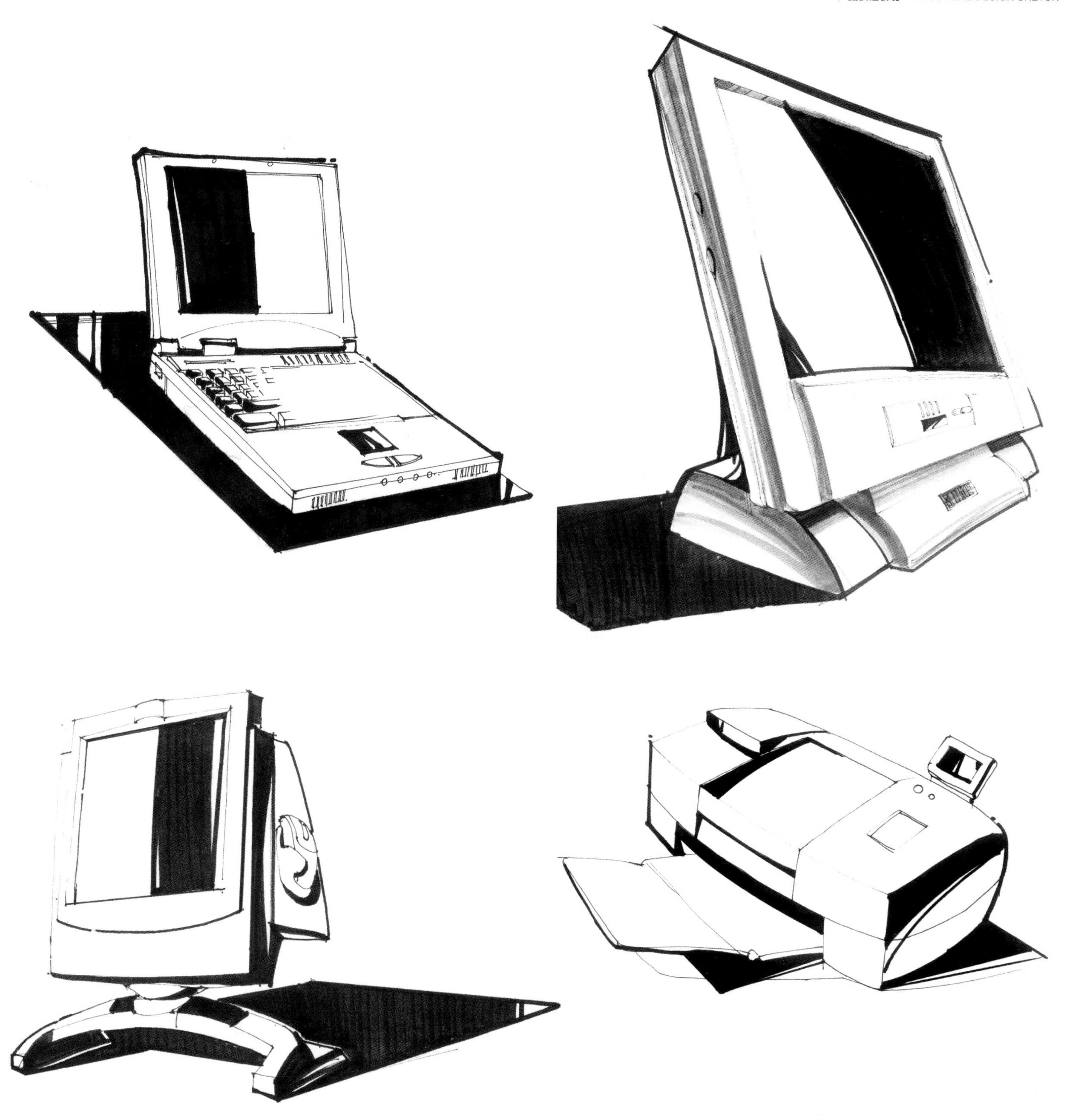

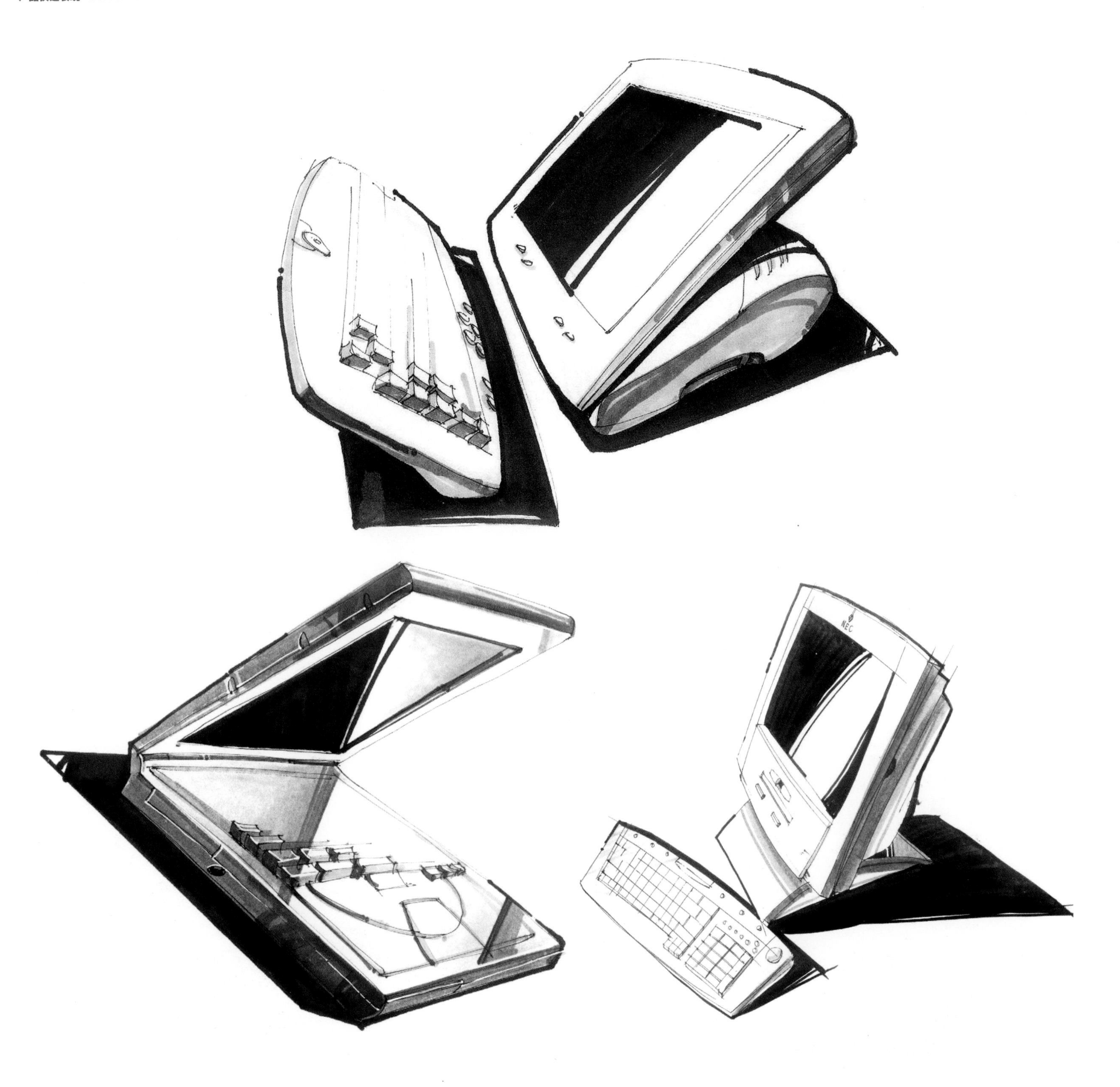
NEC

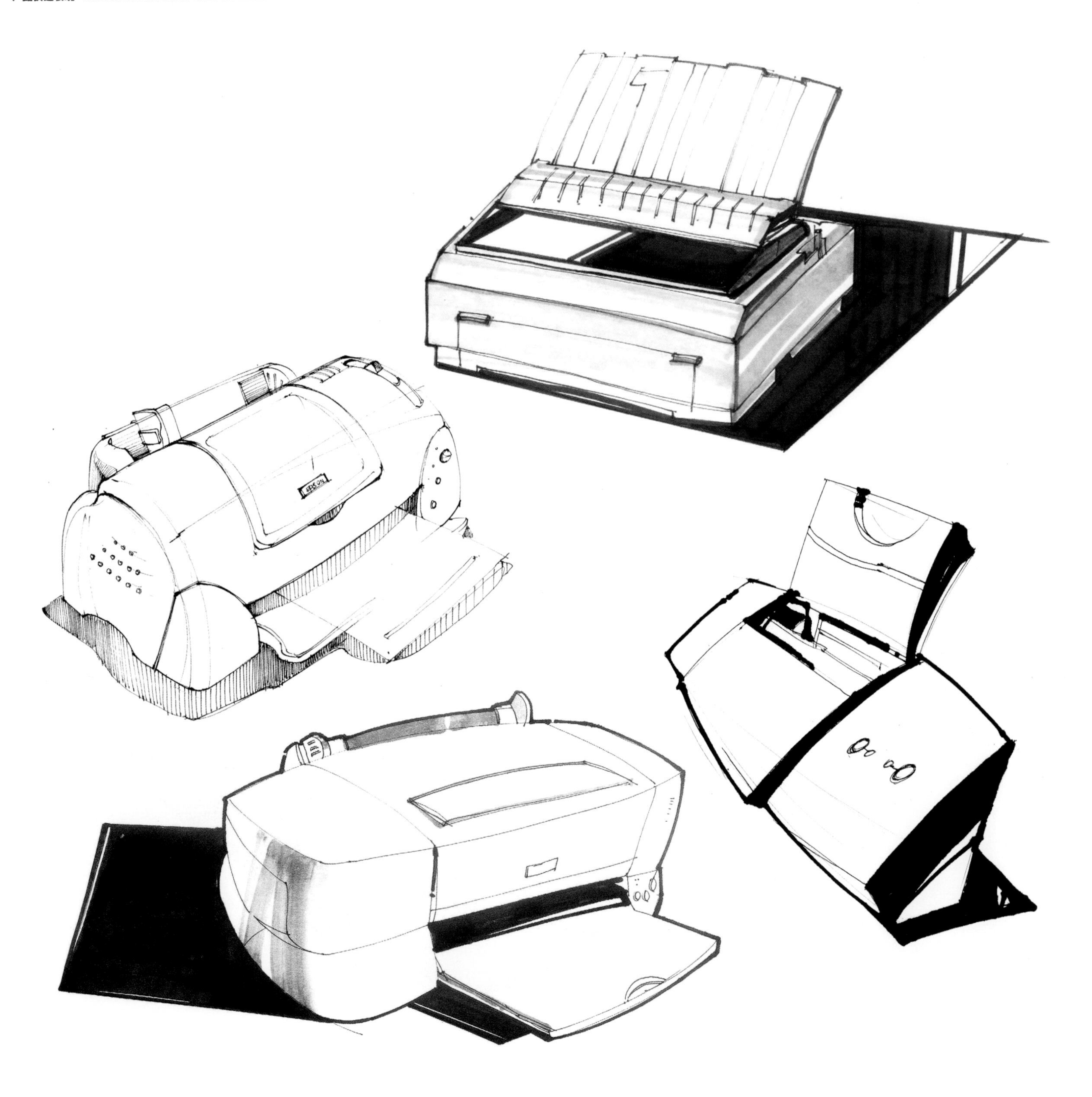

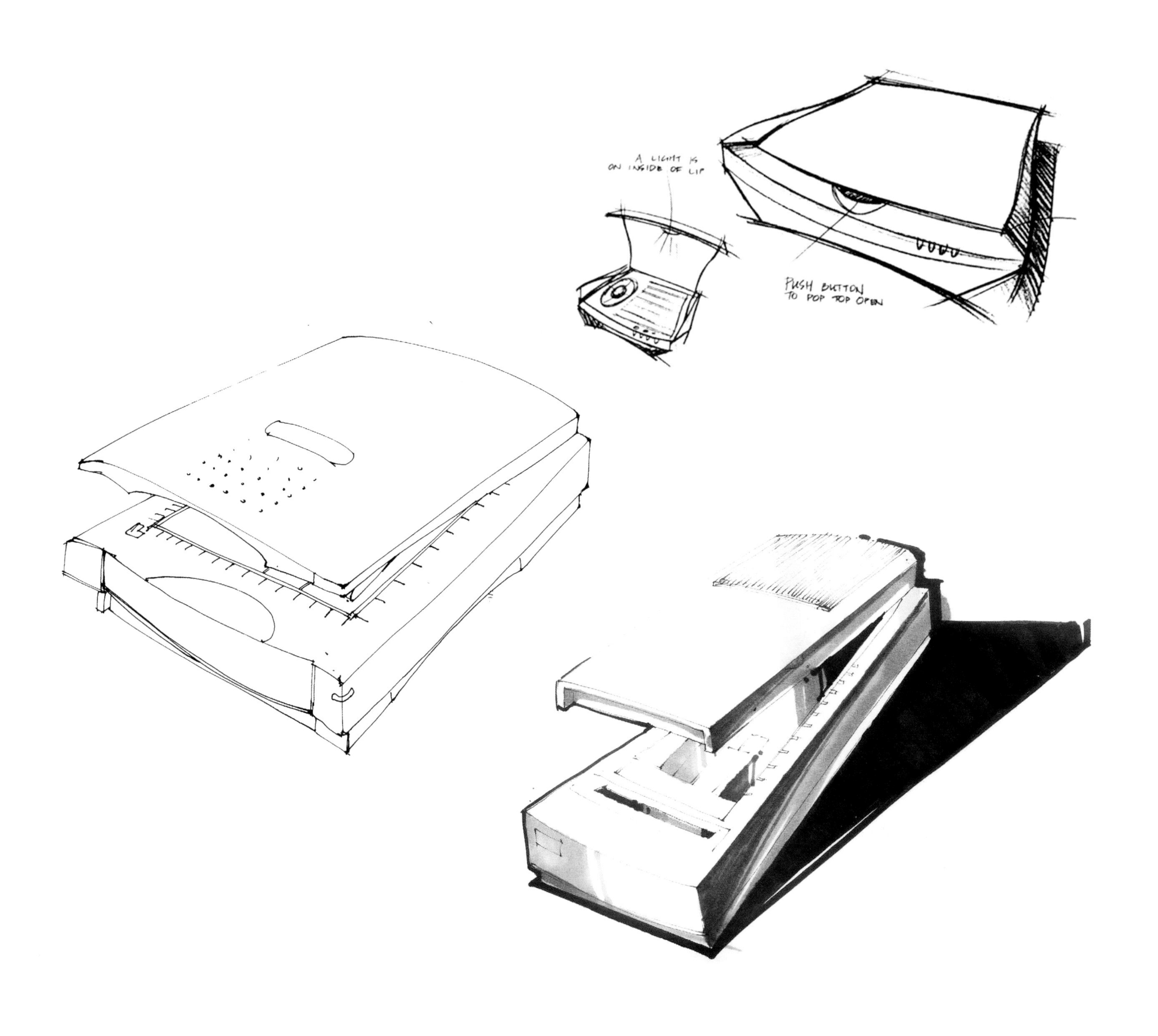
A LIGHT IS
ON INSIDE OF LIP
PUSH BUTTON
TO POP TOP OPEN

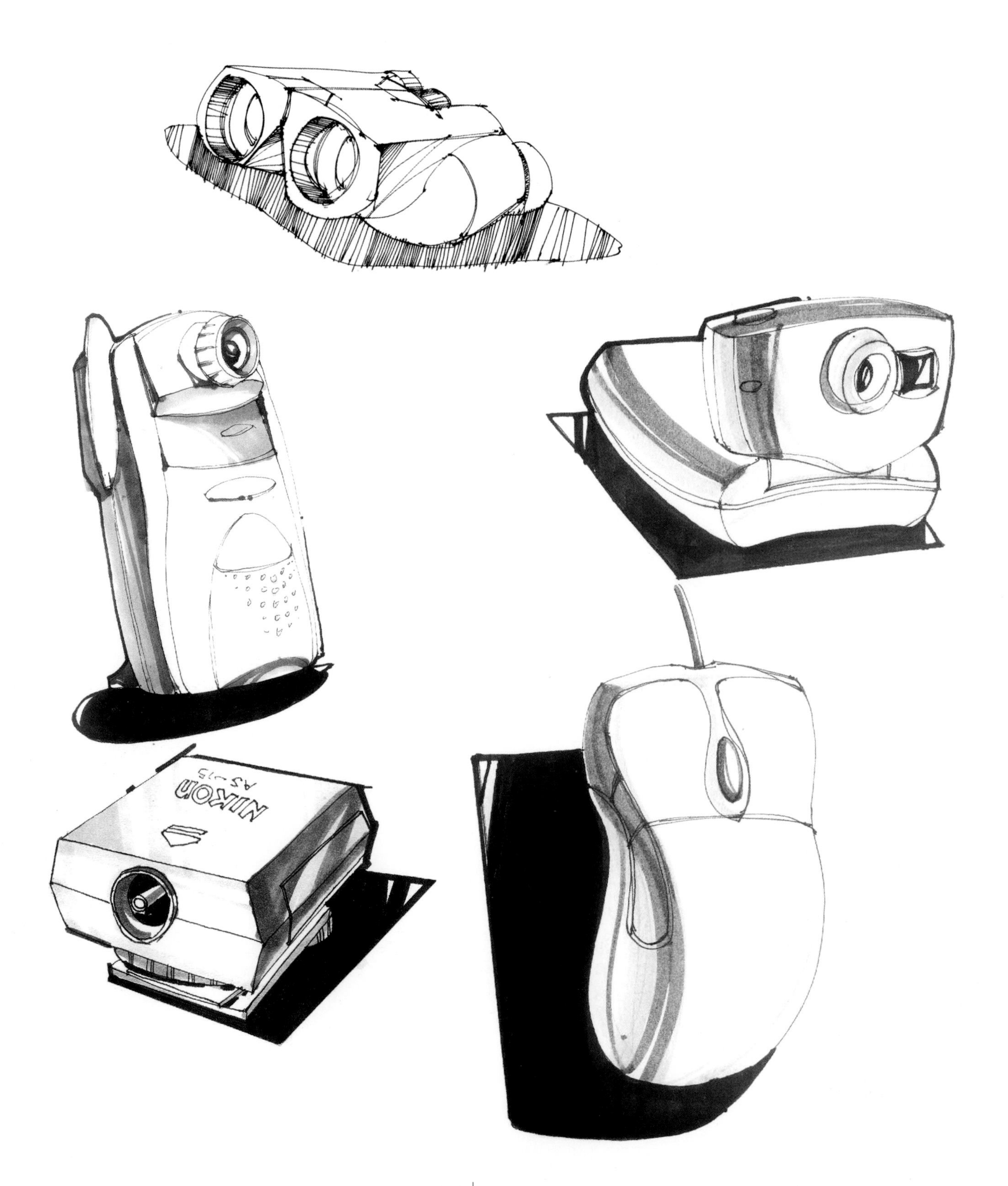
NIKON
AS-15

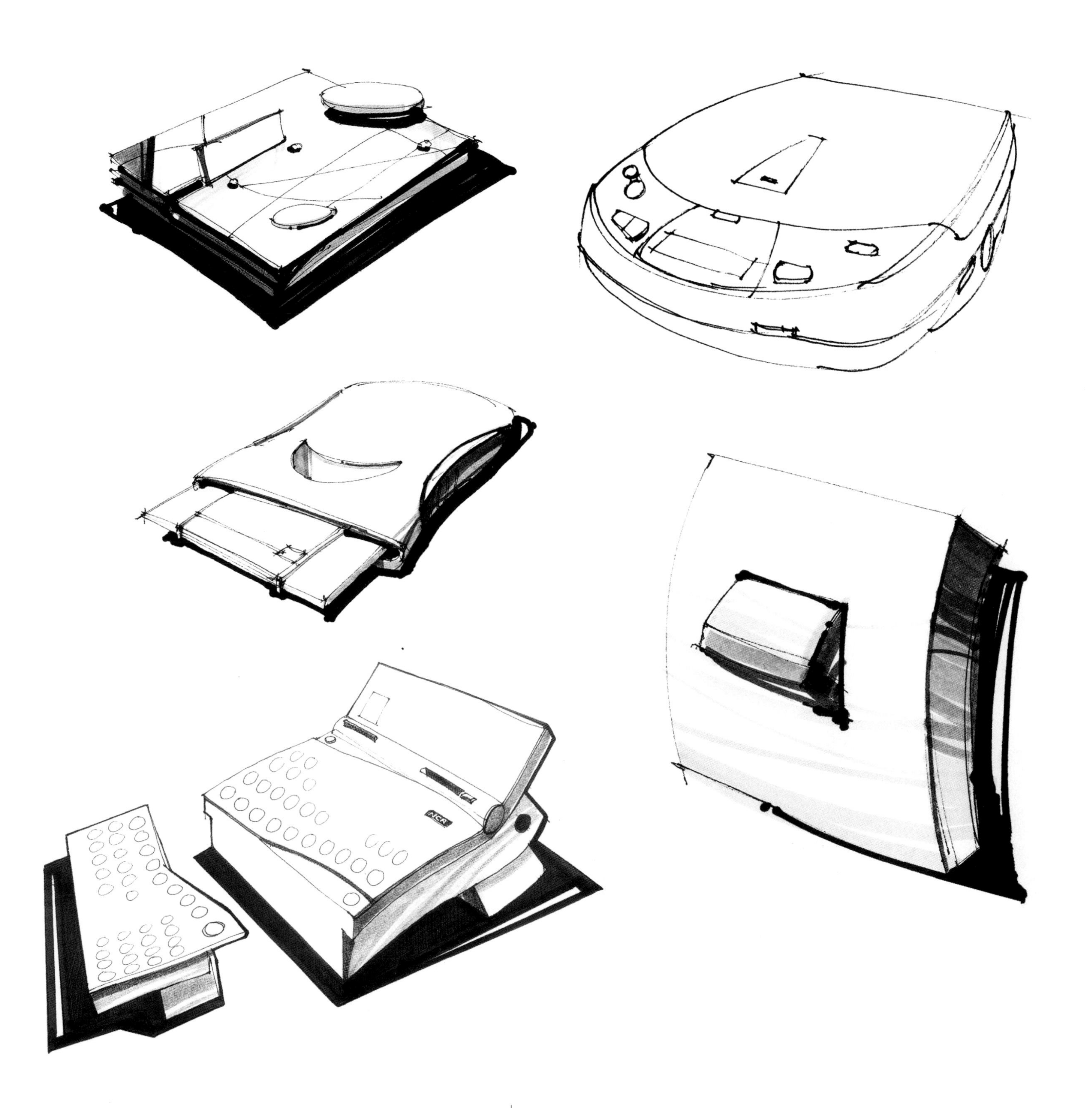
NCR

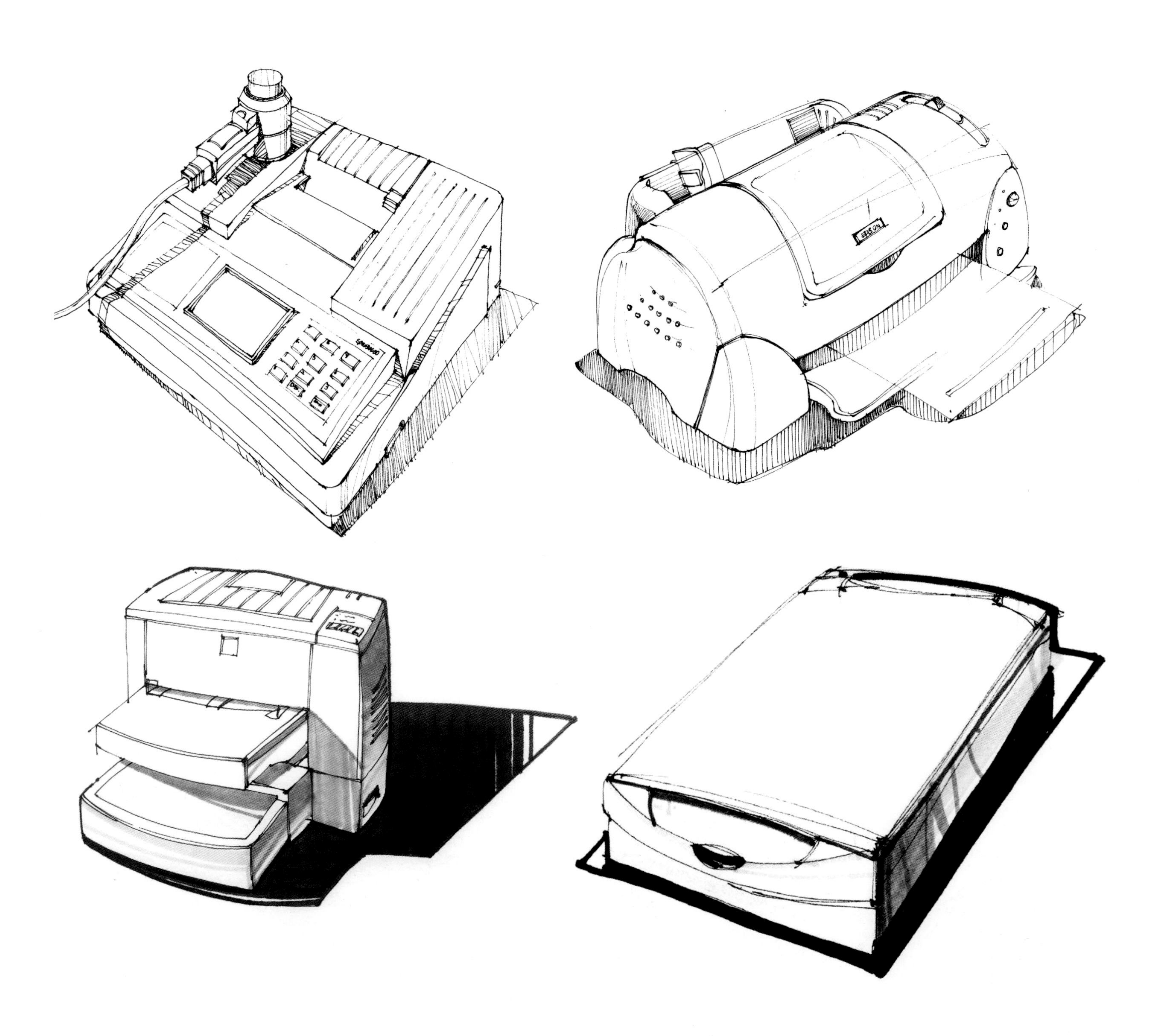
EPSON

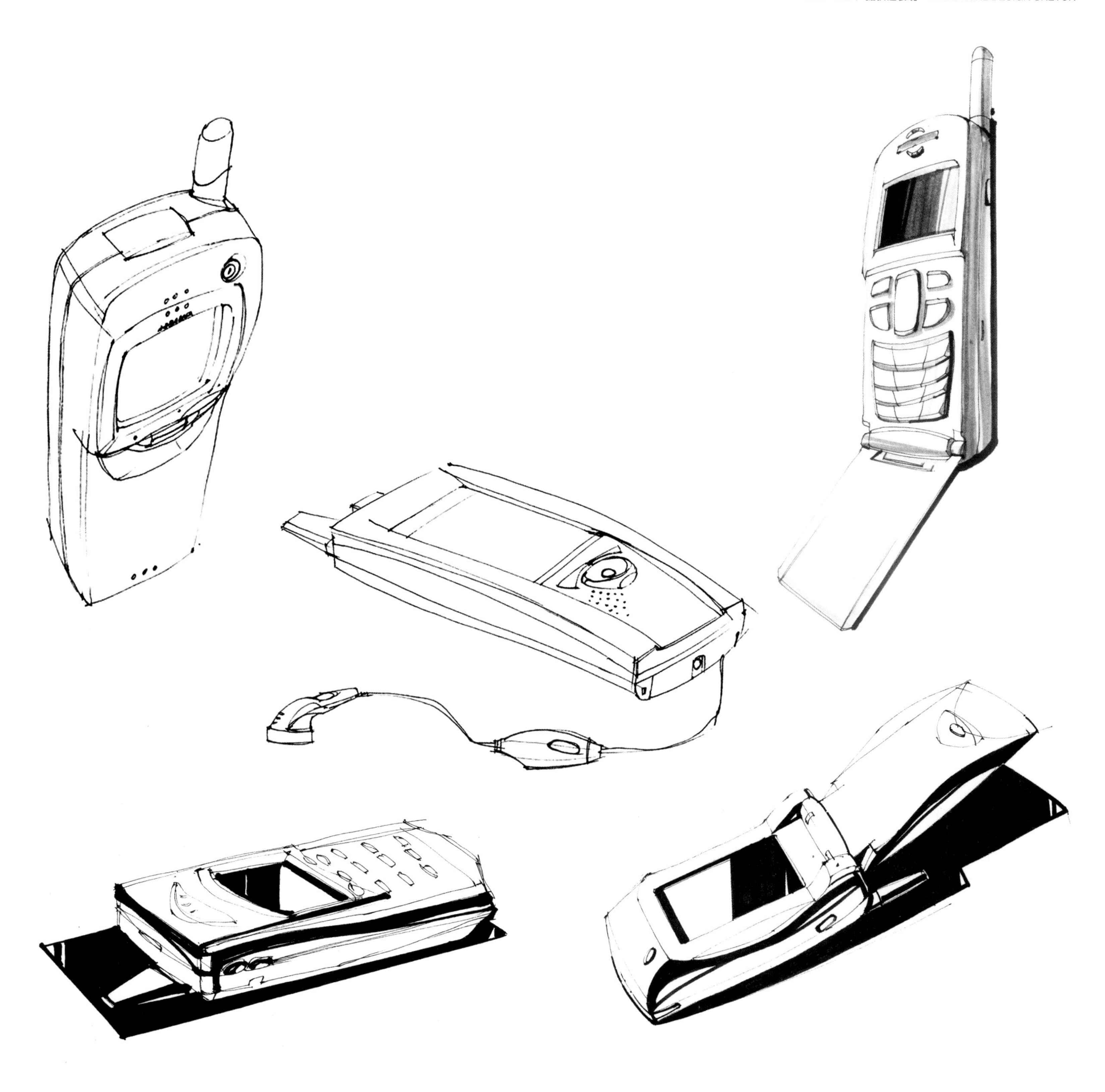

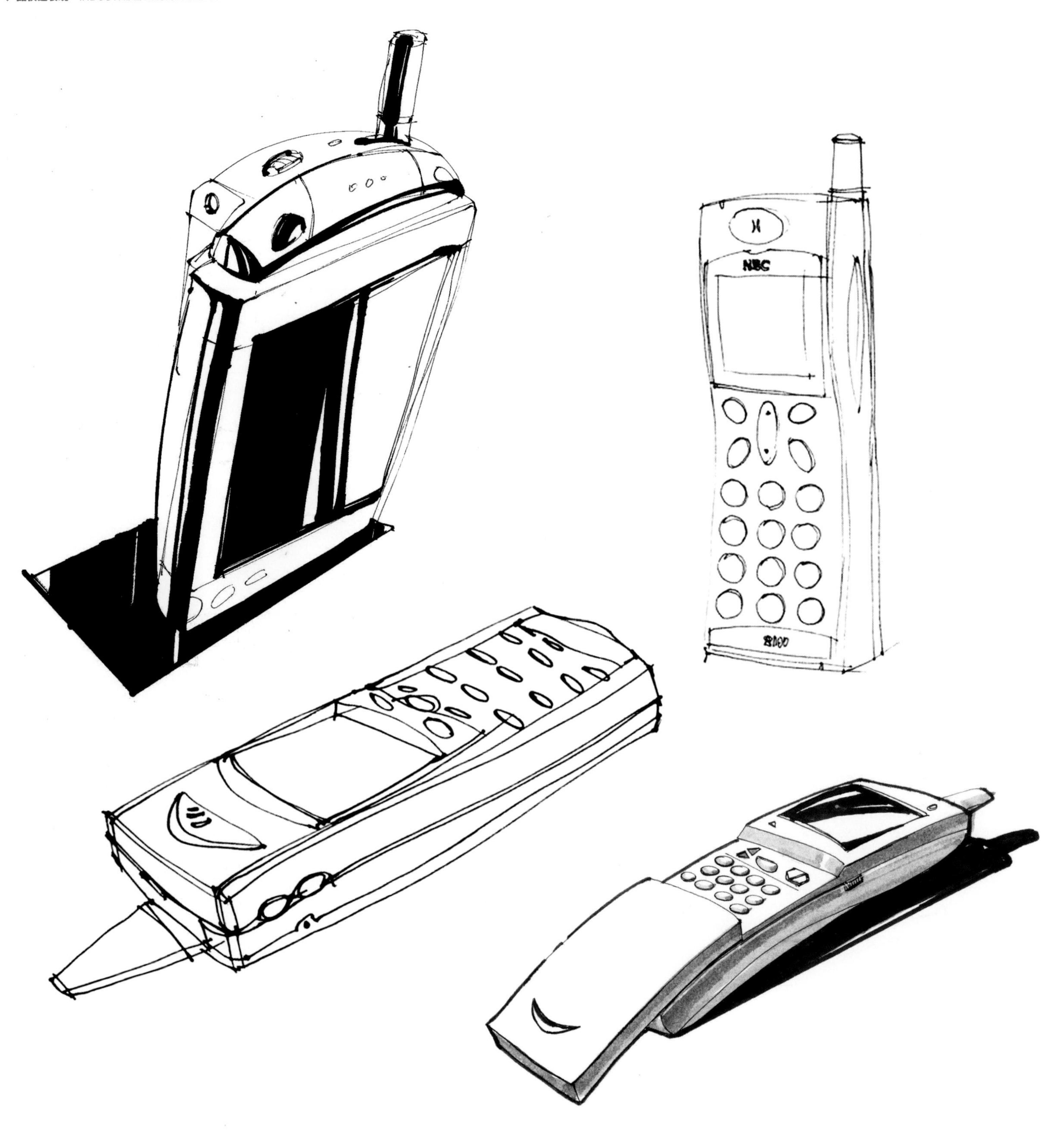
NBC

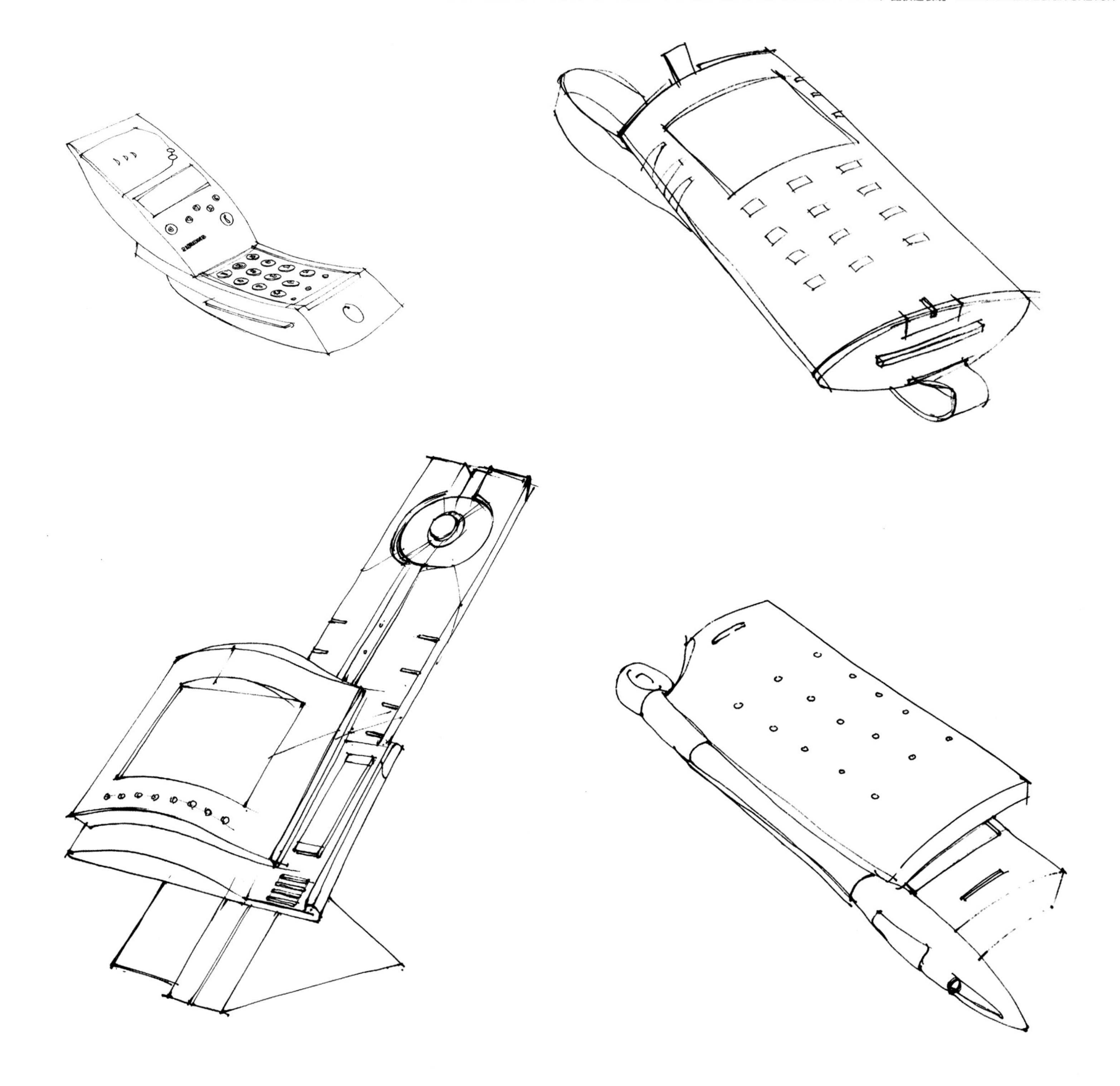

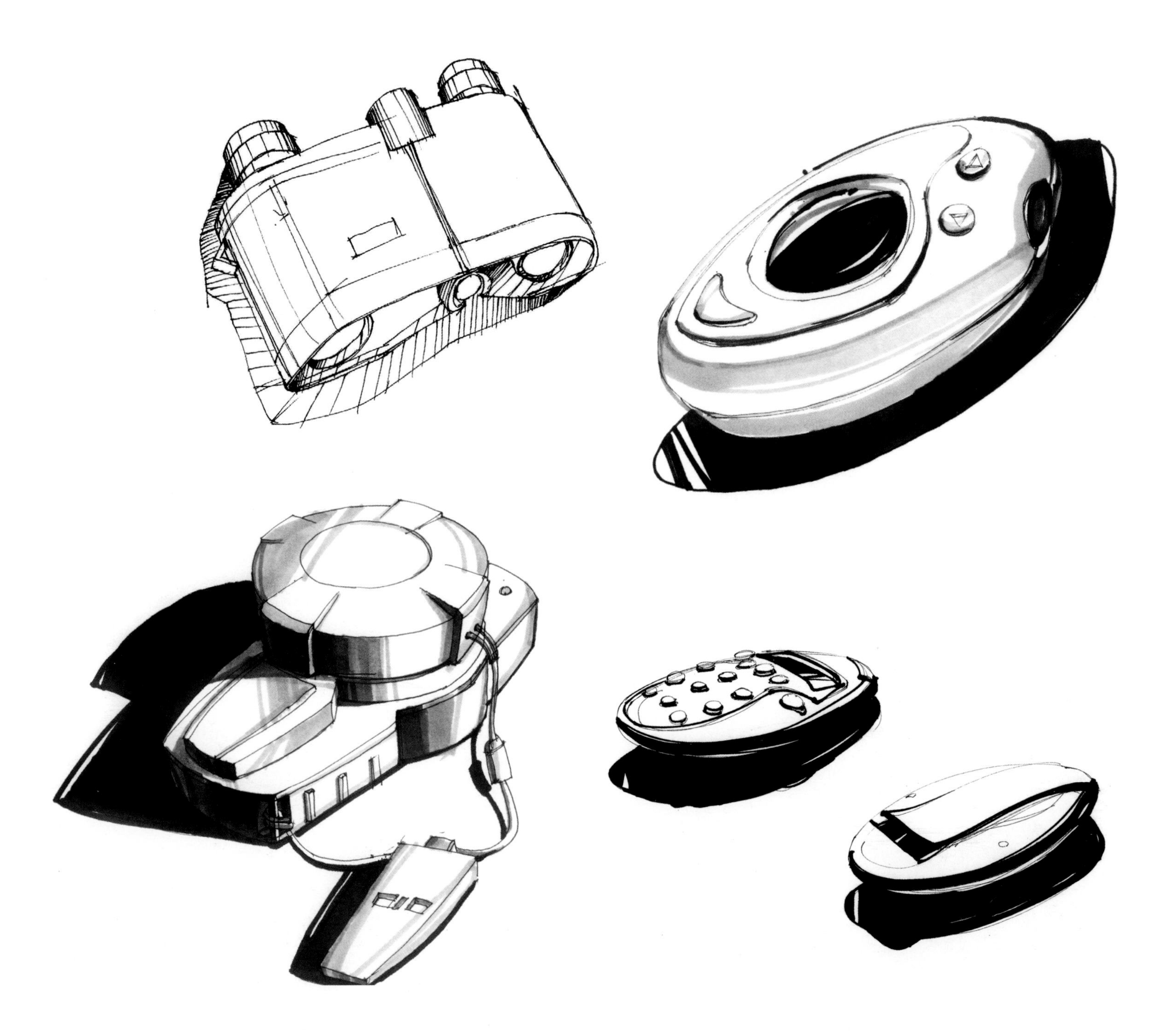

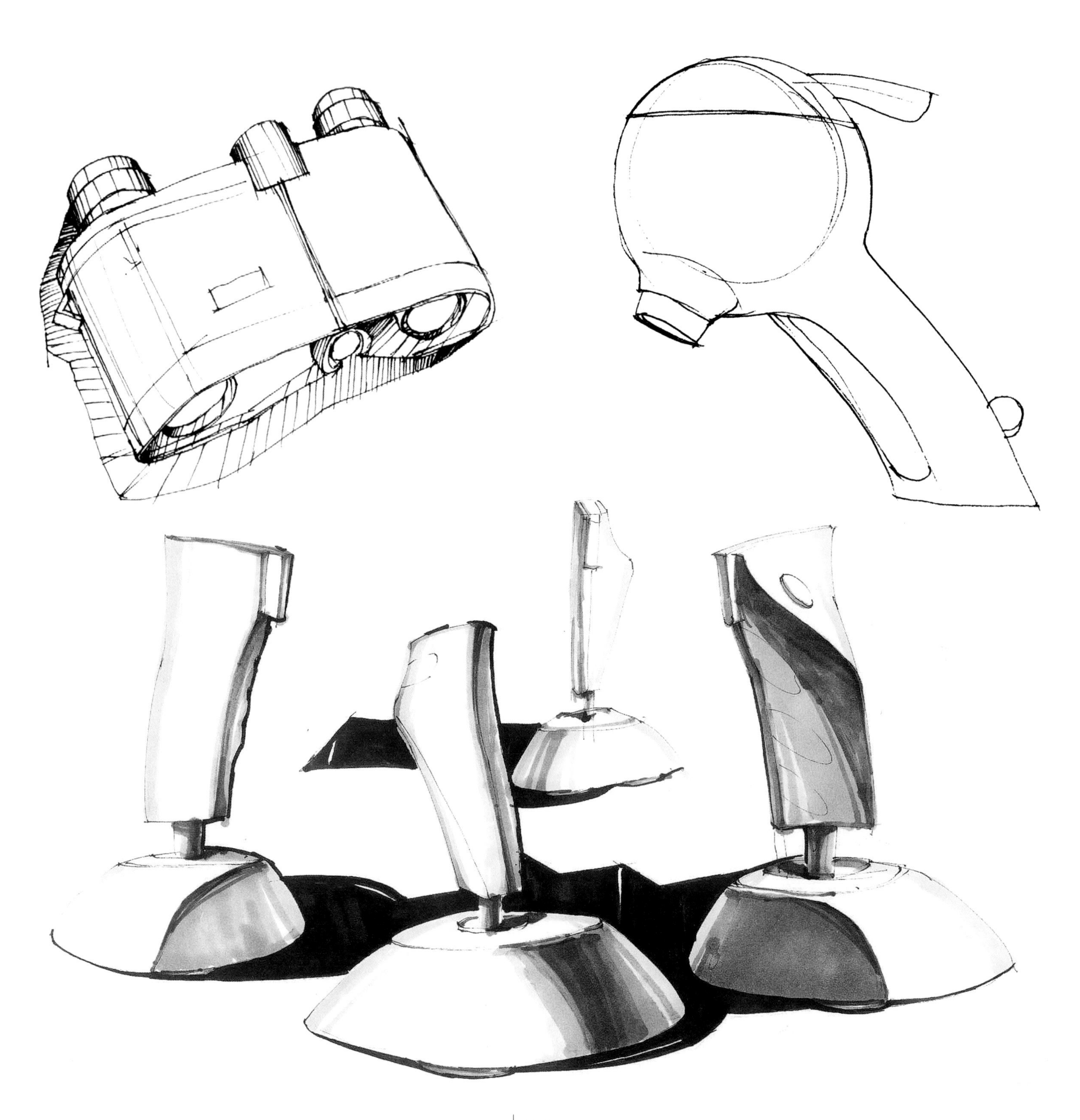

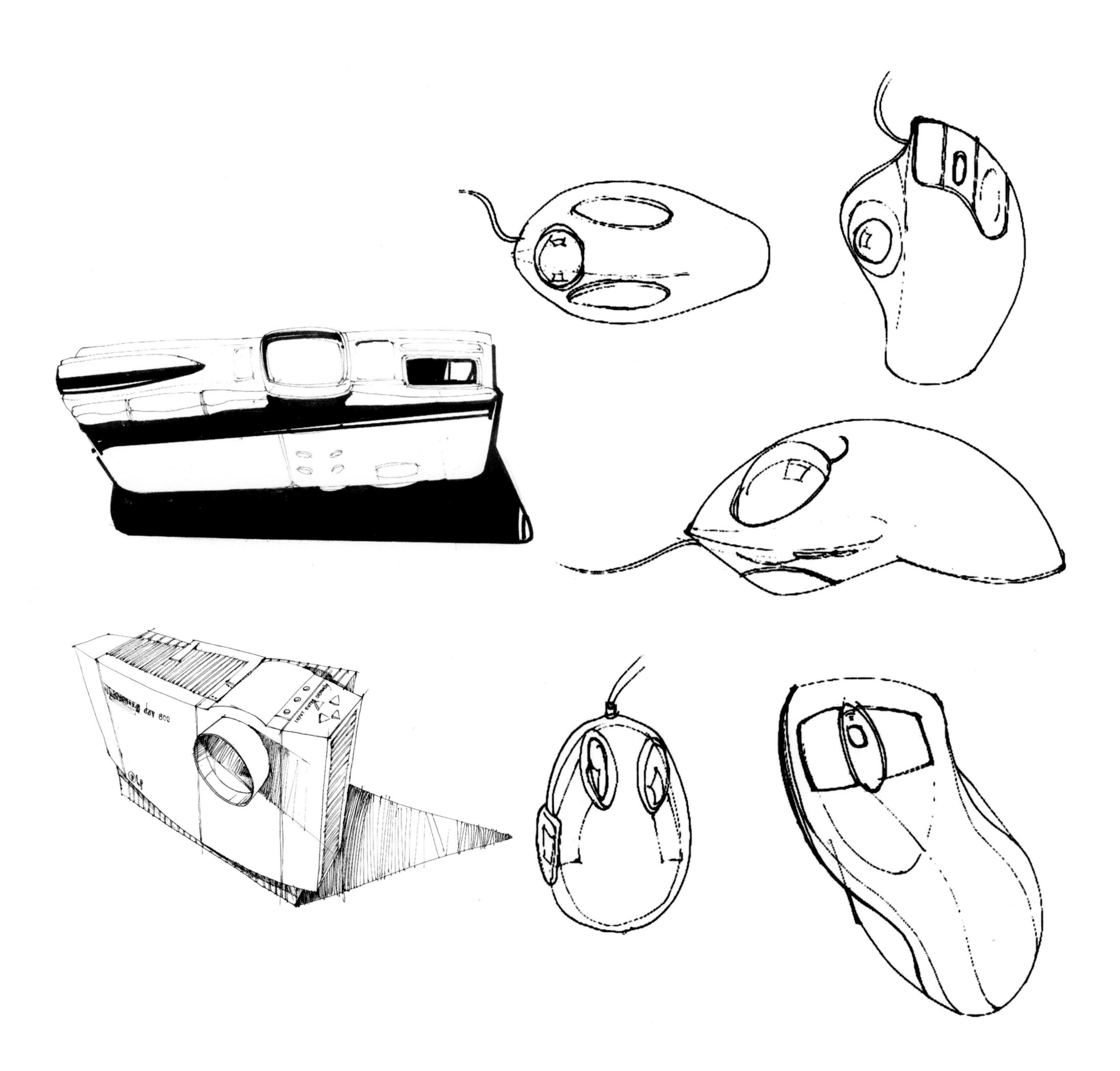

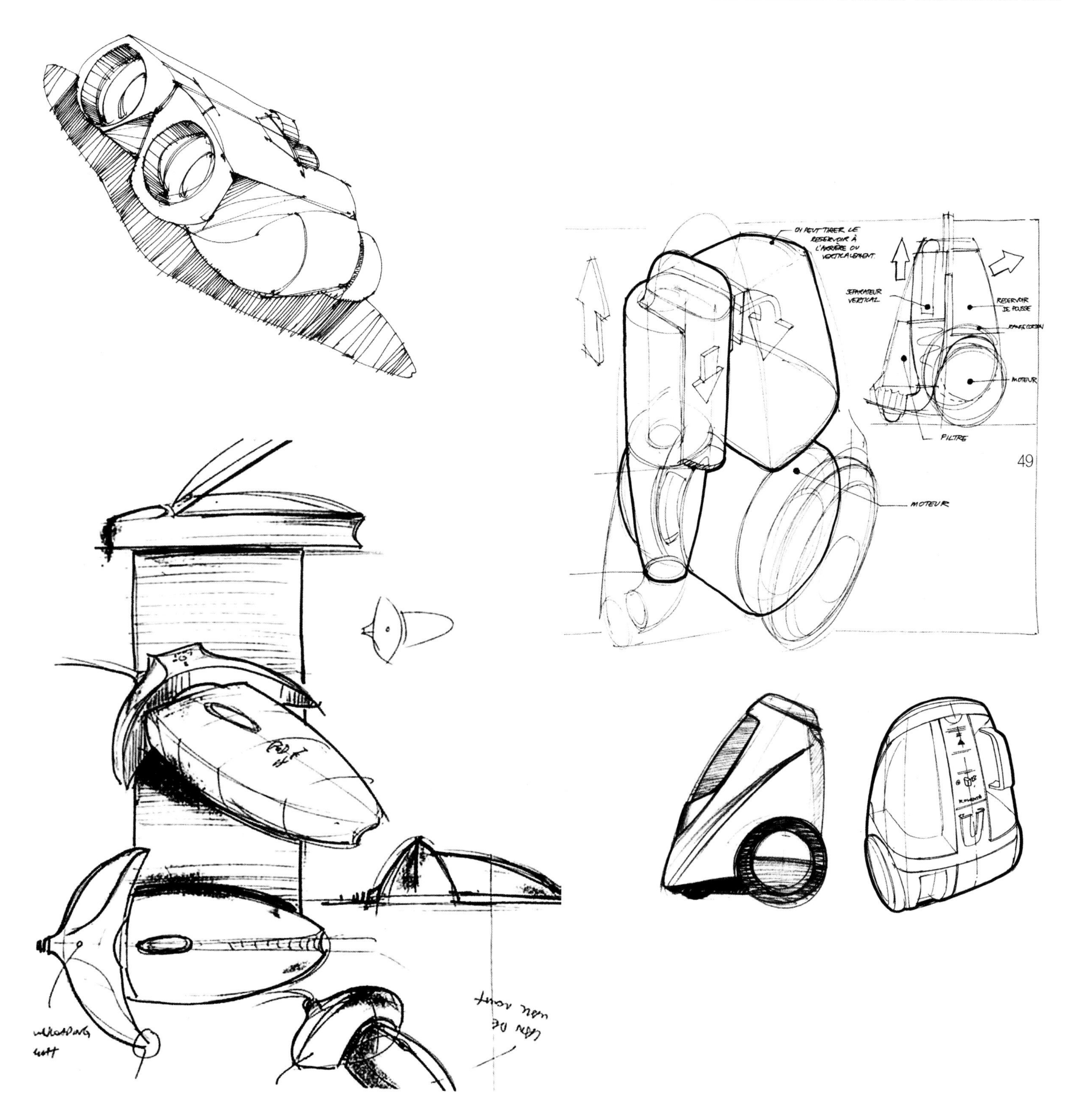
ON PEUT TIRER LE RESERVOIR À L'ARRIÈRE OU VERTICALEMENT.
SEPARATEUR VERTICAL
RESERVOIR DE POUSSE
MOTEUR
FILTRE
49
MOTEUR

APQTELEVIDTT

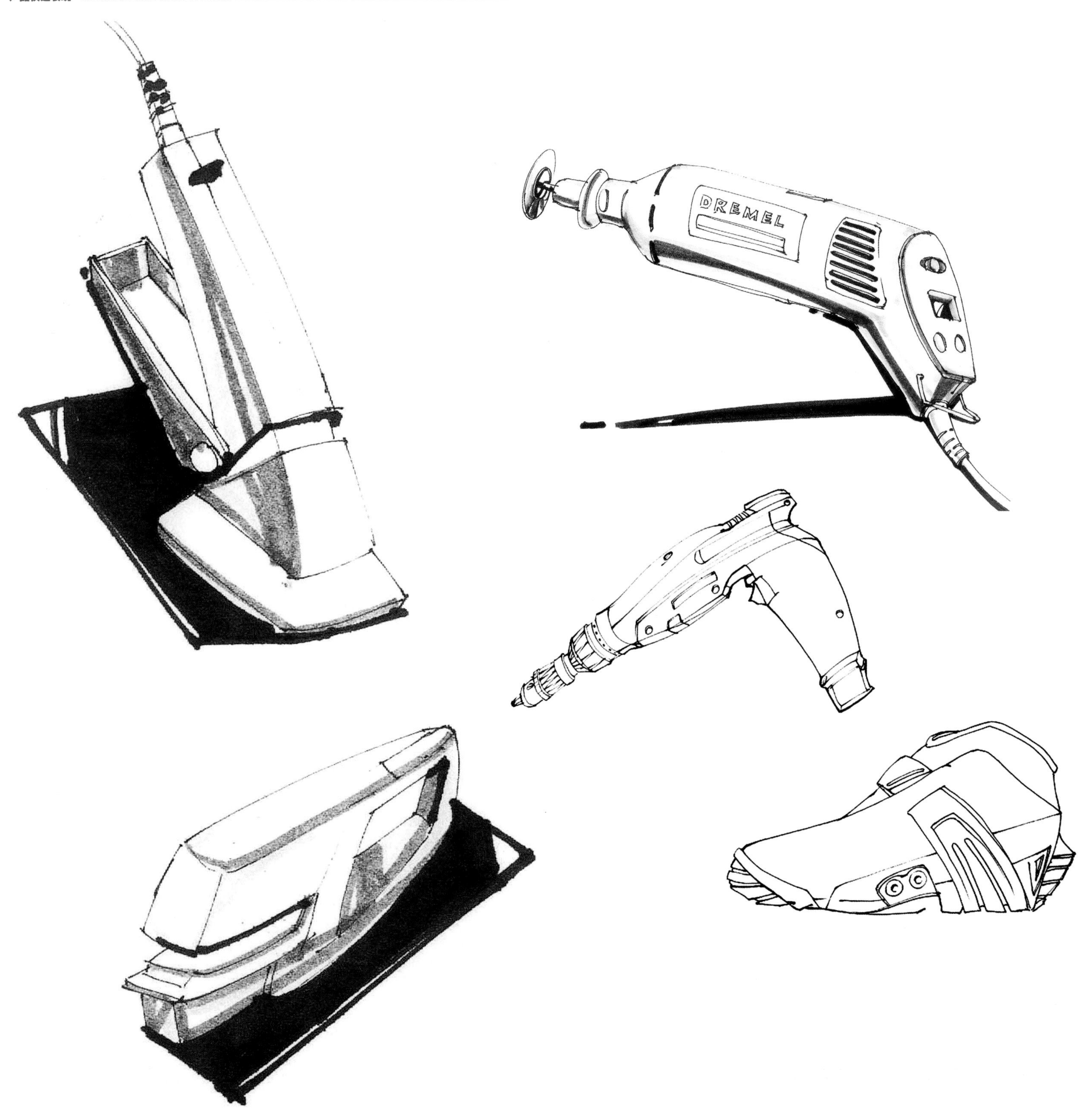
DREMEL

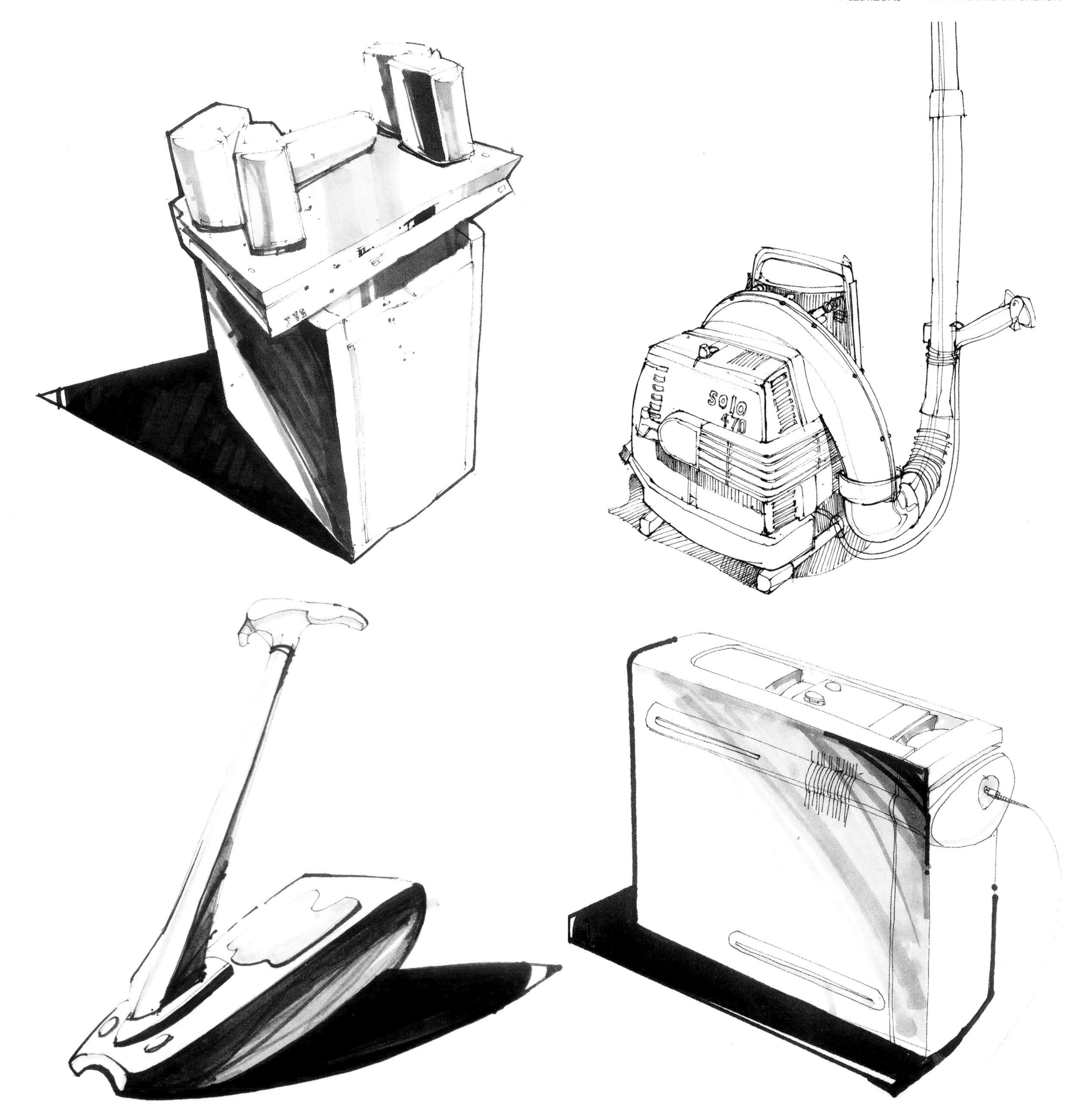
solo
470

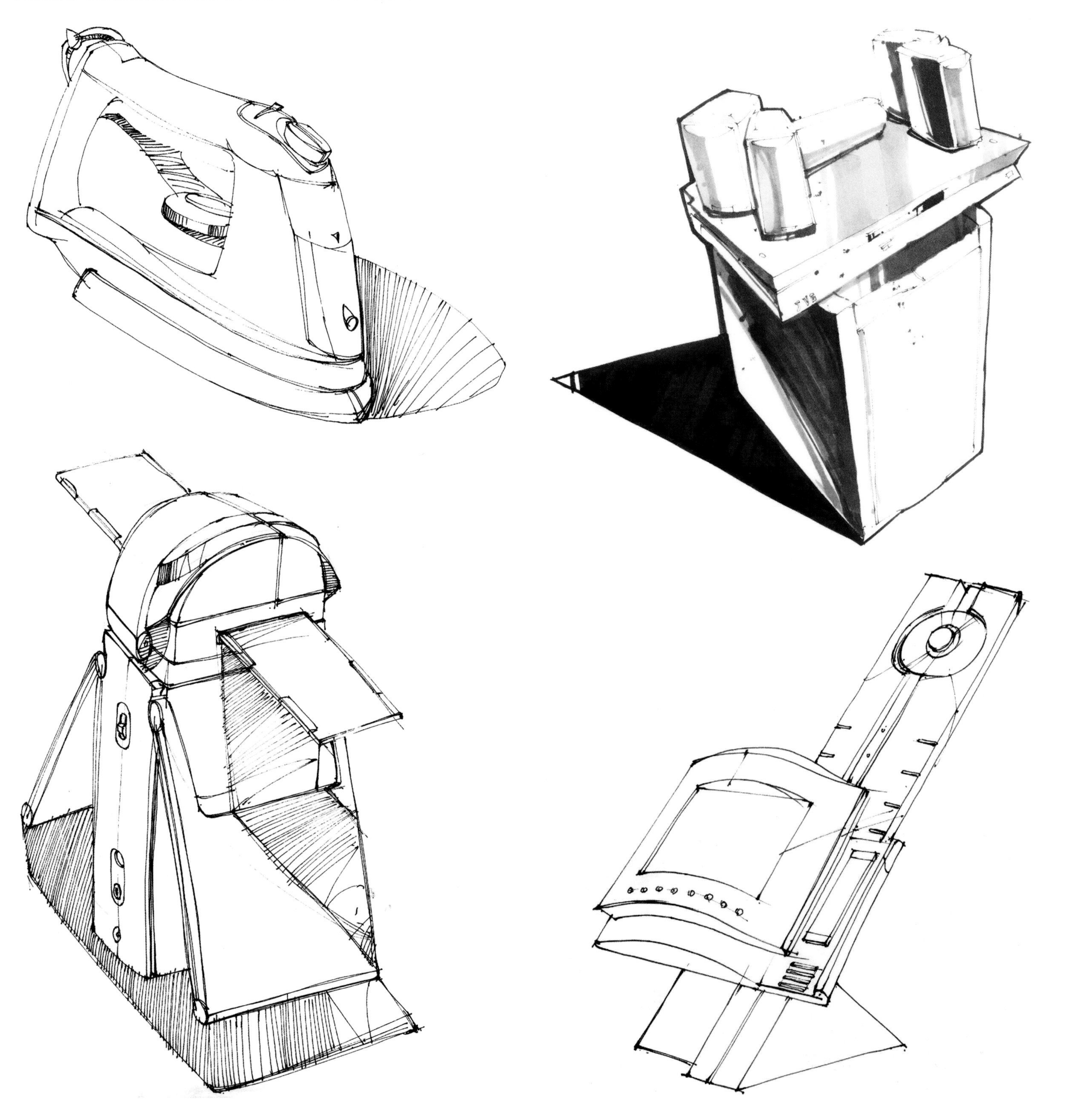

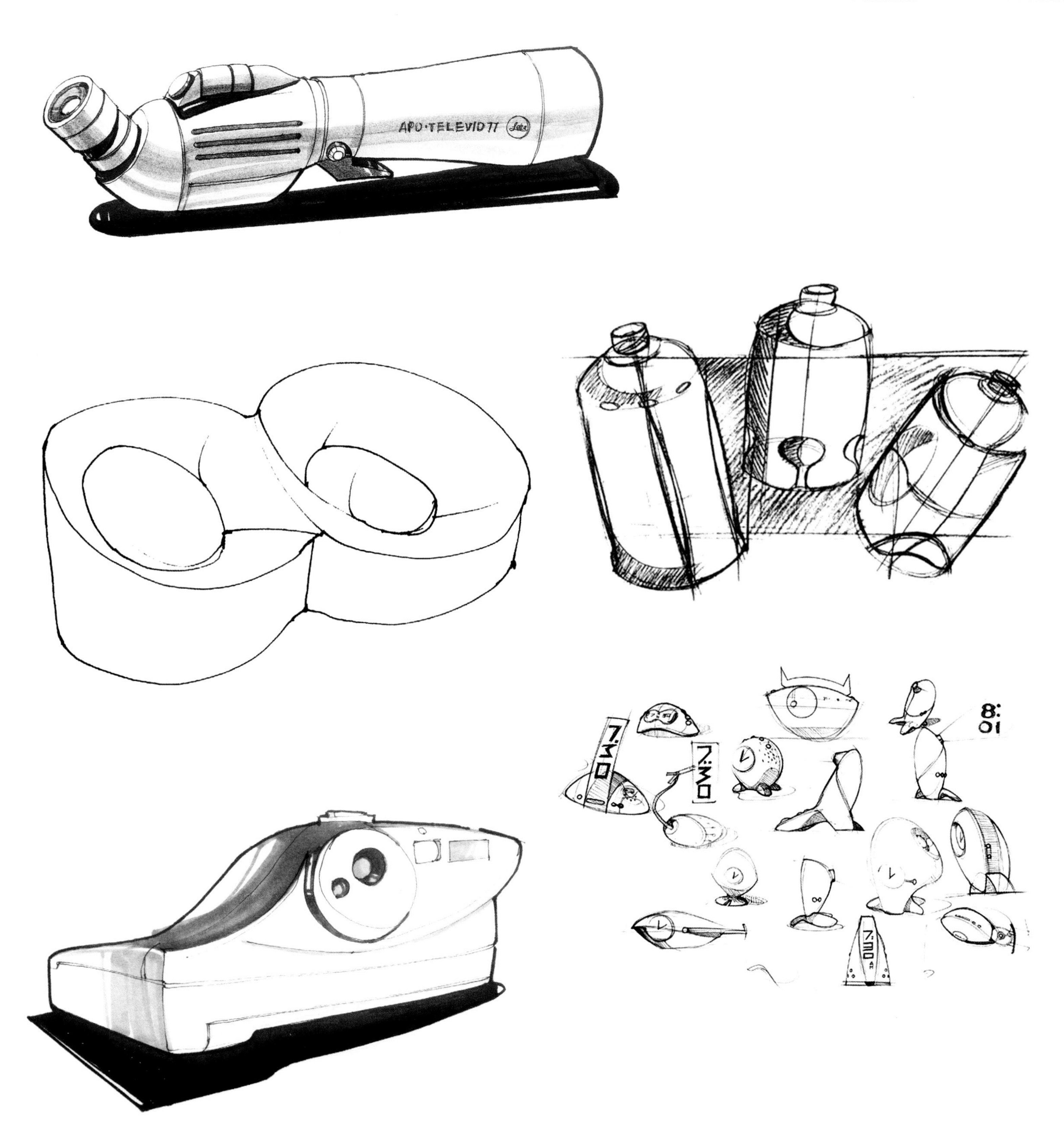
APO·TELEVID 77

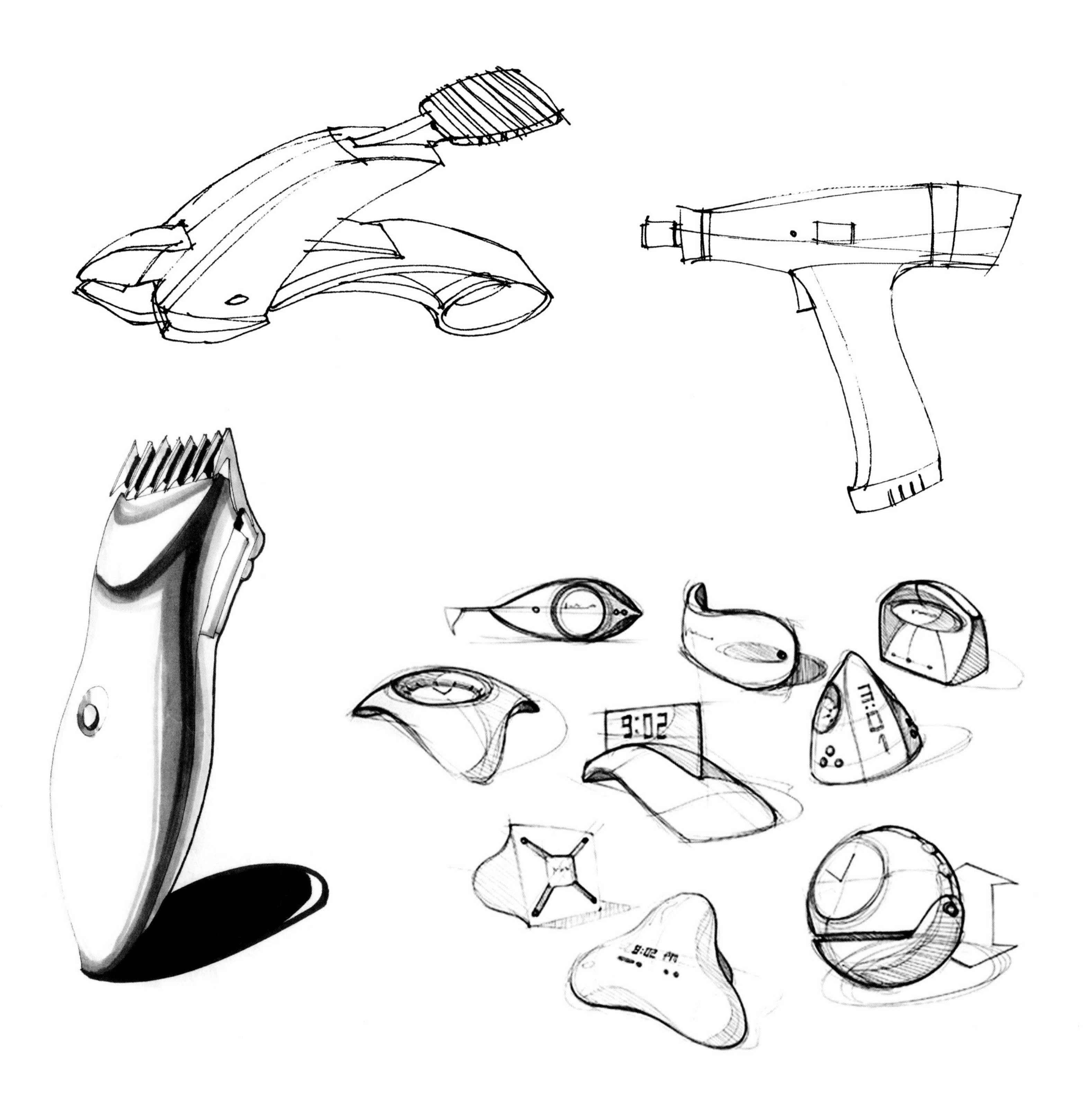
9:02

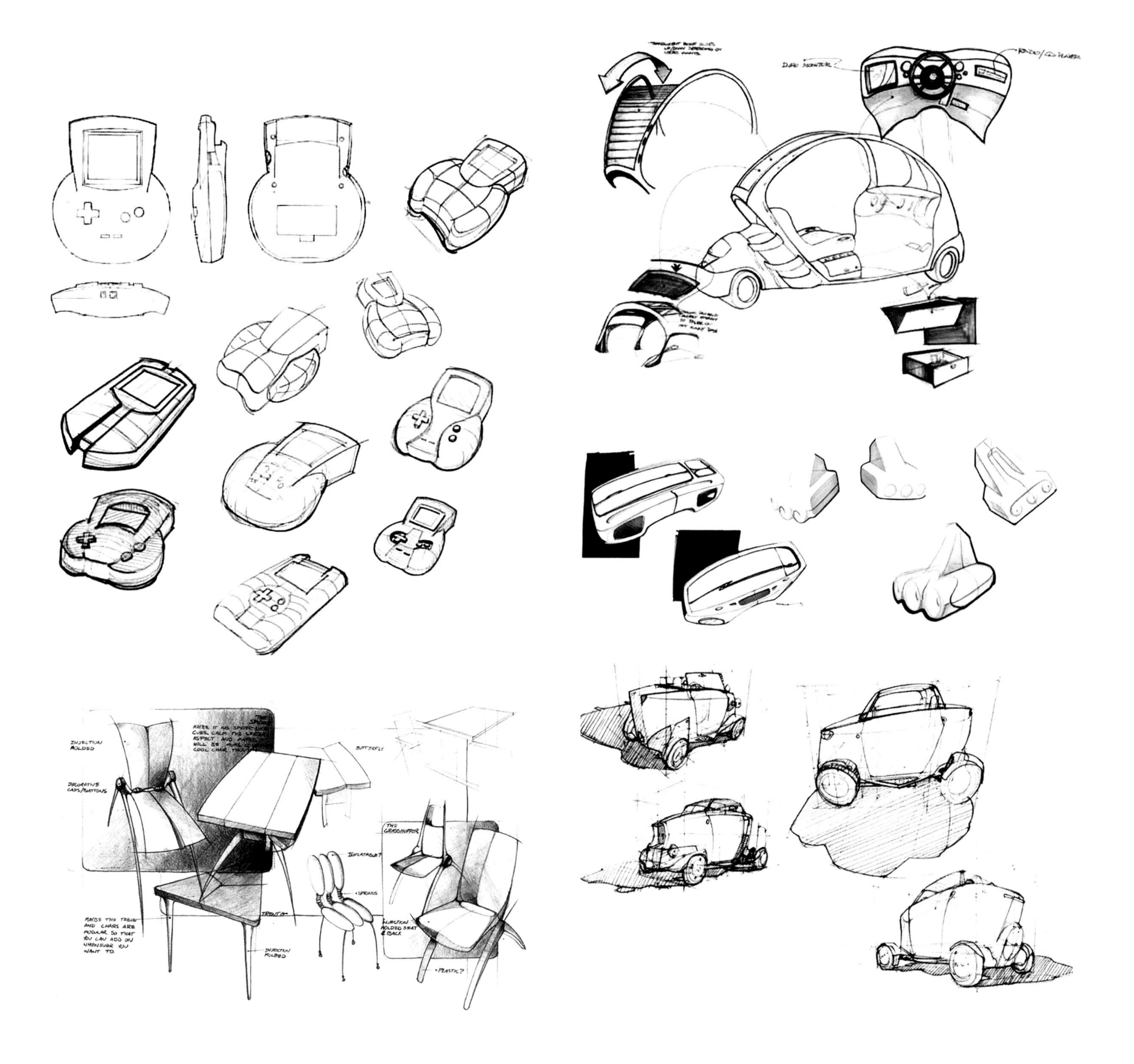
INJECTION MOLDED
DECORATIVE CAPS/BUTTONS
BUTTERFLY
THE GRASSHOPPER
INFLATABLE?
SPRINGS
INJECTION MOLDED SEAT & BACK
PLASTIC?
INJECTION MOLDED

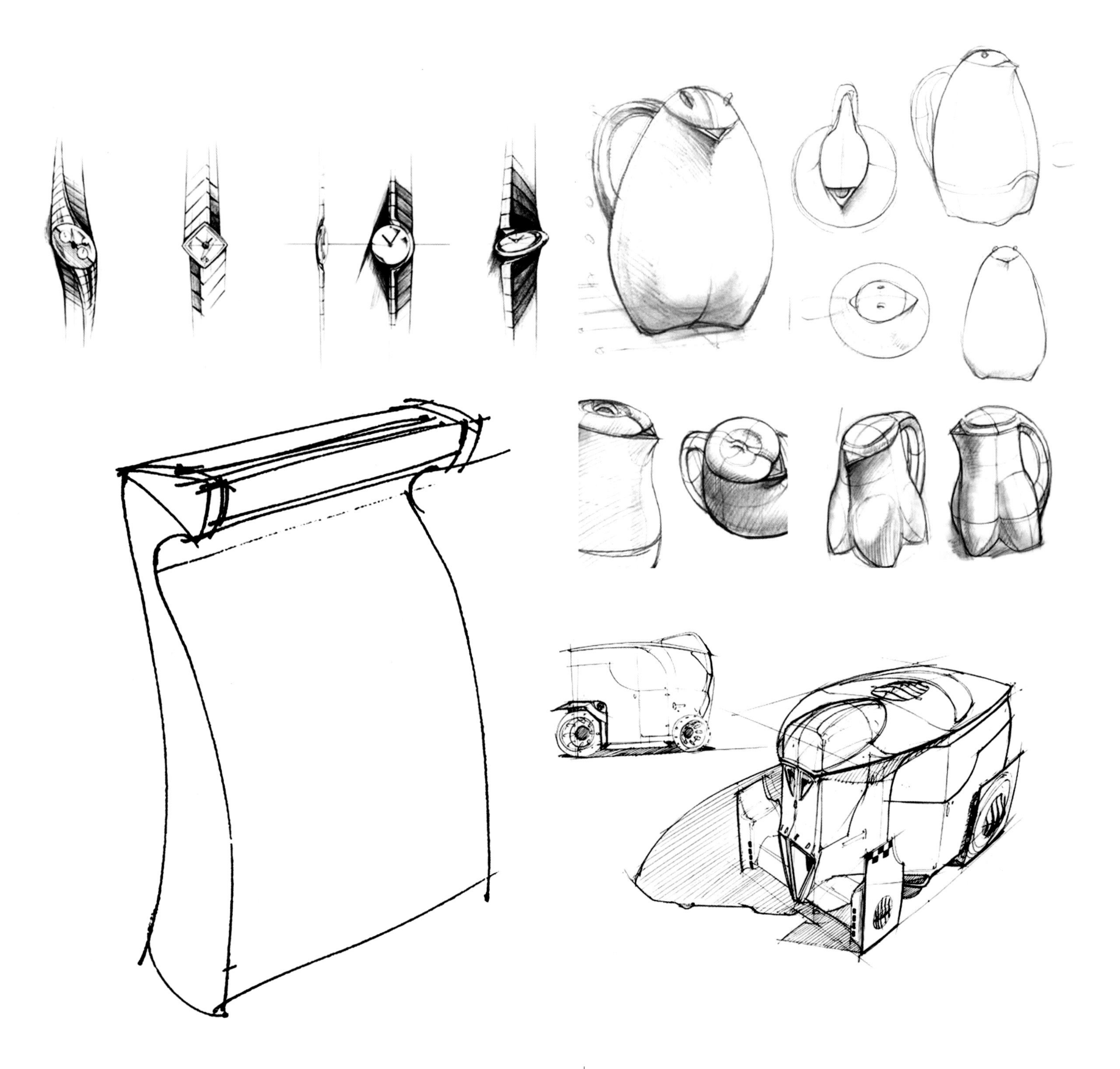

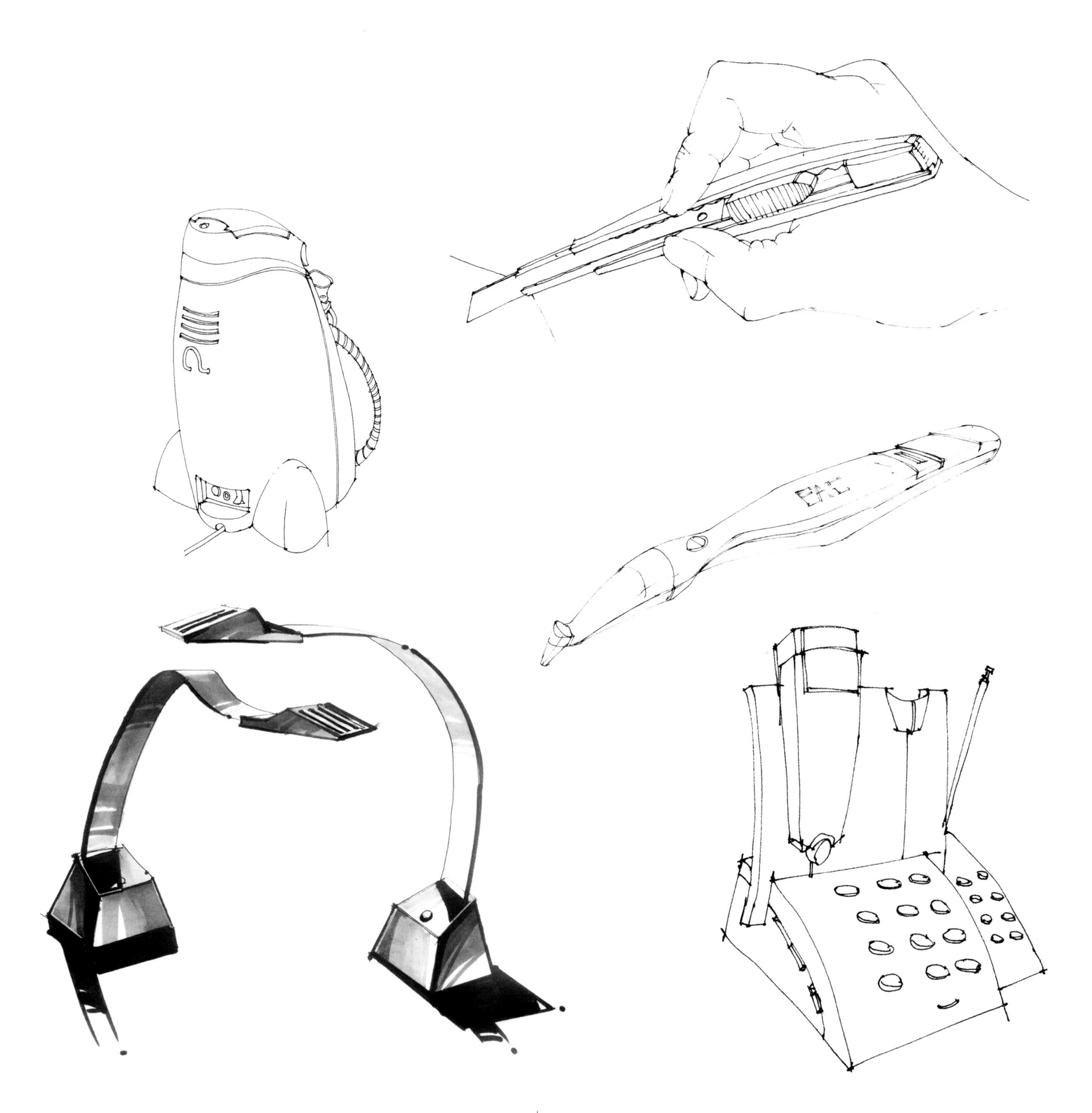

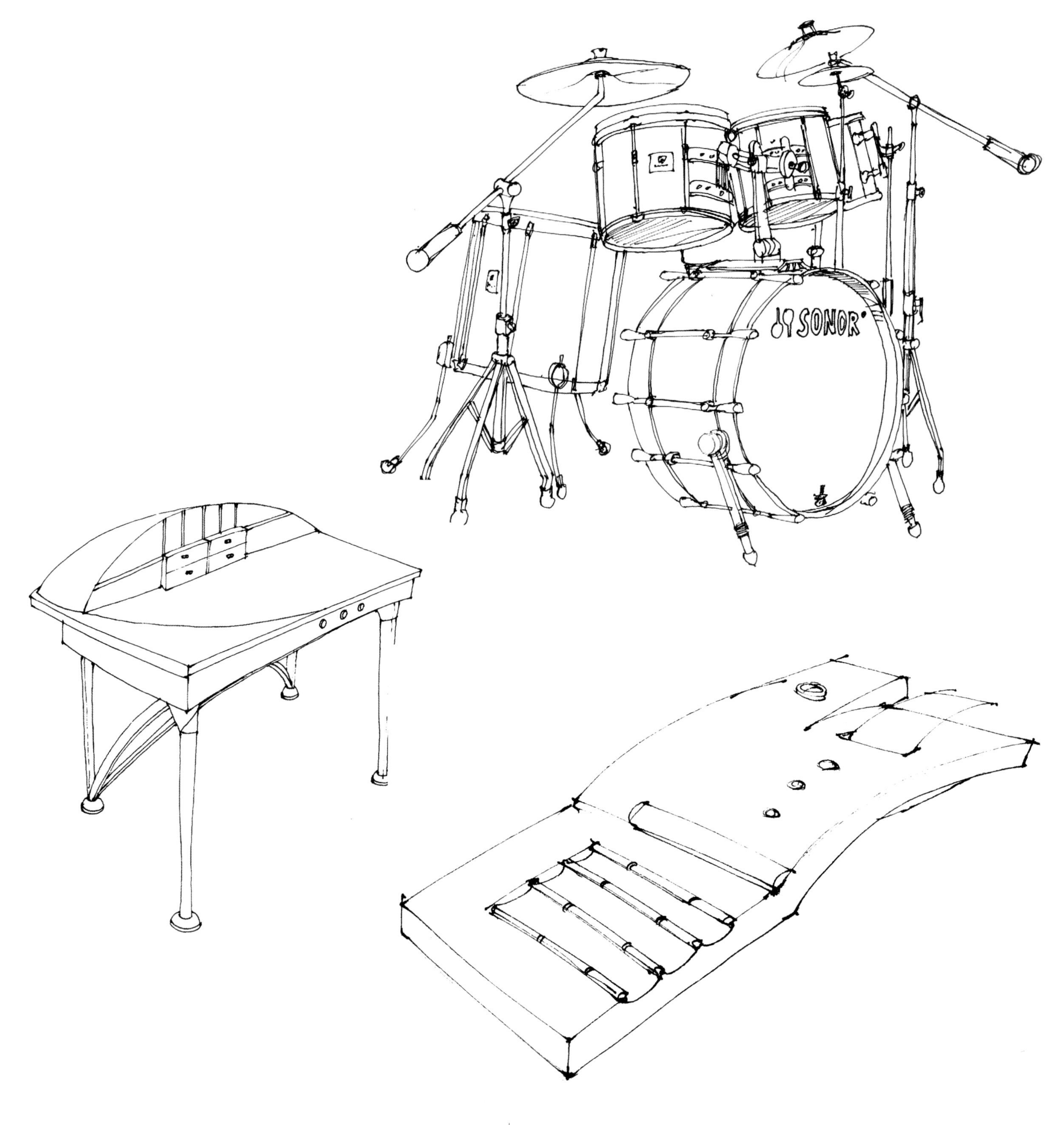
SONOR

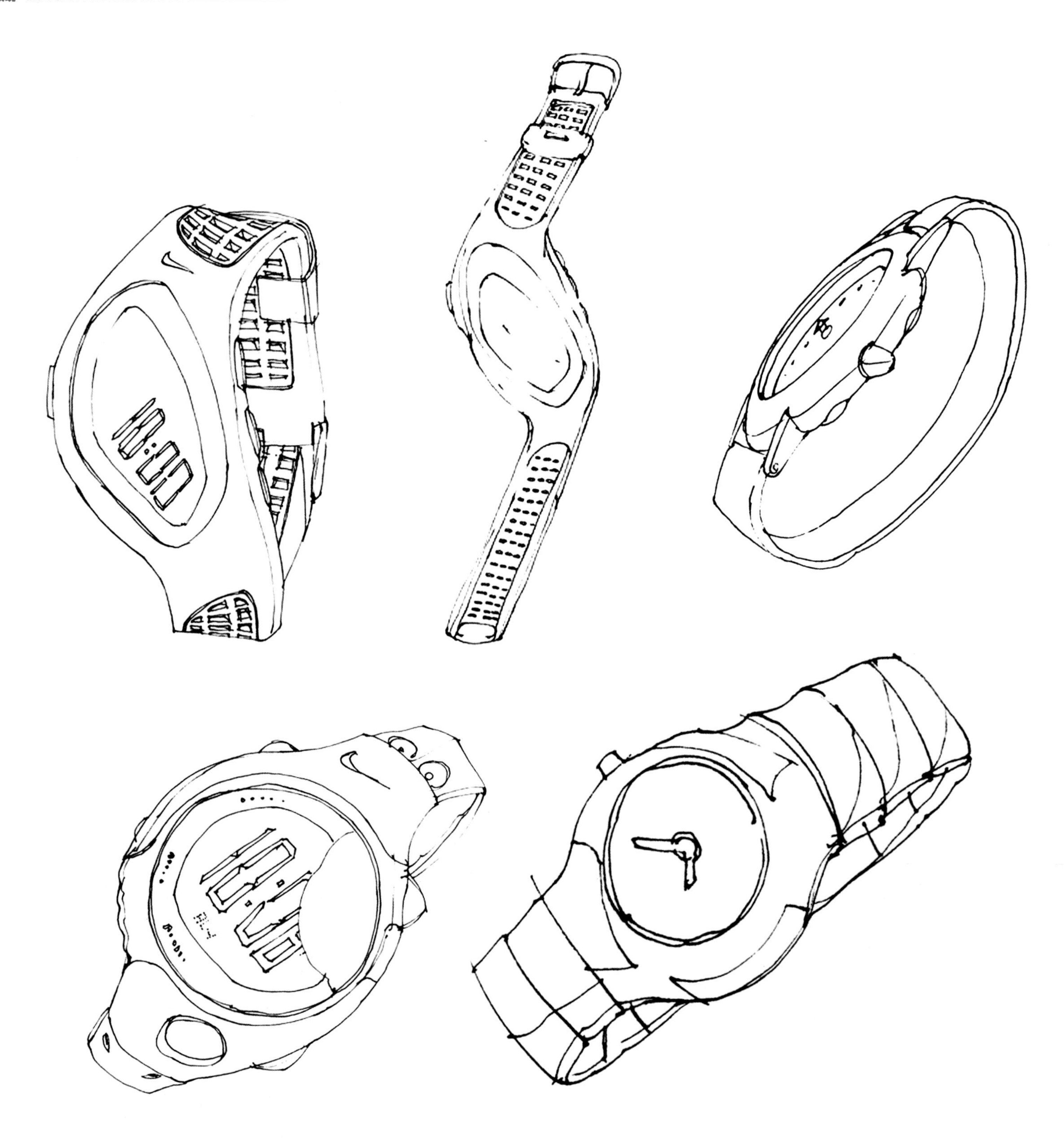

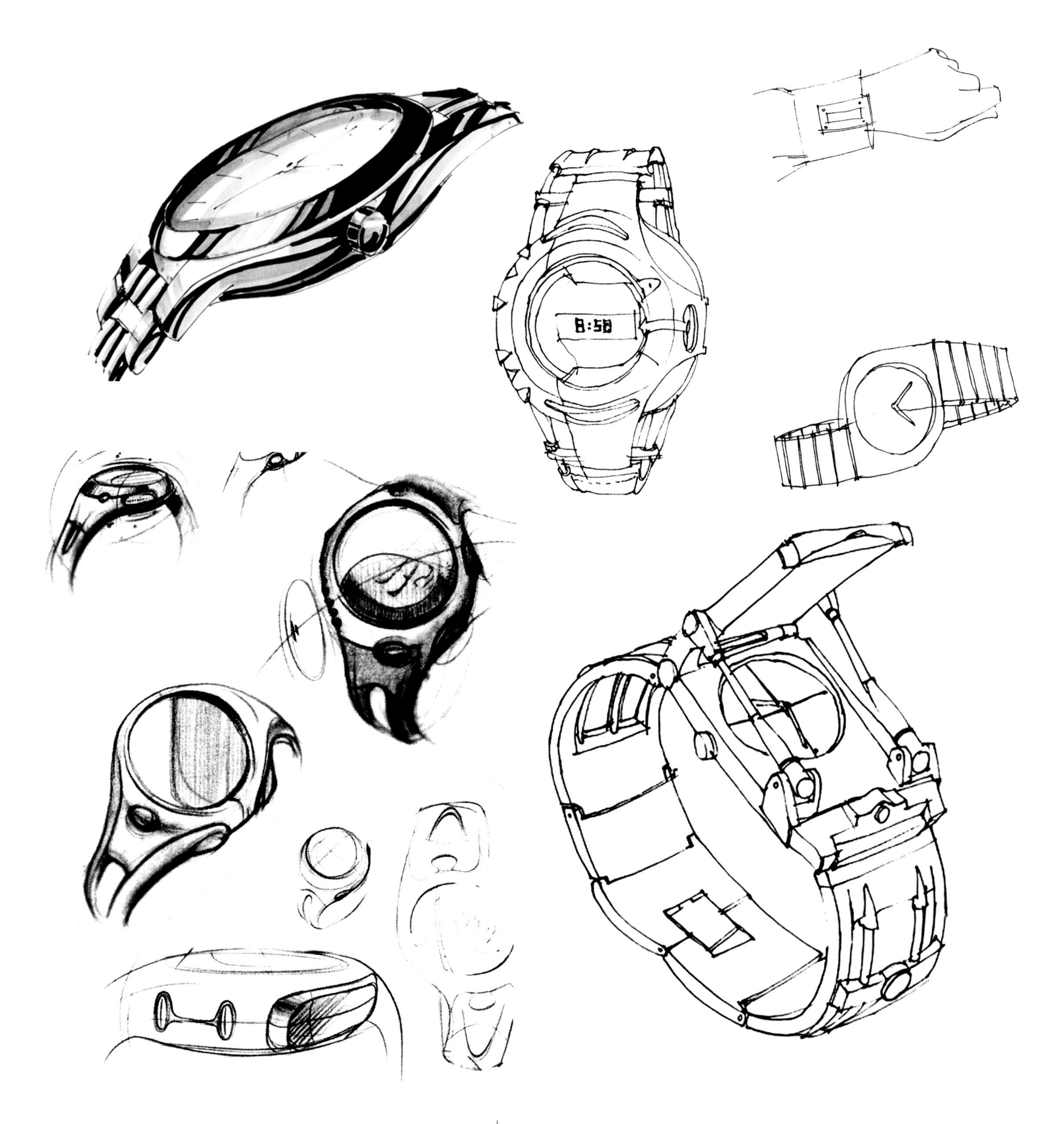
8:58

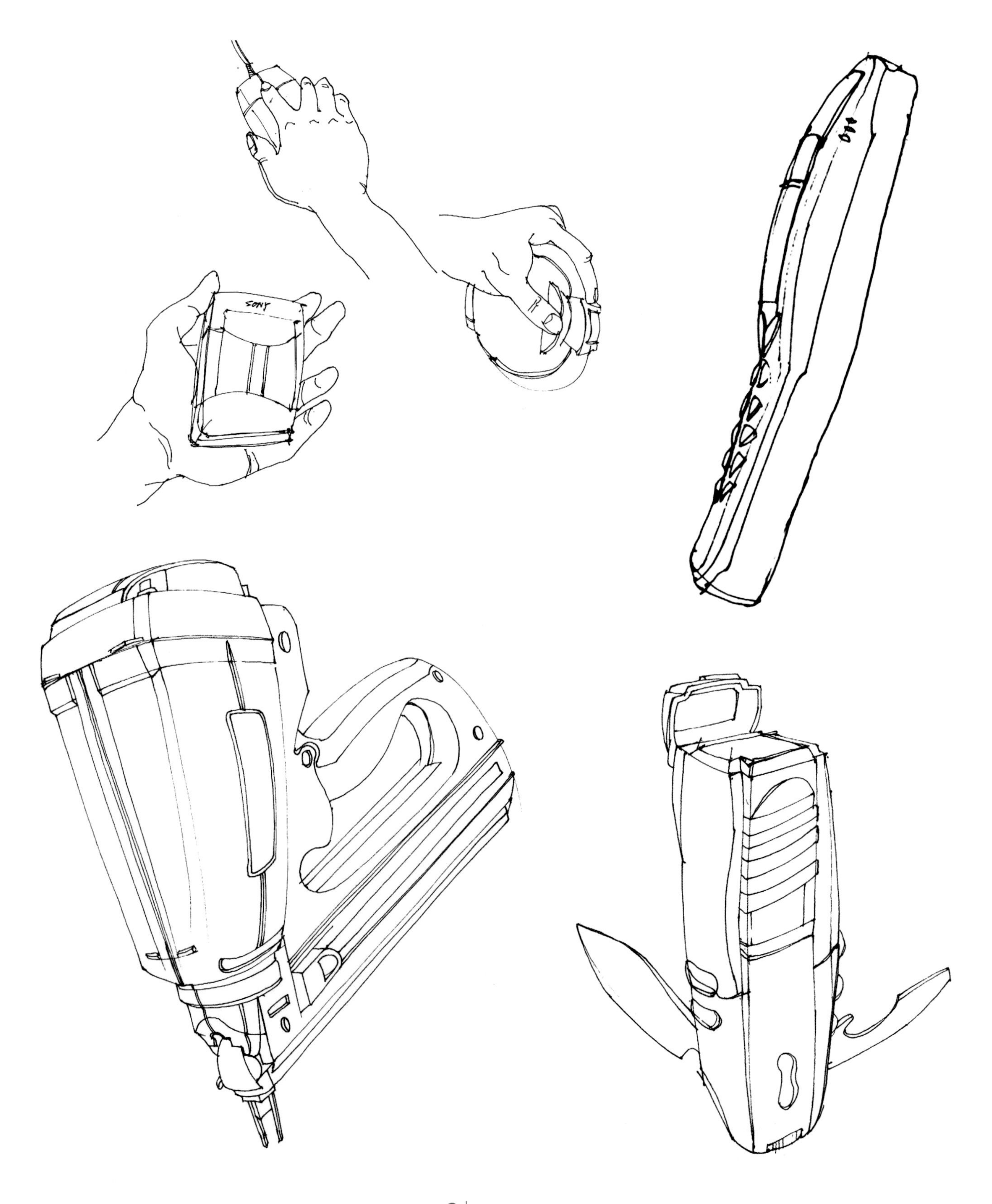
SONY

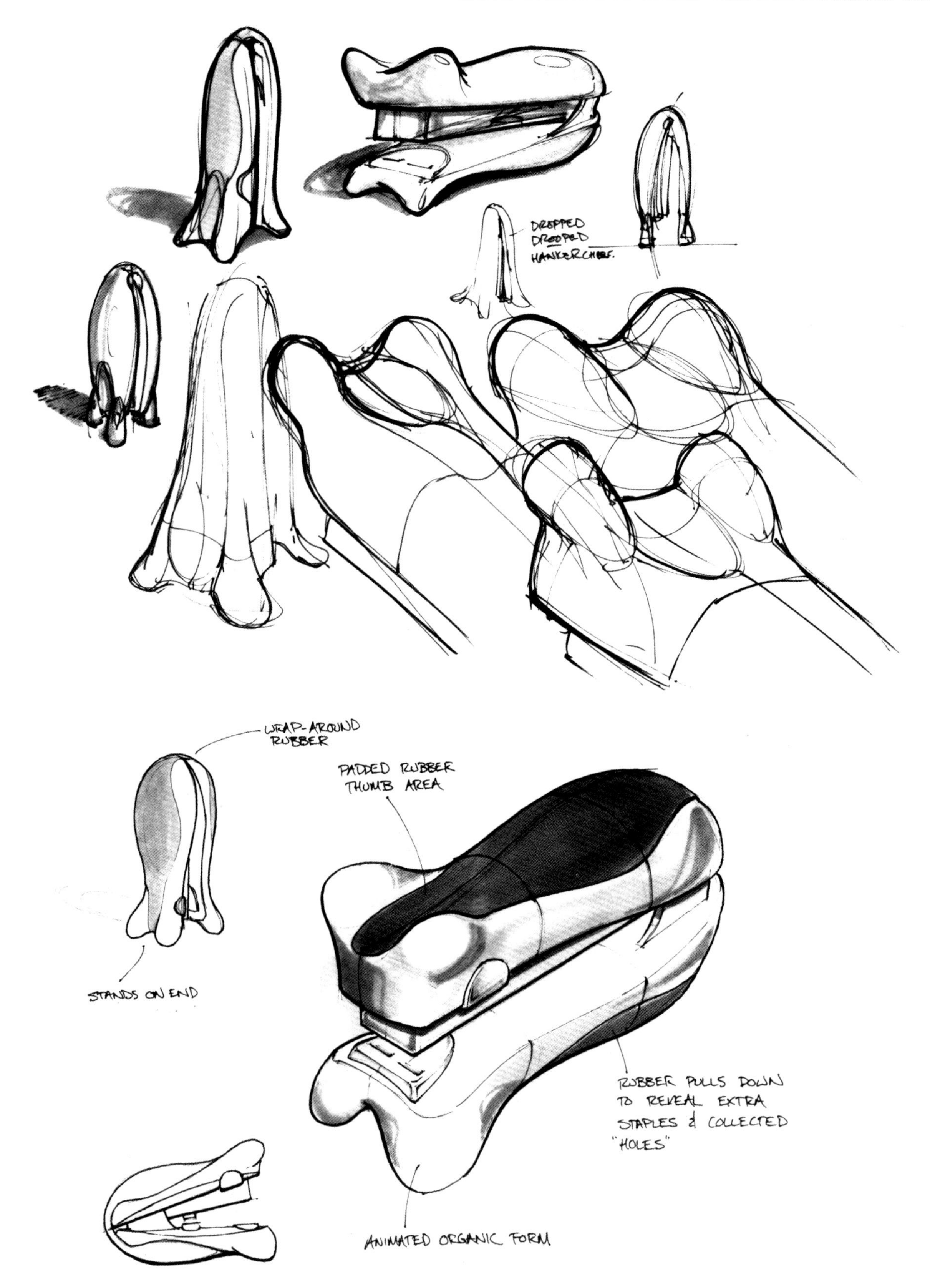
DROPPED
DROPPED
HANKERCHIEF.
WRAP-AROUND
RUBBER
PADDED RUBBER
THUMB AREA
STANDS ON END
RUBBER PULLS DOWN
TO REVEAL EXTRA
STAPLES & COLLECTED
"HOLES"
ANIMATED ORGANIC FORM

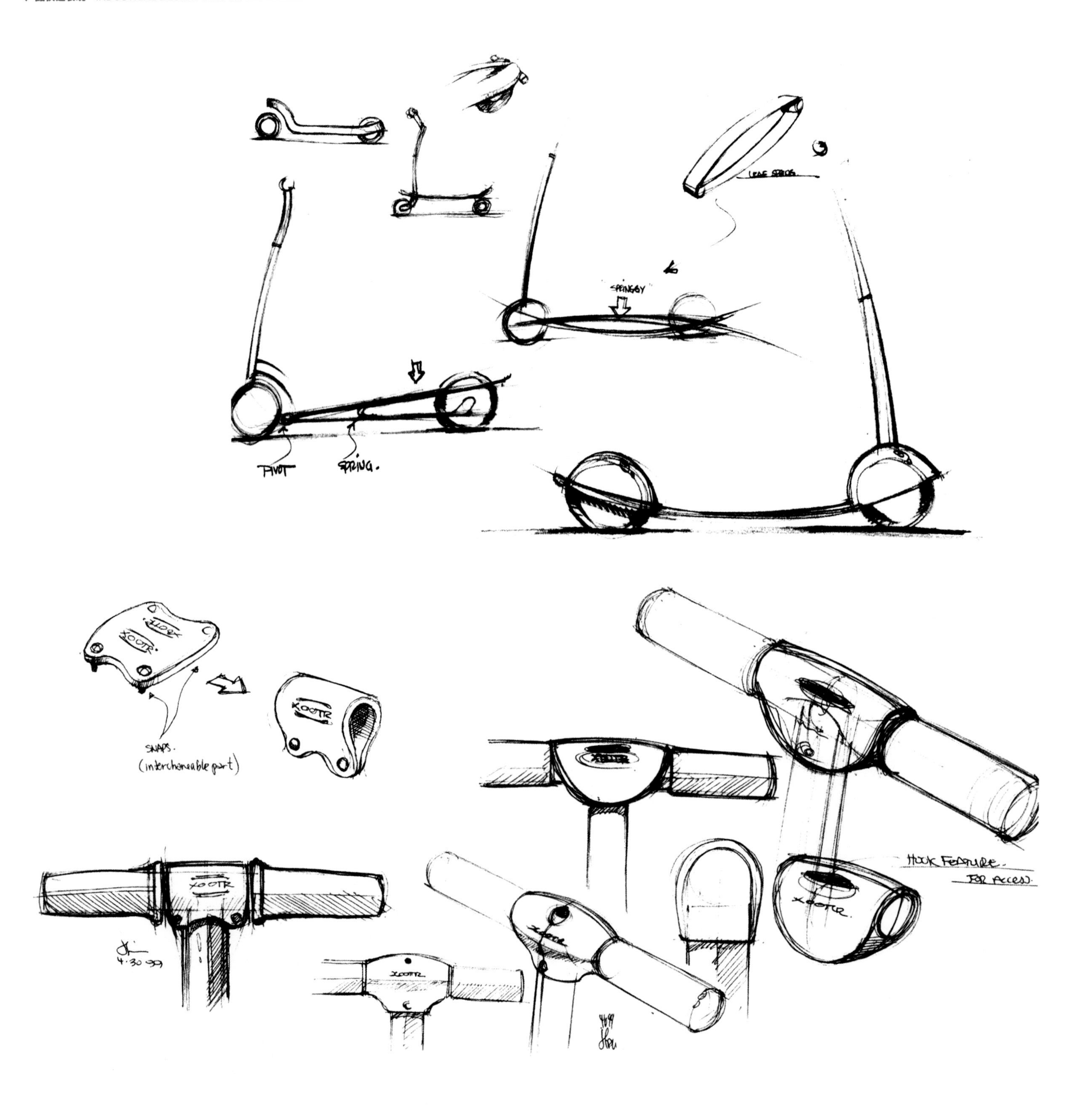
PIVOT
SPRING.
SPRINGY
LEAF SPRING
SNAPS.
(interchangeable part)
XOOTR
HOOK FEATURE.
FOR ACCESS.
4.30.99

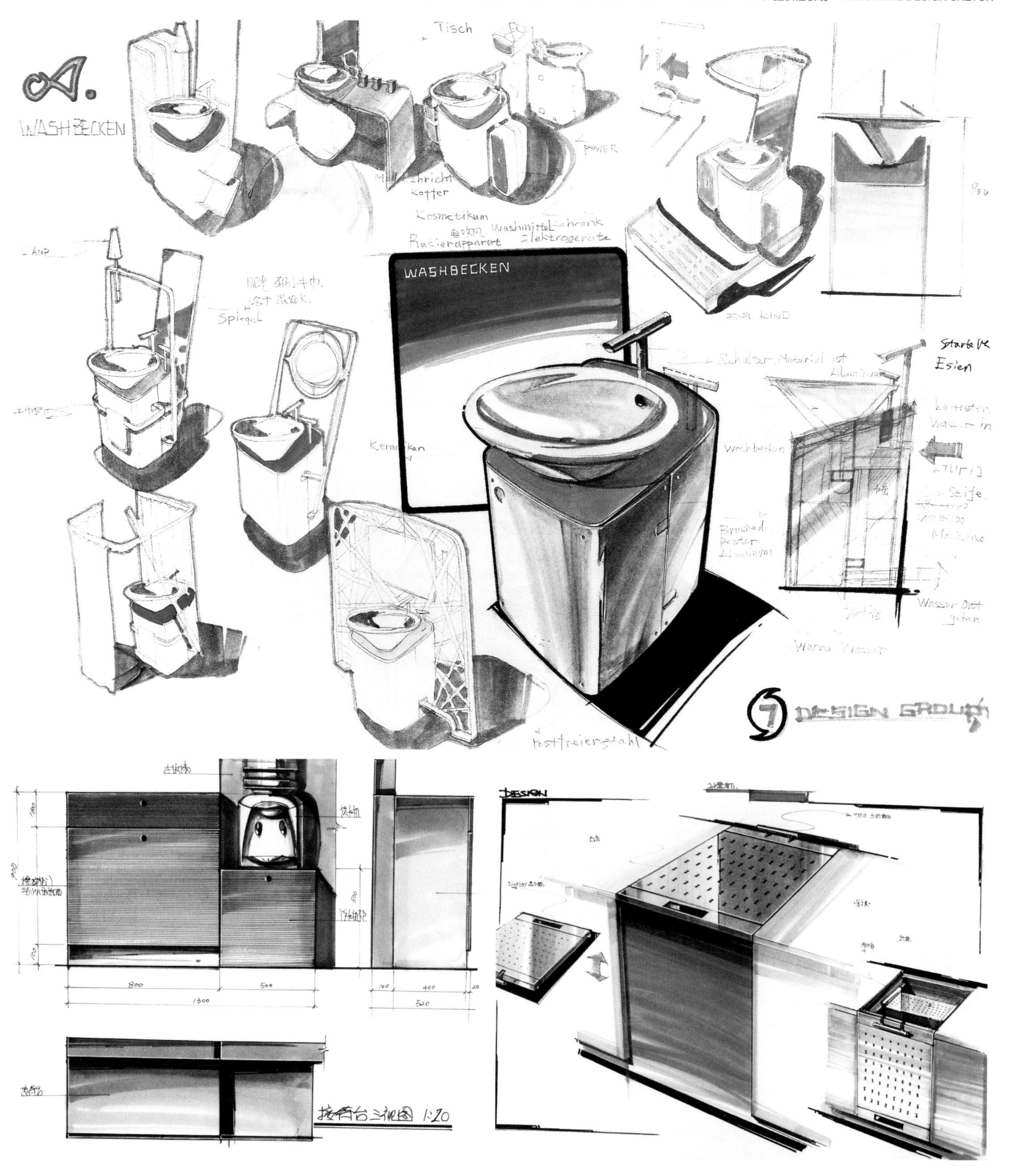
WASHBECKEN
Tisch
POWER
Kosmetikum
Rasierapparat
Elektrogeräte
WASHBECKEN
Spiegel
LAMP
Starke
Esien
Washbecken
Brushed
Aluminum
Wasser
Warme Wasser
DESIGN GROUP
800
500
1300
400
520
DESIGN

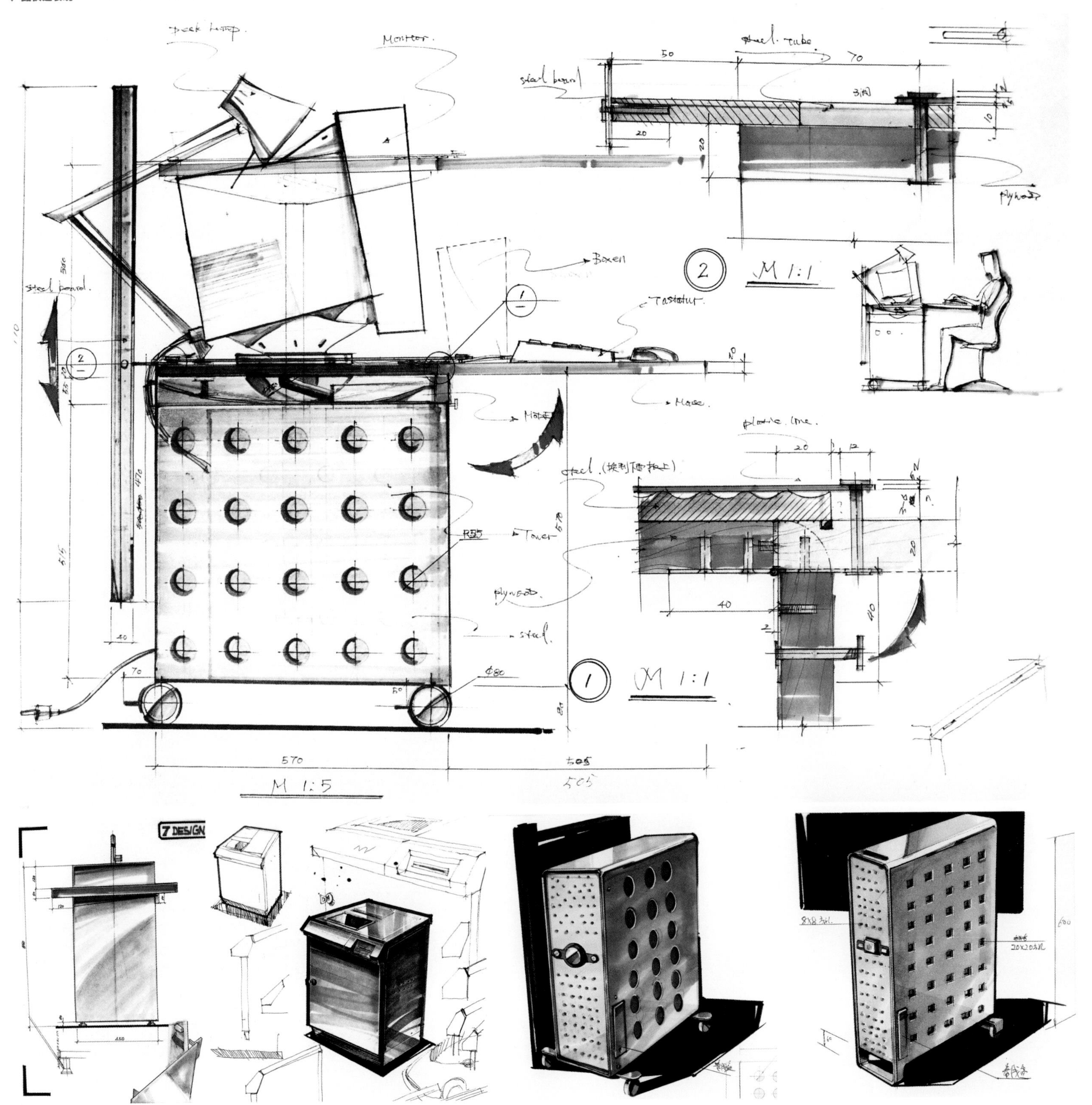
Monitor.
steel board.
Tastatur.
Tower
plywood.
steel.
R55
Φ80
M 1:1
M 1:5
570
505
7 DESIGN

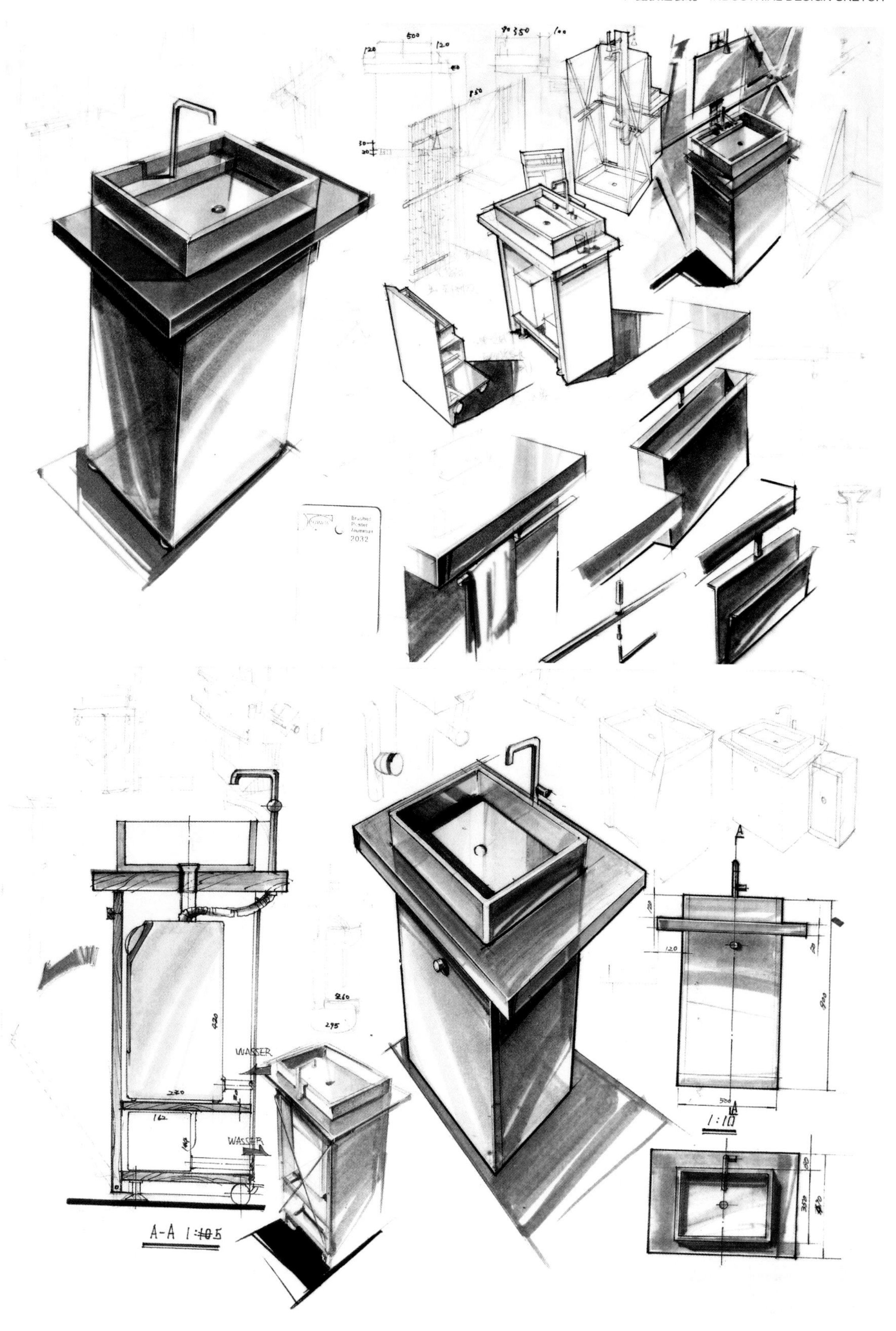
WASSER
WASSER
A-A 1:10.5
1:10

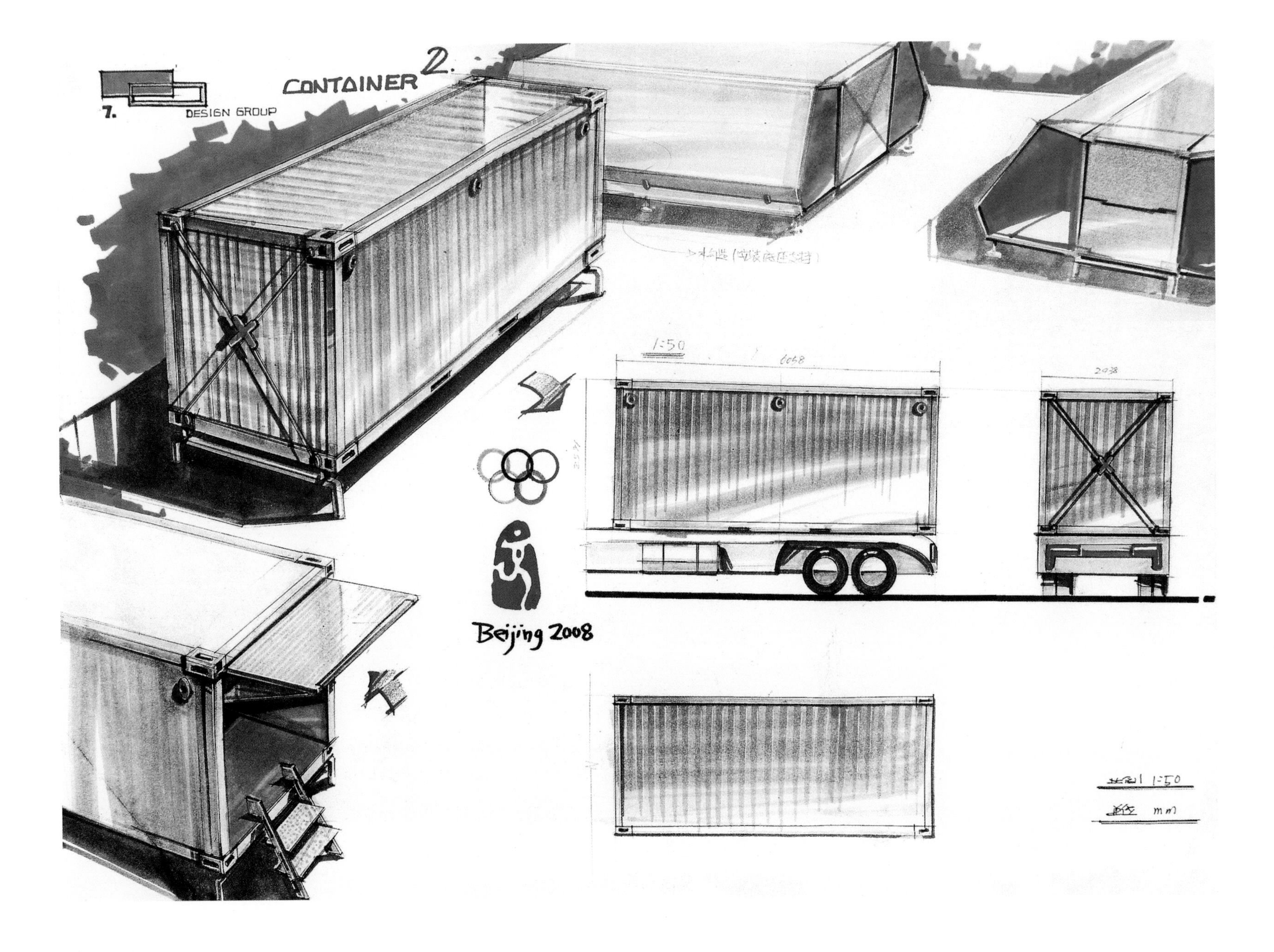
CONTAINER 2.
7.
DESIGN GROUP
1:50
Beijing 2008

后　记

这些年来我在大学里教授的工业设计基础课程与专业课程种类不少，但产品快速表现一直是我最为重视的课程之一。在进行设计实践类课程教学乃至辅导毕业设计的过程中，我发现一部分学生有着极富创意的想法，却不能很好地通过产品快速表现的形式呈现于纸面，只能通过简单的草图以及口头交流的形式传递并不完整的信息，这是非常可惜的。这些学生因为不能充分地表达自己的设计理念而导致设计交流的困难，久而久之甚至会因此产生设计思考的惰性。这些负面的结果都是我和我的同行们不愿意见到的。所以，在工业设计课程学习的前期阶段，学会并掌握产品快速表现的能力对于将来准备走上工业设计师岗位的学生来说，是一件非常重要的事。我一直相信，一个优秀的设计师必然具备扎实的手绘功底。能把脑中所想的设计思路快速的表达于纸面，这既是作为一个设计师的必备能力，也是设计师与同行及客户进行良好沟通的重要手段。这是每一个从事工业设计行业的同业者都应该明白并努力的。

我从2000年考入中国美术学院工业设计系修习本科学业，到学成后的从业、授课以及中间再回母校读研，至今已有十几年，这十几年虽如弹指瞬间，却也历历在目。当年初次接触工业设计就是从产品快速表现开始，也经历过找不到手感的磨合期，比起原本一直在画的素描和速写总觉得些许不适应。所以在若干年后成为老师的我，对于自己现在的学生经历产品快速表现时的过程感同身受。希望能通过自己这些年在工业设计产品开发上的学习和实践以及在大学里授课时的感悟和理解，总结出一些方法和经验，能帮助到学生朋友，并借此与设计师同行交流探讨。

这本书我写得非常慢，一是因为我在设计服务与授课的时间节点之间没能找到一个合适的节奏来完成此书的写作；二是因为这是一本专业性较强的设计工具类用书，我希望能站在专业的角度尽量做到书中每一个知识点的准确性，所以在验证自己书中的文字信息是否正确合理的过程中参考并学习了几位前辈同行所著的专业书籍，这占用了不少时间。

在此，我要感谢我的母校中国美术学院工业设计系的各位教授、老师曾经给予我的教育和指导。也要感谢我的工作单位浙江科技学院艺术设计学院的领导、同事对于我教学的指导和帮助，让我能在专业授课的过程中不断感悟与探索，找到设计师与教师的平衡点；还要感谢我的同窗谷从给予我资料收集上的帮助以及我众多优秀的学生虞玲杰、刘双双、金偲雯、杨盼攀、秦琦蕾、吴琪琪、李冰清、吴凯莉等付出的劳动。

2013年9月于杭州

作者简介

江南　2000年至2004年就读于中国美术学院工业设计系，获学士学位。2008年年至2010年就读于中国美术学院工业设计系，获硕士学位。2004年至今供职于浙江科技学院艺术设计学院工业设计系，任讲师。多年从事教学工作以及设计服务，主要担任课程：效果图基础、产品快速表现、人因工程学、产品设计、专题设计与整合设计等，并与多家企事业单位有设计相关合作。曾参与杭州市地铁空间公共设施等多项大型设计规划项目。

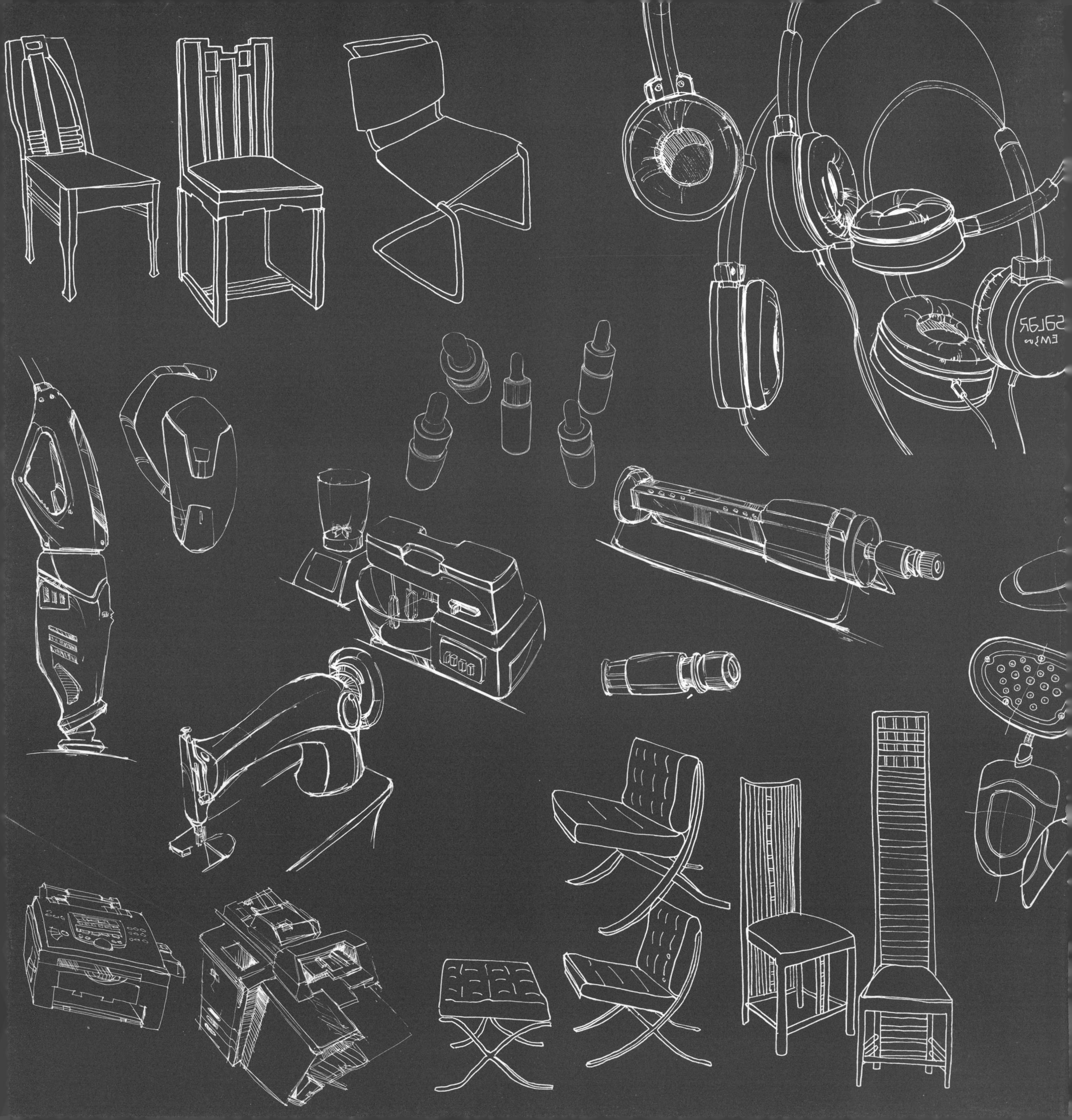